KB262017

주말 가족여행

공부도 하는
주말가족여행

류영현 글·사진

1판 2쇄 발행 | 2013. 1. 7

발행처 | **Human & Books**
발행인 | 하응백
출판등록 | 2002년 6월 5일 제2002-113호
서울특별시 종로구 경운동 88 수운회관 1009호
기획 홍보부 | 02-6327-3535, 편집부 | 02-6327-3537, 팩시밀리 | 02-6327-5353
이메일 | hbooks@empal.com
사진제공 | 세계일보

값은 뒤표지에 있습니다.
ISBN 978-89-6078-147-4 13980

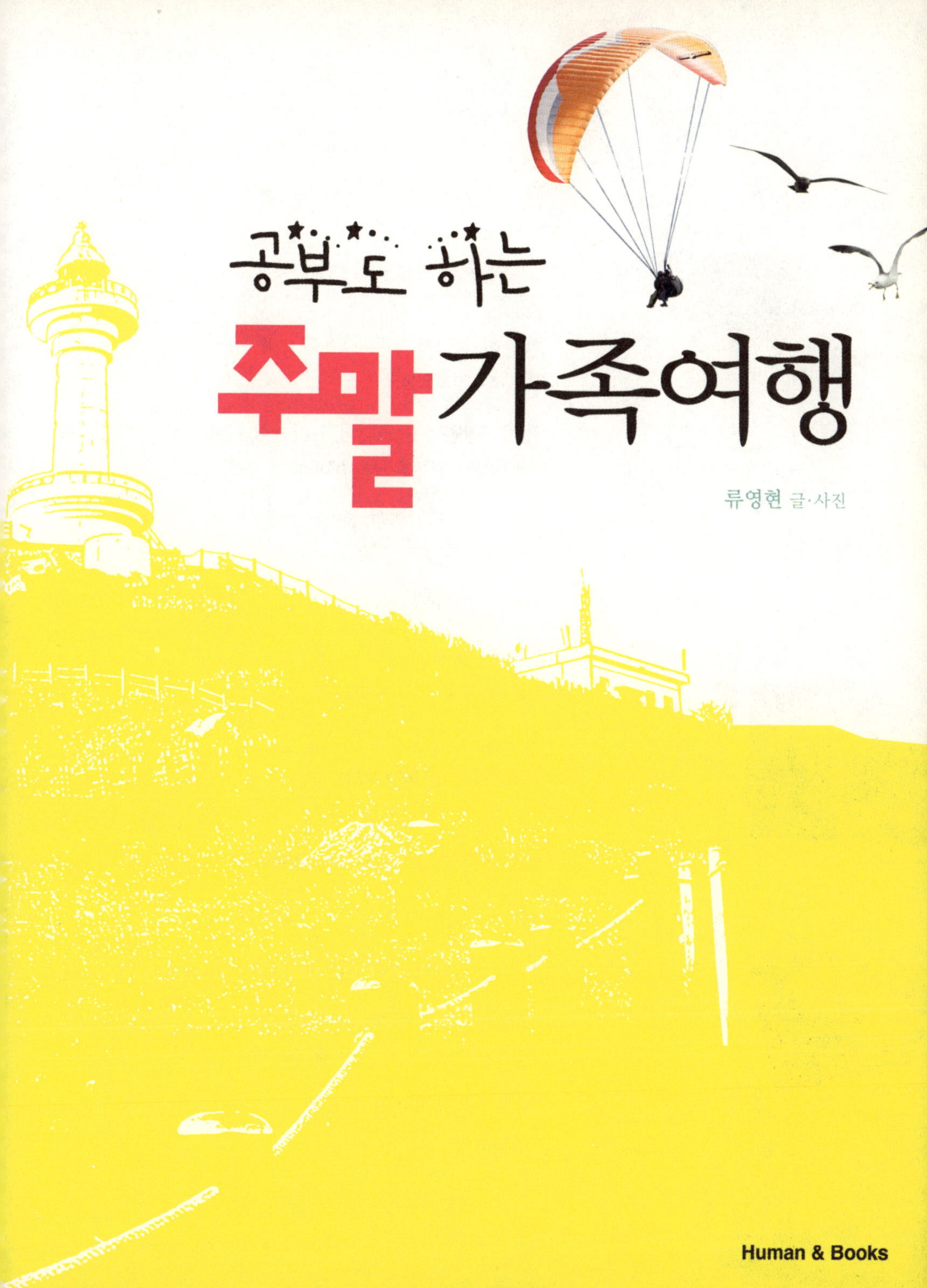

공부도 하는
주말 가족여행
류영현 글·사진
Human & Books

CONTENTS 차례

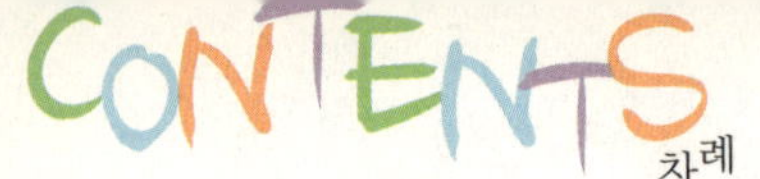

추천사 _ 여행도 하고, 공부도 하는 알찬 주말여행을 꿈꾸며! | 이참 • 8

구석구석 여행지를 누빈 빛나는 열정 | 이정환 • 10

머리말 _ 모든 여행은 사랑의 탐험이다 • 12

봄

하롱하롱 꽃길을 따라 유람하는 봄 여행

첫번째 　애잔한 전설이 깃든 내소사 • 18
Tip! 3월에 가볼 만한 곳

두번째 　돌머리해변에 고즈넉이 자리한 초가 원두막, 함평 • 28
Tip! 생태와 관련된 볼거리와 체험관광

세번째 　전설 깃든 기암괴석 천혜의 비경, 매물도 • 38
Tip! 예술섬 둘러보기

네번째 　봄의 전령, 매화꽃이 눈송이처럼 날리는 섬진강변 • 48

다섯번째 　하롱하롱 꽃비 내리는 하동 백리 벚꽃길 • 56
Tip! 남도 꽃길 따라 펼쳐지는 맛집

여섯번째 　동백꽃 향기가 흐르는 서천 동백정 • 66
Tip! 주꾸미는 봄이라야 제맛!

일곱번째 　봄이 살포시 내려앉은 성곽길, 남한산성 • 76
Tip! 역사·문화가 숨쉬는 남한산성 둘레길

여덟번째 　남도의 숨은 보석, 목포 • 86

아홉번째 　휘영청한 달빛이 흐르는 서라벌의 밤, 경주 • 94

열번째 　기적소리 들으며 떠나는 추억 여행, 전남 곡성 • 102
Tip! 푸근한 인정 오가는 기차마을전통시장

열한번째 　솟아오르는 희망을 움켜쥐다, 포항 호미곶 • 114
Tip! 펄펄 뛰는 생선처럼 활기찬 포항

열두번째 　진홍색 철쭉바다가 일렁이는 남원 • 124
Tip! 또 다른 철쭉 명산들

각 장에 실린 코너 "공부합시다"에 주목!
명소와 관련된 역사, 문화를 가족이 함께 공부할 수 있어요.

푸르른 싱그러움이 가득한 여름 여행

첫번째 　숲속에서 만난 '작은 유럽', 춘천 제이드가든 수목원 · **134**
Tip! 생텍쥐페리의 어린왕자를 만나보자

두번째 　녹음 짙은 싱그러운 담양 · **144**
Tip! 소쇄원을 비롯한 담양의 누와 정자, 원림

세번째 　찬란한 햇살이 어우러진 작은 섬, 신안 증도 · **156**

네번째 　다양한 레포츠를 즐길 수 있는 강원도 평창 · **164**
Tip! 장터에서 맛보는 메밀음식

다섯번째 　하늘과 맞닿은 '바람의 언덕', 정선 · **174**

여섯번째 　선비 문화가 꽃피운 고장, 경남 함양 · **182**
Tip! 함양의 명소

일곱번째 　파로호 산소길을 자전거로 달리다, 강원 화천 · **192**
Tip! 종이배·페달배 등 쪽배들

여덟번째 　금빛 모래사장 펼쳐진 섬 해수욕장, 당진 대난지도 · **202**

아홉번째 　기암괴석과 어우러진 빼어난 절경, 경남 합천 홍류동 · **210**
Tip! 합천의 명소

열번째 　만물상을 닮은 천혜의 절경, 서귀포 주상절리대 · **222**

가을

호젓한 정취를 만끽하는 가을 여행

첫번째 　호젓한 갯벌을 만끽하다, **강화도** • **232**
Tip! '작은 역사교과서'로 불리는 강화도

두번째 　백제의 숨결이 흐르는 **충남 부여** • **242**

세번째 　은빛 구름바다 아래 황금빛 들녘, **무주 덕유산** • **250**

네번째 　청마의 시심에 절로 젖는 예향, **통영** • **258**
Tip! 남해의 다랭이마을

다섯번째 　파도 소리 벗 삼아 섬 길 한 바퀴, **거제** • **268**

여섯번째 　능선 너머 능선, **봉화** • **276**

일곱번째 　화려한 오색의 향연, **설악산** • **284**

여덟번째 　옛 선비들 청운의 꿈이 서린 **문경새재** • **292**
Tip! 문경새재에서 만난 사연 깊은 나무들

아홉번째 　붉은 산수유 핀 아름다운 돌담길, **군위 한밤마을** • **302**
Tip! 군위, 다른 볼거리

열번째 　단풍 숲길을 걷다 눈 돌리면 만경창파, **울릉도** • **312**

열한번째 　애잔한 아라리가 강물 따라 흐르는 **정선** • **320**

열두번째 　가족과 도란도란 즐기는 **숲속의 오토캠핑** • **328**
Tip! 렌탈형 캠프장, 음식 세면도구만 준비하면 OK

겨울

찬란한 은빛세계의 유혹, 겨울 여행

첫번째 하늘 아래 정원, 제주 사라오름 • 338
Tip! 직접 참여하고 체험하는 제주 관광

두번째 고깃배와 애환 반세기, 묵호등대 • 348

세번째 뉘엿뉘엿 해 저무는 겨울바다, 여수 • 356
Tip! 여수의 '볼거리 10선'

네번째 온달·평강과 '로맨스길'을 걷다, 단양 • 366

다섯번째 눈꽃이 활짝 핀 은빛세계, 덕유산 • 374

여섯번째 아름다운 설경의 태백산 주목 군락지 • 382
Tip! 함백산 정상서 백두대간 위용을 만끽하다

일곱번째 탐라 칼바람 헤치고 설국을 오르다, 한라산 • 392
Tip! 제주의 숨은 보석, 동백동산·비자림을 거닐어 볼까

여덟번째 초가와 기와집 그리고 돌담길, 아산 외암민속마을 • 402
Tip! 온천 여행지

아홉번째 문화와 전통이 살아 숨 쉬는 고장, 충청남도 연기군 • 414
Tip! 반세기 가꿔온 '비밀의 정원'

열번째 반야산 기슭 은진미륵불 '천년의 미소', 논산 • 424
Tip! 축제의 고장, 논산

여행도 하고, 공부도 하는
알찬 주말여행을 꿈꾸며!

올해부터 주 5일제 수업이 전면 시행되면서 가족여행의 기회가 늘어나게 되었다. 주중에 아이들과 함께할 시간이 부족한 맞벌이 부부들, 신나게 뛰어놀고 싶은 아이들, 학업의 스트레스가 많은 사춘기 청소년들도 그 어느 때보다 주말을 손꼽아 기다릴 것 같다.

'이번 주말은 어디로 떠날 것인가?' 이 책은 이러한 고민에 빠진 여행객들을 위해 대한민국의 대표 명소들만 엄선해 소개한 여행 안내서이다. 최대한 많은 장소를 들르는 빽빽한 일정보다는, 가족 단위로 부담 없이 느리게 여행을 만끽하다 돌아올 수 있는 추천코스를 제공한다. 또 사계절 다른 풍광을 보여주는 우리나라 관광지의 특성을 고려하여 계절별로 관광지를 묶는 구성을 취하고 있다. 여행을 즐기면서 또 그 지역 문화와 역사를 알고 싶은 독자들에게 유익한 안내서가 되리라 생각한다.

  1년 52주 동안 매주 한 곳만 가보아도 대한민국 구석구석을 다녔다 할 수 있으니, 여행도 하고, 공부도 하는 그야말로 알찬 주말여행이 되지 않을까. 1박 2일의 짧은 만남이라 아쉬웠던 여행지는, 여유 있게 떠나는 리프레시 휴가 때 다시 한 번 둘러보시기를 권하며 이 책을 추천한다.

한국관광공사 사장 이참

구석구석 여행지를 누빈
빛나는 열정

우리나라 기성세대에게는 너나할 것 없이 내일은 무엇을 먹을까 하는 끼니 걱정을 했던 가난한 시절이 있었다. 어느 정도 경제발전을 이룩한 뒤부터 이번 휴일에는 어디로 떠날까 '여행 걱정'을 하는 때가 됐다.

울릉도에서 태어난 덕택에 40년을 넘게 여행업에서 일하고 있다. 그래서 어찌 보면 여행업은 내게 있어서 숙명 같은 것인지도 모른다. 누구보다도 이 분야를 잘 안다는 내게 있어서도 여행업은 상전벽해만큼이나 큰 변화의 연속이다. 학생들의 수학여행이나 친목계모임이 여행의 전부이던 시절부터 시작해, 지금은 연간 해외여행자 1,200만 시대에 살고 있기 때문이다.

과분하게도 전국의 주요 여행사와 관광관련업체 CEO, 언론인 등 100여 명으로 구성된 한국관광클럽 수장 직을 수년째 역임하고 있다. 전국을 누비면서 현장을 생생하게 전달하려는 저자의 기자 정신에 반해서 우리 회원이 되어달라고 부탁했다. 그를 볼 때마다 일에 대한 열정이 느껴진다. '내 나라 먼저 보기운동'을 전개하고 있는 한국관광클럽의 입장에서는 우리나라 구석구석 아름다운 여행지를 소개하는 이 같은 책들이 더 많이 나왔으면 하는 마음이 간절하다.

한국관광클럽회장 이정환

모든 여행은 사랑의 탐험이다

해외여행 자유화가 시작되고 얼마 되지 않아 용감하게도 국방색 여권을 달랑 손에 쥐고 난생처음 비행기에 올랐다. 유럽에서 지내던 2년 가운데 상당부분을 여러 나라 구석구석을 떠돌며 즐거움과 외로움이 교차하는 시간을 보냈다. 이 시절 잠자리가 마땅치 않은 탓에 밤이 오는 것이 가장 두려웠다. 동유럽 작은 도시에서 숙소를 구하지 못해 추적추적 내리던 비를 피해 마구간 같은 방에서 밤을 지새우기도 했고, 악취가 채 가시지 않은 유스호스텔 침대 위에서 열 명이 넘는 여행자와 부대끼며 날이 새기를 기다리던 때도 있었다. 그러다가도 찬란한 아침 해를 맞이하고, 그림엽서에서나 보던 아름다운 풍경이 눈앞에 펼쳐질 땐 감탄을 멈출 수 없었다. 세계사 교과서에서 봤던 역사적인 장소에 도달하면 흥분된 마음이 가라앉지 않아 주변을 서성거리기 일쑤였다. '여행'이라기보다는 오히려 '탐험'에 가까운 시간이었다. 그래도 지금에 와서 생각해 보면 스스로를 단련시키고 성숙시켜 준 참으로 고귀한 순간이었다.

집시처럼 유럽을 떠돌던 기억이 사라질 만큼 오랜 시간이 지난 뒤 이번에는 미국으로 연수를 갈 기회를 얻었다. 1년 동안 머물면서 기회만 있으면 길을 나섰다. 가족이 있어서인지 외로움은 줄었지만 책임감은 그만큼 늘었다. 웅장한 폭포를 찾아서, 아름다운 해변으로, 녹음 짙은 산길을 향해, 그리고 끝없이 펼쳐진 광활한 대지를 보기 위해 차를 몰았다.

그래서 '귀한 자식은 매로 키워라'는 말보다 '귀여운 자식은 여행을 보내라'라는 일본 격언이 지금 우리에게 더 와 닿는 말이라 여기게 됐다. 필자도 매우 엄격한 아버지 가르침 속에서 자랐지만, 지금 내 자식에겐 매를 들고 키우진 못한다. 여행은 매나 호통보다 나은 선생이라 여기고 싶다.

주말이 다가오면 이번에는 어디로 떠날까 고민하는 사람들이 늘어가고 있다. 특히 올해부터는 초중고생의 토요휴무제가 실시되면서, 가족이 함께 갈 만한 곳이 마땅치 않다는 '걱정 아니 걱정'이 생겼다. 가족여행을 가려고 해도 떠날 곳이 떠오르지 않고, 이름난 여행지에 가도 볼 것이 많지 않다고 여기는 학부모와 청소년들에게 조금이나마 도움이 되고자 이 여행서를 펴내기로 했다. '여행은 여유가 있어서 시작하는 게 아니라 여유를 찾기 위해서 하는 것'이라는 말을 믿는 사람들의 여행 내비게이터가 됐으면 한다. 학부모들에게는 주말여행의 길라잡이로, 청소년들에게는 생생한 현장학습의 지침서로 남길 바란다.

이 책은 세계일보 주말판인 위크앤드플러스에 1년간 게재된 것을 모은 것이다. 가족과 함께 봄꽃이 지천에 핀 국도를 날리고, 푸른 녹이 슨 종소리가 들릴 것만 같은 바닷가 폐교 아름드리나무 아래서, 보리피리를 만들어 불고 싶은 마음을 일으키는 장면을 담고자 했다. 또 가을이면 단풍나무 숲 텐트 안에서 알밤을 구워먹고, 겨울이면 눈이 허리까지 찬 산을 오르며 뜨거운 숨이 턱까지 차오르는 아름다운 고통을 맛볼 수 있는 여행지를 찾아 넣었다.

끝으로 20여 년의 기자생활 동안 가장 즐거운 생활을 하도록 허락해 준, 그리고 짧은 기간이나마 '여행기자'로 지낼 수 있도록 기회를 준 김병수 사장을 비롯한 세계일보 동료 선후배에게 감사드린다. 소중한 여행 경험과 자료를 기꺼이 전해 준 후배 박종현 기자와 부족하고 부끄러운 원고를 단행본으로 출간할 수 있도록 용기를 준 휴먼앤북스의 하응백 사장, 기대 이상의 책으로 엮어 준 이근일 편집자에게도 고마움을 전한다.

여행을 떠날 때의 설렘보다 돌아올 때 더 크고 값진 추억을 담아오길 원하는 독자들에게 미리 감사하다는 말을 전하고 싶다.

2012년 7월, 류영현

하롱하롱 꽃길을 따라 유람하는
봄 여행

애잔한 전설이 깃든
내소사

내소사의 아름다운 전나무 숲길. 전나무 숲길에선 깊고 푸른 향기가 난다. 맑은 날보다는 비나 눈이 내리는 날 더욱 짙은 향기를 풍긴다.

SPRING | 하롱하롱 꽃길을 따라 유람하는 봄 여행

전나무 숲길 지나

벚나무 화안한 마당 지나

능가산 내소사 들어서면

저 높은 곳, 둥지 튼 비탈진 삶도

따사로운 봄 언덕에 기대었습니다.

대웅보전 들러 합장하는 순간

수수꽃다리 훔쳐보던 사랑

부처님한테 그만 들키고 말아

붓을 물고 관음벽화 속으로 날아갔습니다.

요사채 뒷마당 우물가 돌아가 보면

붉은 깃털 하나 빠져 울고 있었습니다.

-장하빈, 「내소사 단청」

전나무 향기 그윽한 전북 부안군 진서면 석포리 능가산 내소사. 군데군데 쌓인 눈 자국 사이로 이름 모를 들풀이 살포시 얼굴을 내밀고, 길을 따라 빼곡하게 들어선 아름드리나무는 기지개를 켠다. 겨우내 멈춰 섰던 내소사 물레방아는 다시 소리를 내며 돌기 시작했고, 벚나무 가지 위에도 연초록 순이 돋아 오른다. 아름다운 가로수 길로 이름난 내소사의 전나무 길은 매표소를 지나 사천왕문 앞까지 600m가량 이어진다. 수령이 50~200년 된 전나무는 700여 그루가 양쪽 길옆에 서서 숲을 이룬다. 전나무 아래를 지나가면 일상의 시름은 사라진다.

내소사 전나무 길을 가기 위해서는 '마음의 여유'를 가지고 가야 한다. 내소사 전나무 길에서는 좀처럼 뛰거나 빠른 걸음으로 지날 수가 없다. 줄지어 선 전나무의 자태에 빠져, 나뭇잎에서 풍기는 향긋한 냄새에 취해 발걸음은 절로 멈추기 일쑤다. 곧고 의젓한 전나무 길이 끝나는 지점엔 이리저리 굽은 모습으로 하늘을 향해 팔 벌린 벚나무가 나온다. 봄이 되면 꽃으로 터널을 이루고 그 아래선 선남선녀들의 웃음소리가 흘러나올 것만 같다. 혹독한 추위 속에서도 가지마다 꽃눈을 틔우고 있는 벚나무. 겨울에도 울창한 나뭇잎을 간직한 채 반듯하게 서 있는 전나무와 잎을 떨어뜨리고 나신으로 봄을 맞이하는 벚나무가 묘한 대조를 이룬다. 머지않아 내소사 벚나무와 배롱나무는 몸을 일으켜 세워 찬란한 녹색으로 온몸을 치장할 것이다. 애잔한 전설이 깃든 내소사는 언제 가도 아름답다.

일주문에 들어서면 팔목보다도 두꺼운 왼새끼줄에 소원을 담은 한지가 끼워진 금줄이 칭칭 감긴 오래된 당산나무와 맞닥뜨린다. 내소사에는 천년의 세월을 질긴 생명력으로 지탱하는 두 그루의 당산나무가 있다. 한 그루는 도량 안에, 또 한 그루는 일주문 앞에 있다. 정월 대보름날엔 어김없이 석포리 마을 주민과 스님들이 모여 석포당산제를 지낸다.

고려 동종을 봉안한 내소사 보종각(보물 제277호).

대웅보전의 화려한 빗모란연꽃살문

내소사에서 빼놓지 않고 봐야 할 것은 전나무숲과 당산나무만은 아니다. 조선 인조 때 지은 내소사 대웅보전은 꽃살 문양으로 유명하다. 조선시대 때 건립된 것으로 전면에 꽃창살문을 달고 있는 대웅보전의 정면 문짝을 자세히 보면 연꽃과 국화, 모란꽃이 가득하다. 무채색의 소박한 문짝과 그 안에 조각된 빗모란연꽃살문 등 화려한 문살이 대조된 모습은 오랫동안 가슴에 남게 한다. 대웅보전 천장 검은 널판에는 장구, 북, 해금, 당비파, 향비파, 태평소, 나발 등 국악기가 그려져 있다. 이 악기들은 저마다 비천상 천의처럼 휘날리는 흰 줄과 붉은 줄을 달고 있다. 금방이라도 천상의 음률이 들려올 듯 생생한 그림이다.

이처럼 고색과 대웅보전 내부 천장의 화려한 단청은 대조를 이룬다. 대웅보전 꽃문살도 원래는 화려하게 채색됐으나 비바람에 씻겨 지금은 나뭇결이 그대로 드러나 있다. 색이 사라지고 나무의 본바탕이 드러나 오히려 깊은 맛을 낸다. 건물 안에 있는 후불 벽에는 백의관음보살 좌상이 그려져 있는데, 이는 우리나라에 남아 있는 후불 벽화로는 가장 큰 것이다. 특히 이 대웅보전은 쇠못을 하나도 쓰지 않고 나무를 깎아 끼워 맞추는 '결구기법'으로 조성된 것이다. 그리하여 "대웅보전을 지으면서 사미승의 장난으로 나무토막 한 개가 부정 탔다 하여 빼놓은 채 지었다"는 전설이 생겼다. 이 대웅보전 앞에는 그때의 흔적을 찾으려는 참배객들로 늘 붐빈다. 내소사 법당 안 오른쪽 천장 밑에 다포를 이루고 있는 공포, 즉 장식으로 끼워놓은 목침 한 토막이 빠져 있다. 그래서 이 전설이 사실처럼 느껴진다.

발걸음을 범종각으로 옮기면 '소리를 들으면 마음을 깨닫고 꽃이 피면 과실이 맺힌다(聞聲悟心花開實新)'라는 문구가 새겨진 동종을 볼 수가 있다. 동종이 이곳에 자리 잡은 유래를 담은 이야기가 내려온다. 이 동종은 변산 상서면 청림사라는 사찰에 보존돼 있었다. 이유를 알 수 없는 화재로 청림사는 소실됐고 동종은 땅속에 오랫동안 묻혀 있다가 후세에 발견돼 내소사로 옮겨졌다. 고려 고종 9년 1222년에 주조된 것으로, 우아하기 이를 데 없는 이 동종은 고려시대를 대표하는 동종이다. 내소사 탐방객이라면 인근에 있는 직소폭포는 꼭 가봐야 할 명소다. 국립공원 내변산탐방지원센터에서 직소폭포까지는 평지에 가까운 왕복 1시간 30분 거리. 봄이면 변산바람꽃들이 피어나 직소폭포와 어우러져 장관을 이룬다.

여행정보

● 가는 길

승용차를 이용할 경우 서해안고속도로 줄포나들목에서 빠져나와 변산 방면으로 좌회전하면 이정표가 보인다. 호남고속도로를 이용할 경우 정읍나들목에서 빠져나와 29번 국도와 710번 지방도로를 타면 된다. 서울 강남버스터미널에서 부안행 버스가 매일 오전 6시 50분부터 오후 7시 30분까지 40~50분 간격으로, 그리고 부안버스터미널에서 내소사까지 버스가 30분 간격으로 운행된다.

● 묵을 곳

부안(지역번호 063)에는 대명리조트 변산(580-8800)과 썬리치랜드(584-8030) 등 콘도와 채석강 그랜드모텔(582-0307) 등이 있다. 변산 주변에는 민박과 펜션도 많은데 부안군 문화관광과(580-4395)에서 소개를 받을 수 있다.

● 먹을 곳

부안은 백합과 바지락죽, 생선회가 유명하다. 뽕잎바지락죽을 내놓는 원조바지락죽집(583-9763)과 계화회관(584-3075), 해변촌(581-5740), 군산식당(583-3234) 등이 잘 알려져 있다.

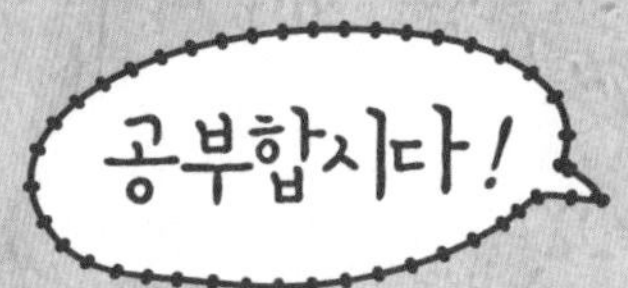

● 선운사에 서정주의 시비가 있는 이유는?

엄마, 왜 선운사에 서정주 시인의 시비가 세워져 있어요?

미당 서정주 시인의 고향이 어디냐면, 바로 이 선운사가 자리한 전북 고창이란다. 선운사는 동백꽃으로 유명한 사찰이고 미당이 생전에 자주 들렀다는구나. 어느 날 시인은 이곳 대웅전 뒤편에 핀 동백꽃을 보러 왔던 것인데 아직 일러 꽃은 피지 않았고, 그래서 시인은 안타까운 마음을 달래고자 이 시비에 있는 「선운사 동구」라는 시를 쓰게 된 거지.

그렇군요. 근데 사실 전 서정주 시인에 대해 잘 모르는데……

미당 서정주(1915~2000)에 대해 짧게 소개하자면, 그는 20세기 한국을 대표하는 시인으로, 그의 시세계는 평론가들에게 한국문학이 다다른 최고의 서정적 미학으로 평가받고 있어. 생전에 15권의 시집을 출간했고 천여 편의 시를 문예지에 발표하였다는구나. 그의 작품 중 「자화상」, 「국화 옆에서」 등의 대표시들은 국민 애송시로서 널리 사랑받고 있지. 하지만 그는 일제 강점기 시절 친일작품 발표 및 독재정권 지지 등의 문제로 논쟁의 대상이 되기도 했단다. 여기서 잠깐, 그의 시 「국화 옆에서」를 낭송해 볼까?

"한 송이의 국화꽃을 피우기 위해 / 봄부터 소쩍새는 / 그렇게 울었나 보다 // 한 송이의 국화꽃을 피우기 위해 / 천둥은 먹구름 속에서 / 또 그렇게 울었나 보다 // 그립고 아쉬움에 가슴 조이던 / 머언 먼 젊음의 뒤안길에서 / 인제는 돌아와 거울 앞에 선 / 내 누님같이 생긴 꽃이여 (…)"

아, 이 시 많이 들어봤는데… 근데, 지금 선운사에 올라가면 활짝 핀 동백꽃을 볼 수 있는 거예요?

동백은 3월말쯤 피기 시작해 4월 하순경에 절정에 이르지. 지금은 4월 중순이니 올라가면 제법 예쁜 동백꽃을 볼 수 있겠구나. 선운사에서 북쪽으로 8㎞를 가면 안현마을에 이르는데 바로 거기에 미당시문학관과 그의 생가가 있어. 미당시문학관에는 그의 첫시집인 화사집 원본 등 5천여 점의 유품이 전시되어 있고, 또 주변에는 조롱박 터널과 연꽃단지가 조성돼 관광객들이 많이 찾는다는구나. 우선 천천히 선운사를 둘러본 뒤에 거길 관람하러 가자꾸나.

● 『반계수록』은 어떤 책일까?

 우리 지금 어디로 가는 거예요?

 부안군 보안면 우동리에 있는 반계선생유적지로 가는 중이야. 반계선생유적지는 조선시대 실학자로 잘 알려진 반계(磻溪) 유형원(1622~1673) 선생이 거주하던 곳이란다. 그곳에서 선생은 『반계수록』을 집필하며 실학 연구에 몰두했었지. 그래서 예전에 우반동으로 불리던 지금의 우동리는 선생의 호를 따서 '반계마을'로도 불리어지고 있단다.

『반계수록』은 어떤 책이죠?

『반계수록』은 한 마디로 선생이 국가의 운영과 개혁에 대한 견해를 적은 책이야. 26권 13책으로 이루어져 있는 이 엄청난 분량의 책은 1652년(효종 3)에 처음 쓰기 시작해 1670년(현종 11)에야 완성하였다는구나. 특히 1~8권에는 '전제(田制)', 즉 논밭에 관한 제도에 대한 내용이 실려 있어. 선생은 당시 조선 사회의 농민경제의 파탄은 일부 계층이 대토지를 소유한 것에서 비롯된 것이라는 주장을 펼쳤지. 이를 해결하기 위해 실제 경작하는 이에게 토지를 주는 '균전제'의 실시를 제기하였지만, 결국 채택되지는 않았지.

하, 어려운 내용이네요. 그럼 반계 유형원 선생의 업적은 무엇인가요?

 선생은 신분·직업의 세습제를 지양하고 기회 균등의 구현 등을 위한 제도 개혁을 수장했지만, 안타깝게도 실행되지는 못했어. 하지만 선생은 실학의 기틀을 마련했고, 선구자로서 이익, 홍대용, 정약용 등의 실학자들에게 많은 영향을 끼쳤단다. 바로 이것이 반계 유형원 선생의 주요 업적이라 할 수 있겠구나. 저기 '반계서당'이라는 안내판이 보이지? 듣던 내로 너가 넓지는 않지만 주변 산세가 아름답고 운치 있는 돌담이 놓여 있구나!

3월에 가볼 만한 곳

벽화가 아름다운 청주 수암골과 다순구미 골목을 따라 근대문화유적이 즐비하게 늘어선 목포 온금동, 연중 참가자미를 맛볼 수 있는 울산의 정자항, 동백숲이 아름다운 거제 지심도는 3월에 가볼 만한 곳이다. 눈으로 즐기고 미각을 유혹하는 봄나들이 명소로 손색이 없다. 특히 접근성이 좋아 가족과 함께하는 여행지로도 그만이다.

어린아이와 꽃이 그려진 청주 수암골 골목 담벼락(왼쪽)과 근대문화의 흔적을 엿볼 수 있는 전남 목포 서산동 일대. 3월에 가볼 만한 명소들이다.

*청주 수암골

한국전쟁 당시 피란민의 정착촌이었던 충북 청주시 수암골은 몇 년 전까지만 해도 도심 속 초라한 달동네였다. 2007년 공공미술 프로젝트로 진행된 벽화작업으로 봄날 꽃이 피어나듯 이 마을에도 생기가 돌기 시작했다. 거친 담벼락에 그려진 함박웃음 짓는 어린이들, 아름다운 꽃나무들은 그림이 아니라 실제 골목길의 풍경인 듯 살아 있다. 인적 없이 조용한 골목길에서 이쪽 벽의 소녀와 저쪽 벽의 소년들이 이야기를 나누고, 꽃들은 소리 없이 꽃잎을 펼친다. 담장은 바다가 되고 때로 하늘이 되어 마치 그림책 속을 산책하는 착각에 빠지기도 한다. 드라마 〈카인과 아벨〉, 〈제빵왕 김탁구〉의 촬영지로도 알려져 외국 여행객들의 발길도 잦다. 수암골뿐 아니라 청주시내 성안길에도 드라마 촬영지가 있어 주인공들의 흔적을 따라가는 하루 나들이 코스로 적합하다. 〈청주시 문화관광과: 043-200-2231〉

*목포 온금동

전남 목포는 근대문화유적 박물관이다. 온금동, 일본인 골목, 오거리 등에는 목포의 근대사를 만날 수 있는 흔적들이 남아 있다. 온금동은 목포에 시가지가 조성되기 전 뱃사람들이 살던 마을이다. 유달산 자락에 기대어 마음이 따뜻한 사람들이 살아가는 온금동 달동네를 걸어보며 바쁜 일상 속에서 잊혀져가는 인정을 느껴보는 것도 좋을 것 같다. 목포의 오래된 골목에서는 일본식 가옥의 자취와도 조우한다. 2층 격자모양 집 외에도 옛 일본영사관, 이훈동 정원, 근대문화역사관 등이 목포의 근대사를 담아낸다. 예향의 도시인 목포에서 오거리는 1970

연중 참가자미를 맛볼 수 있는 울산의 정자항 생선판매장(왼쪽)과 동백숲이 아름다운 거제 지심도는 미각과 시각을 유혹하는 봄나들이 명소로 꼽힌다.

~80년대 예술의 중심지였고 그 중심에 다방이 있었다. 다방은 작가들의 아지트였고 지금도 명맥을 유지하고 있다. 목포의 근대사를 더듬었으니 이제 본격적으로 목포의 봄을 즐겨보자. 유달산 자락은 3월 말이면 개나리가 꽃망울을 터뜨린다. 유달산에서 북항으로 이어지는 일주도로는 노란 꽃 세상으로 변신한다. 〈목포시 관광기획과: 061-270-8430〉

*울산 정자항

한반도의 동해남부 바다는 고래의 바다이다. 울산의 장생포는 고래잡이의 메카였다. 하지만 지금 울산을 대표하는 어항은 북구의 정자항이다. 정자항은 전국으로 유통되는 참가자미의 70%를 어획하는 곳으로 1년 내내 참가자미를 삽는다. 참가자미는 비린 맛이 없어 다양한 음식으로 만들어지나. 그중 정자항 사람들이 으뜸으로 여기는 것은 참가자미회이다. 깊은 바다에 사는 어종인지라 양식을 할 수 없는 생선이고, 산란하기 전인 3월의 참가자미는 기름기가 많아 차지고 고소한 맛이 일품이기 때문. 정자항의 또 다른 먹을거리는 정자대게이다. 크기는 작지만 맛과 향이 뛰어나다. 정자 바다의 세찬 물살에서 자라는 미역도 일품이다. 강동 화암 주상절리가 있는 산하동을 찾으면 바다에서 수확한 미역을 널어 말리는 진풍경을 볼 수 있다. 〈울산광역시 관광과: 052-229-3851〉

*거제 지심도

경남 거제시 장승포항 지심도 터미널에서 도선을 타고 15분이면 동백꽃이 반기는 지심도 선착장에 도착한다. 겨울의 문턱부터 하나둘씩 피어난 동백꽃은 3, 4월이면 지심도를 온통 붉은 별로 수놓는다. 만개해서 기쁨을 주는 동백꽃은 땅에 떨어져도 그 아름다운 빛을 잃지 않는다. 길 위에 송이째 떨어져 있는 동백꽃은 결코 추하지 않다. '허영 부리지 않음'이라는 동백꽃의 꽃말이 떠오른다. 지심도 산책은 편안한 휴식과 더불어 인생에 대해 다시 정리해 보는 여유를 갖게 해준다. 시심노 동백꽃길 트레킹을 즐긴 뒤 거제도 본섬으로 돌아와도 즐길 거리가 많다. 해상유람선을 타고 한려해상국립공원을 유람하거나 동부의 옥포대첩기념공원, 학동 동백림, 해금강, 서부의 청마 유치환 생가, 남부의 여차, 홍포마을 등을 탐방하면 좋다. 〈거제시 관광과: 055-639-3619〉

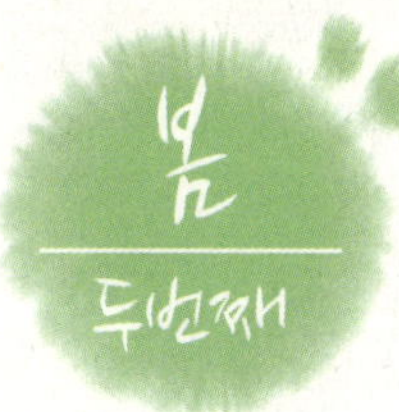

돌머리해변에 고즈넉이 자리한 초가 원두막

함평

긴 뻘밭을 끼고 있는 함평의 돌머리해수욕장. 해안선 끝이 바위로 되어 있어 붙여진 '돌머리'라는 이름이 재미있다. 뒤편에는 우거진 솔숲이, 바위 끝에는 전망대와 초가 원두막이, 앞에는 바닷물이 담긴 인공풀장이 설치돼 자연과 인공조형물의 조화가 아름다움을 더한다.

'살기 좋고 모든 것이 넉넉해 조화롭다'는 뜻을 지닌 함평이 생태관광지로 자리매김을 하고 있는 건 어찌 보면 당연한 일인지도 모른다. 기름진 평야가 있고, 맑은 강이 흐르고, 넓은 뻘밭이 조화를 이뤄 어느 것 하나 부족함이 없기 때문이다.

함평의 아름다운 풍광을 수식하는 또 하나의 단어는 '기산영수(箕山潁水)'. 조선 세조 때 왕위 찬탈을 못마땅히 여겨 벼슬을 마다하고 귀향한 이안이 함평천 인근을 중국 하남성의 기산영수와 견줄 만한 곳이라고 한 데서 비롯됐다. 그는 세조가 단종의 왕위를 빼앗자 세상을 한탄하며 고향 함평에 내려와 정각을 짓고 "누(樓)가 높아 날아가는 기러기는 등만 보이고 누 아랫물이 맑아 헤엄치는 새우의 수염을 헤아리겠다"는 시를 읊으며 세상과 등지고 살았다.

중국 요임금이 기산에 은둔하던 선비 허유에게 자신의 뒤를 이어 천하를 맡아 달라고 부탁을 하자, 허유는 이를 거절하고 산 아래 영수 물에 귀를 씻었다고 한다. 그때 소를 끌고 나온 소부가 그에게 귀를 씻은 연유를 묻고는 "그 귀를 씻은 물이라면 소조차 먹일 수 없다"며 위쪽 상류로 갔다는 데서 '기산영수'가 연유한다. 허유가 살았다는 골짜기 이름이 그대로 고사(古事)가 돼 '세속의 명예와 이익을 멀리하는 은자의 덕에 대한 최고의 상징'으로 통한다.

이런 연유에서인지 알 수 없으나 함평에는 일신의 안위를 초개처럼 버리고 조국과 백성을 위한 선비들이 유독 많다. 자신이 살던 집을 상하이 임시정부 청사로 사용하도록 한 김철 선생이 대표적인 인물이다. 신광면 함정리에 있는 김철 선생의 생가는 독립운동 역사관으로 탈바꿈했고, 상하이 임시정부청사가 집 옆에 재현됐다.

돌머리해수욕장을 지나 모평마을

함평 관광은 서해안의 긴 뻘밭을 끼고 있는 돌머리해수욕장에서 시작된다. 함평읍의 맨 서쪽 바닷가에 있는 돌머리해수욕장은 육지 끝이 바위로 되어 있어 붙여진 이름이다. 이 해수욕장은 뒤편에 솔숲이 울창하고 1㎞가량의 백사장이 넓게 펼쳐져 있다. 인근 안악해변도 빼어놓을 수 없는 절경이다. 이곳에선 무안반도 너머로 떨어지는 짙은 저녁노을이 황홀하다. 함평만이 가진 귀중한 관광자원인 해수찜 마을도 이곳에 있다.

볼 것도, 먹을 것도 많은 함평이라지만 모평마을을 보지 않는다면 함평 여행의 진수를 빠뜨린 것이나 다름없다. 평범한 농촌에서 한옥촌으로 거듭난 모평마을은 천 년 전 고려시대에 함평 모(牟)씨가 처음 마을을 일구었다. 그 후 1460년경 윤길이 90세의 나이로 제주도 귀양길에서 돌아오다 이곳의 산수에 반해 정착하면서 파평 윤씨의 집성촌이 됐다.

들녘을 사이에 두고 상모평마을과 하모평마을이 어우러진 모평마을은 57가구에 130여 명이 사는 작은 농촌마을이다. 주민의 90%가 파평 윤씨로, 골목길에서 만나는 주민들은 대부분 친인척인 셈이다. 마을 중간쯤 솟을대문 사이로 '귀령재(歸穎齋)'라는 편액이 설린 한옥은 파평 윤씨의 종가. 윤상용 선비가 둘째 아들을 위해 지어준 고택과 동헌 내아터에 있는 윤선식 가옥 등이 눈길을 끈다. 뒷산인 임천산 산책로 들목에는 오동나무와 대숲에 둘러싸인 영양재(穎陽齋)가 있다. 영양재의 기둥마다 걸려 있는 범상치 않은 주련(柱聯)의 문구가 이곳의 분위기를 말해준다. '비례물시(非禮勿視) 비례물청(非禮勿聽) 비례물언(非禮勿言) 비례물동(非禮勿動)', 예가 아닌 것은 보지도, 듣지도, 말하지도, 행하지도 말라는 논어에 나오는 공자의 가르침이다.

마을 뒷산 자락에는 대밭과 야생 차나무 밭이 있다. 물레방아 옆에 위치한 수벽사는 여진족을 몰아내고 동북 9성을 쌓은 고려의 윤관을 모신 사당이다. 수벽사 옆에는 그냥 지나칠 수 없는 비석이 자리 잡고 있다. 제각 안 비석은 신천강씨 열녀비. 정유재란 때 남편이 왜병에게 살해되는 것을 막으려다 처참하게 죽임을 당한 부인을 기리는 비석이다. 열녀비 옆 비석은 충노(忠奴) 도생과 충비(忠婢) 사월을 기린다. 노비 부부인 도생과 사월은 강씨 부부가 죽자 주인의 어린 아들을 지극 정성으로 보살펴 과거에 급제시켰다고 전한다.

수벽사 앞에 조성된 숲은 모평마을의 운치를 더한다. 해보천을 따라 뿌리를 내린 팽나무, 느티나무, 왕버들 등 수령 300년의 고목 서른여섯 그루가 겨울철 세찬 바람을 막아준다. 모평마을은 골목길도 탄성을 자아내게 한다. 모평헌에서 안샘을 거쳐 윤선식 가옥에 이르는 100m 길이의 골목길은 모평마을을 대표한다.

해보면에 있는 용천사는 백제 침류왕 때 인도에서 건너온 마라난타가 창건한 것으로 전해진다. 사찰 주변에서 꽃무릇이 만개하면 이 일대가 온통 붉은빛으로 물들어 몽환적인 모습을 자아내 보는 이의 넋을 잃게 한다.

여행정보

● 가는 길

서울을 기준으로 서해안고속도로를 이용, 함평IC까지 가면 된다. 경부·호남고속도로를 이용할 경우 선운사IC에서 서해안고속도로로 갈아타고 함평IC에서 나가면 된다. 센트럴시티터미널에서 하루 3차례 고속버스도 운행된다.

● 묵을 곳

함평(지역번호 061) 모평농촌체험마을(323-8288)과 석두어촌체험마을(323-4856)에서 민박이 가능하다. 뉴샹젤리제호텔(323-1200)과 보은모텔(322-4457) 등 모텔도 다수 있다. 함평군 문화관광과(320-3733)에서 숙박시설 안내를 받을 수 있다.

● 먹을 곳

함평은 '함평천지'라는 브랜드의 한우가 유명하다. 한우 생고기와 육회비빔밥은 오래전부터 주민들의 사랑을 받아오고 있다. 비빔밥과 곁들여 나오는 선짓국도 이름난 음식이다. 세발낙지와 일명 오도리로 불리는 보리새우도 유명하다. 축협이 직접 운영하는 함평한우프라자(324-3377)에선 한우를 직접 골라서 먹을 수 있다. 나비골가든(323-0592), 대흥식당(322-3953), 천지나비회관(322-1212) 등도 유명하다.

함평군 문화관광과
http://www.hampyeong.go.kr/2008_hpm/mindex.php

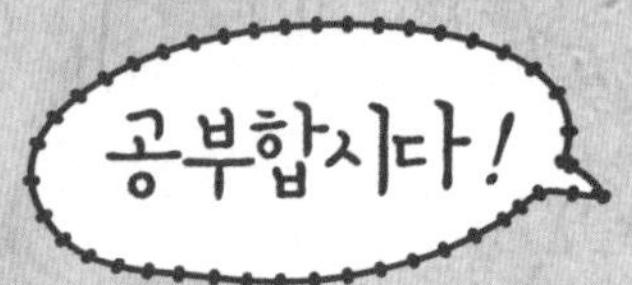

● 집성촌이란?

 아빠, 집성촌이 무슨 뜻이죠?

집성촌이란 동성(同姓), 그러니까 한 마디로 같은 성을 가진 사람들이 모여 사는 촌락을 뜻하지. 집성촌은 조선 초기부터 본격적으로 형성되기 시작했는데, 이곳에 사는 사람들은 함께 조상에 대한 제사를 올리고, 서원과 사당을 건립하는 등 마을의 행사를 공동으로 수행해 왔단다.

 아하, 그렇구나!

이 집성촌의 형성에는 예학(禮學)의 발달, 종법적 가족제도 수용 등 당시 널리 퍼진 유교가 영향을 끼쳤단다. 여기서 예학이란 예의 본질을 탐구하는 유학의 한 분야로, 바로 그 유명한 공자가 창시한 학문이야. 공자는 예의 본질을 강조하여 당시 춘추시대의 혼란을 바로잡으려고 노력했지. 이러한 공자의 사상은 순자에 의해 계승되었고 한대에 이르러 『예기』, 『주례』 등과 같은 책이 편찬되면서 비로소 예학이 성립되어 널리 알려지게 되었단다.

아, 공자에 대해선 학교에서 배운 적 있어요. 그래서 우리나라가 그 옛날부터 '예'를 중시했고 또 '동방예의지국'이라 불리기 되었던 거군요!

그래 맞다. 예학이 우리나라에 언제 처음 도입되었는지 정확히 알 수 없으나, 삼국시대에 『예기』가 국학의 한 과목이었다는 기록으로 보건대, 적어도 삼국시대에는 사람들 사이에서 어느 정도 예가 인식되어 있었을 것으로 짐작돼. 이후 예는 조선시대에 성리학이 퍼지면서 본격적으로 자리를 잡게 되지.

여기 모평마을도 집성촌이라 들었는데, 어떤 성을 가진 사람들이 모여 있나요?

모평마을은 '파평윤씨'들이 모여 만든 집성촌이란다. 1460년경 무오사화에 연루되었던 윤길이라는 선비가, 제주도로 귀양 갔다 돌아오는 길에 이곳 산수에 반했다는 거야. 그래서 그는 모평마을에 정착하기로 결심했고, 이후 여기에 파평윤씨 집성촌이 들어서게 된 것이지.

● 왜 함평에서 나비축제가 열리게 되었을까?

함평은 어떤 곳이에요?

함평은 전라남도에 위치한 대표적 관광도시란다. 본래 비옥한 농경지가 많고 쌀맛이 좋기로 소문나 '함평 쌀밥만 먹은 사람은 상여도 무겁다'란 말이 생길 정도였어.

우와, 얼마나 맛있었으면!

그런데 산업사회에 접어들면서 젊은이들이 하나둘 도시로 떠나고, 농산물 수입개방 등의 여파로 그만 농업경쟁력을 잃게 된 거야. 그래서 이 지역 사람들이 경제 활성화를 위한 홍보 방안을 고민하다가, 바로 나비를 테마로 축제를 열기 시작한 것이지.

근데 왜 하필 나비였을까요?

오염된 지역이라면 나비들이 살지 않을 테니까, 즉 나비들이 많이 사는 친환경지역임을 강조하려 했던 거란다.

아, 그렇구나! 그럼 나비축제는 언제 열려요?

함평 나비축제는 매년 4월에 함평엑스포공원에서 개최된단다. 유채꽃과 자운영꽃에 날아든 수만 마리의 나비 떼를 한번 상상해 보렴! 얼마나 근사할지, 이 엄마도 벌써부터 기대가 되는구나. 나비 날리기, 나비 사진 전시, 나비 노예학습장 운영 등 나비와 관련된 많은 행사와 전시가 열린다 해.

네, 저도 기대가 돼요!

특히 나비 날리기는 국내에 서식하는 다양한 종 5만 마리 나비를 날리는 행사라 제법 볼 만할 거야. 그리고 생태관과 환경 농업 체험장에서 벌어지는 체험행사가 있는데, 온 가족이 직접 참여할 수 있는 프로그램이라 하는구나. 어여쁜 나비도 보고 생태관에서 함께 체험도 해보고 여러모로 뜻깊은 여행이 되겠지?

생태와 관련된 볼거리와 체험관광

청정 나비의 고장 함평에서 맞이하는 봄은 어떤 모습일까. 함평에 가면 누구나 행복한 고민에 빠지게 된다. 보고, 즐기고, 먹을 것이 많아서다. 특히 생태와 관련된 볼거리와 체험관광이 다양해 가족이 함께 즐길 수 있다. 자연을 벗삼아 다양한 체험을 즐길 수 있는 함평에서의 하루 해는 너무 짧기만 하다. 한반도 서남단 함평의 자연생태공원에서 시작해 나비축제가 열리는 엑스포 행사장과 함평천 주변 유채·자운영 꽃밭, 용천사 꽃무릇단지, 함평만 갯벌, 황금박쥐 서식동굴, 예덕리 고분군 등을 연결하는 구간은 종합관광지로도 손색이 없다.

함평자연생태공원은 '함평나비대축제'와 더불어 이 지역의 관광명소로 자리 잡았다. 30분의 1 규모로 축소해 생태공원 대동호에 설치한 독도조형물(왼쪽)과 하늘에서 내려다본 '함평천지'를 축소한 듯한 공원.

*함평자연생태공원

자연생태공원은 함평 체험관광의 시발점이다. 함평읍에서 영광 방면 10㎞ 지점인 대동면 운교리에 위치한 공원은 66만㎡의 공간에 8개의 온실, 야외식물원, 반달곰사육장, 산삼밭, 전망대 등을 갖췄다. 공원에 들어서면 제일 먼저 들르는 곳이 전망대. 팔각정 모양의 2층 전망대에 오르면 공원은 물론 '함평천지'를 한눈에 굽어볼 수 있다.

'하늘에는 나비와 잠자리', '땅에는 꽃과 난초', '물속에는 물고기'가 어우러지는 테마별 관람공간이 이곳에 자리 잡고 있다. 산책로 양쪽을 가득 채운 야생초와 봄꽃은 길동무다. 공원 오른쪽에 자리 잡은 반달가슴곰관찰원에서는 지리산 반달곰 7마리를 코앞에서 볼 수 있다.

지그재그 돌아가는 모양으로 만들어진 수변데크 주변은 수련재배장이다. 재배장을 따라 연둣빛 잎사귀를 물 위로 올린 꽃창포가 줄지어 있다. 물속에 뿌리를 내린 왕버들 군락도 장관이다. 대동호 가운데는 실물 30분의 1 크기의 '독도 조형물'이 설치돼 있어 눈길을 끈다. 우리 땅 독도의 소중함을 일깨우는 장소로 활용되고 있다. 또 어린이들을 대상으로 한 TV프로그램 〈하늘을 나는 집 후토스〉 촬영장도 있다. 주변 청소년야영장에는 캠핑용 트레일러 10대가 설치돼 있다. 봄에는 대한민국 난(蘭)대전, 늦가을에는 '대한민국 국향대전' 행사가 펼쳐진다. 〈문의: 061-320-3514〉

*함평의 명물 '해수찜'

돌머리해수욕장에서 5분 거리에 있는 손불면 궁산리 일대는 유황이 함유된 돌을 소나무로 달구어 데운 물로 해수찜을 하는 곳으로 유명하다. 해수찜은 가열한 유황석을 쑥, 삼못초, 뱀딸기풀 등의 약초가 담긴 해수탕에 넣어 데워진 물로 찜질하는 것. 뒤뜰 아궁이에서 갓 구워낸 유황석을 넣은 탕의 온도는 섭씨 70~80도. 온도가 내려갈 때까지 수건에 물을 적셔 찜질한다. 이렇게 하면 온천과 약찜의 효능을 한꺼번에 즐길 수 있다.

이곳의 돌은 유황과 알칼리장석이 많이 함유된 산성암맥이다. 불에 구우면 서로 엉겨붙을 정도로 유황성분이 많고, 가열된 돌은 알칼리염을 생성하고 게르마늄 용출을 도와 살균작용뿐 아니라 피부질환, 신경통, 당뇨 예방과 치료에 효과적인 것으로 알려져 있다. 보통 바닷물에 몸을 담그고 나면 피부가 끈적끈적해지게 마련이지만 해수찜을 하고 나면 오히려 피부가 매끈해진다. 찜질 후에는 샤워를 하지 말고 말려야 효과가 오래간다. 〈신흥해수찜: 061-322-9900〉

*'민예학당', 그리고 '향토와 들꽃세상'

민예학당은 '사랑해', '꽃 반지 끼고' 등 1970년대 초 통기타 가수로 이름을 날렸던 가수 은희가 신남리에 있는 폐교를 개조해 만든 시골체험공간이다. 민예는 '민초들의 예술'이란 뜻. 천연 염색을 비롯한 공예, 도예, 농예, 대체의학 등을 배우고 싶은 사람들이 모이는 곳이라는 의미다. 천연염색은 땡감을 원료로 만든 갈색 염료 등을 사용한다. 감물에서 우러난 갈색에 그는 '코리아브라운'이라는 이름을 붙였다. 〈문의: 061 323-4745〉

함평군 해보면 대각리에 있는 황토와 들꽃세상은 온 가족이 함께 여유 있는 시간을 보내며 사라져가는 농촌의 정취를 느낄 수 있는 곳이다. 들꽃세상 안에 있는 야생화 식물원은 할미꽃과 민들레, 금낭화, 씀바귀 등 한국의 야생화 500여 종이 자태를 뽐내고 있다. 토속음식점과 황토 한옥 숙박시설, 수영장 등도 갖추고 있다. 〈문의: 061-323-0693〉

*안악해변과 돌머리해수욕장

서정적인 분위기의 한적한 안악해변은 황혼 무렵의 해넘이가 일품이다. 함평만의 바다를 붉게 물들이며 무안 해제반도 너머로 떨어지는 석양이 짙은 감흥을 선사한다. 백사장을 에워싼 울창한 소나무 숲은 시원한 그늘을 만들어 줘 여름철 피서객들의 휴식공간으로 더할 나위 없이 좋은 곳이다. 여기에 함평만 갯벌에서 나오는 싱싱한 숭어, 세발낙지, 보리새우 등이 여름철 미각을 돋운다.

돌머리해수욕장은 함평읍 석성리 석두마을에 자리하고 있다. 이곳 해변은 확 트인 서해안을 바라보며 깨끗한 바닷물과 은빛 백사장이 1000m가량 펼쳐져 있다. 넓은 소나무숲이 어우러진 천혜의 절경을 자랑하는 곳이다. 특히 조수간만의 차가 심한 점을 극복하기 위하여 8000여㎡의 인공풀장과 초가 원두막, 야영장 등의 편의시설도 갖추고 있다. 돌머리해변에서는 뱀장어를 잡는 체험도 있다. 참숯장어잡기대회는 싱싱한 장어를 맘껏 먹을 수 있어 인기가 높다. 〈문의: 061-320-3733〉

전설 깃든 기암괴석 천혜의 비경

매물도

석양이 아름다운 매물도 대항마을의 꼬돌개. 200여 년 전 매물도 초기 정착민들이 흉년과 괴질로 한꺼번에 숨진 슬픈 사연이 깃든 곳이다.

해상공원 한려수도 한복판에 기암절경으로 이뤄진 통영 매물도는 많은 매력을 지닌 섬이다. 잠시 둘러보는 것만으로도, 푸른 바다 한가운데 떠 있는 작은 섬 매물도의 색다른 묘미를 느낄 수 있다. 통영에서 직선거리로 26㎞ 떨어진 매물도에는 대매물도, 소매물도, 등대섬 등이 있다. 통영연안여객선 터미널에서 페리에 몸을 싣고 1시간 30분이면 도착한다.

매물도는 군마 형상이다. 개선장군이 안장을 풀고 휴식하는 모습이라고 하여 말 '마(馬)' 자와 꼬리 '미(尾)' 자를 써서 '마미도'라 불렸다. 그러나 경상도 발음 때문에 '매미도'를 거쳐 '매물도'로 굳어졌다. 지금은 비록 장군이 망망대해를 굽어보며 휴식하는 형국이지만 언젠가 말을 타고 출정할 장군이 나타날 것이라는 전설이 서린 곳이다.

대매물도로 불리는 본섬에는 장군봉(127m)을 사이에 두고 당금마을과 대항마을이 자리한다. 관광객이라면 대부분은 등대섬으로 유명한 소매물도로 가게 된다. 이로 인해 소매물도는 펜션이 들어서는 등 관광지로 변했으나 대매물도는 찾는 사람이 적어 아직은 옛 모습을 그대로 간직하고 있다.

당금마을은 41세대 90여 명의 주민이 거주한다. 가파른 산비탈을 따라 옹기종기 모여 있는 주황색 슬레이트 지붕 아래에는 서로 남이 될 수 없는 주민들이 바다를 벗해 살고 있다. 바다에서 고기를 잡고, 해산물을 채취한다. 좁은 골목 끝 산등성이에 오밀조밀하게 자리 잡은 텃밭에선 채소를 가꾸고 있다. 단조로워 보이는 그 안에서도 우리네 삶의 흔적이 고스란히 엿보인다.

매물도가 2007년 문화체육관광부의 '가고 싶은 섬' 시범사업지로 선정된 이후, 문화예술 사단법인인 '다움'과 주민들이 중심이 되어 만든 공공미술 예술작품들이 설치되었다. 그리고 탐방로 등의 시설이 정비되었다. 매물도는 예술과 만나면서 독특한 섬으로 변신한 것이다. 섬주민의 애환이 서린 삶의 터전이 예술과 함께 숨 쉬는 '인연(人然·사람과 자연의 결합)의 섬'으로 불릴 만하다.

매물도에선 어느 길로 가도 마을과 통하고 누구네 집이건 하루에 한 번은 지나게 된다. 지붕이 낮은 집들이 좁은 골목길을 사이에 두고 어지럽게 들어섰지만 결코 이웃의 바다 조망권을 침해하지 않는다.

당금마을과 대항마을 사이에는 1㎞ 남짓한 오솔길이 있다. '매물도판 오륙도'로 불리는 가익도 등 한려수도의 크고 작은 섬들이 한눈에 들어오는 곳이다. 동백나무와 후박나무 군락이 울창한 고갯길은 해넘이의 명소로 불린다. 특히 꼬돌개의 석양은 이곳 전설만큼이나 슬프게 다가온다. 200여 년 전 매물도 초기 정착민들이 흉년과 괴질로 한꺼번에 '꼬돌아졌다'(고꾸라졌다의 방언)고 해서 붙여진 이름이다. 길가에 선 150년 된 소나무 한 그루가 숱한 바닷바람을 이기고 오롯이 서 있다. 오솔길 끝에는 26가구 45명이 살고 있는 대항마을이 있다.

불로초 구하러 가던 서불이 거쳐간 곳

대매물도와 직선거리로 600m쯤 떨어진 소매물도는 아름다운 등대섬과 하루 두 차

소매물도 망태봉에서 내려다본 등대섬. 기암괴석으로 둘러싸인 등대섬에는 그림처럼 예쁜 등대가 서 있어 매물도 최고의 볼거리로 꼽힌다. 썰물 때면 소매물도와 등대섬 사이에 주먹만 한 크기의 몽돌로 이뤄진 '열목개'가 열린다.

례 썰물 때만 연결된다. 소매물도 선착장에서 등대섬으로 가는 길은 마을 한가운데로 난 가파른 돌계단으로 이어진다. 이 길을 따라 20~30분 걸으면 폐교가 위치한 삼거리에 닿는다. 동백나무 군락에 둘러싸인 소매물도 분교는 1961년 개교해 1996년에 문을 닫았다. 학교에 달린 작은 종소리가 유명한 폐교에서 나오면 등대섬과 망태봉으로 가는 갈림길이다. 산책로를 내려가면 소매물도와 등대섬을 연결하는 몽돌해변을 만난다. 약 70m 길이의 몽돌해변은 등대섬으로 걸어갈 수 있는 통로로 열목개로도 불린다.

섬은 한 폭의 그림에 비견된다.

등대가 서 있는 정상에서 내려다보이는 수직 단애는 해금강의 아찔한 절경을 연상케 한다. 등대 아래에 위치한 '글씽이굴'은 중국 진시황의 신하인 서불이 불로초를 구하러 가던 중 절경에 반해 '서불과차(徐市過此·서불이 이곳을 지나가다)'라는 글을 새겨놓았다는 전설이 전해진다.

등대섬에 가면 정작 전체의 비경을 제대로 볼 수 없다. 맞은편 망태봉(152m)으로 가야 한다. 망태봉 정상에는 우주선 모양의 어울리지 않는 콘크리트 건물이 서 있다. 예전 세관의 감시초소로 쓰였던 건물이다. 30m쯤 떨어진 편편한 바위가 등대섬을 볼 수 있는 최고 명당이다. 푸른 바다로 둘러싸인 소매물도가 한눈에 들어오고 등대

여행정보

● 가는 길

서울을 기준으로 경부고속도로와 통영대전중부고속도로를 타고 가다 통영IC에서 나온다. 대중교통을 이용할 경우 서울 강남고속버스터미널에서 통영까지 가는 고속버스가 있다. 통영여객선터미널(055-642-0116)에서 페리를 타고 1시간 30분이면 매물도에 도착한다. 통영에서는 오전 7시, 오전 11시, 오후 2시에 출항하고, 매물도에서는 오전 8시 15분, 낮 12시 20분, 오후 4시 15분에 출발한다.

● 묵을 곳

매물도(지연번호 055)에는 당금마을과 대항마을에 민박과 펜션이 많이 있다. 노을민박(646-3008), 바람민박(642-9855), 매물도다이빙리조트(643-7453), 동백민박(642-4963), 대항해수욕장(641-8277), 매물도민박(646-1221), 매물도섬민박(648-1004), 바다이야기펜션(642-6171), 노을바다펜션(645-8853) 등이 있다. 한산면사무소(650-3600)와 통영관광안내소(640-5245), 통영시 문화관광과(650-4600)에서 숙박시설을 안내받을 수도 있다.

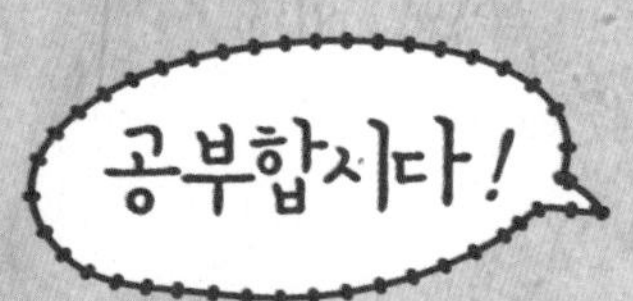

● 한려해상국립공원에 속한 지역은 어디일까?

엄마, 한려해상국립공원은 어디에 있어요?

한려해상국립공원은 통영시 한산도에서부터 여수에 이르는 바다와, 해안 일대를 포함한 공원을 말하는 거야. 1968년 12월 해상공원으로는 최초로 국립공원으로 지정되었고, 구체적으로 여수시, 남해군, 하동군, 통영시, 사천시, 거제시가 이 한려해상국립공원에 속한 지역이지. 공원은 또 여수시 지구, 통영시 지구, 사천시 지구, 거제시 지구, 노량수도 지구, 남해군 금산 지구로 나뉘어 있는데 각 지구마다 색다른 풍광과 명물로 관광객들에게 볼거리를 제공하고 있어.

우리가 이번에 여행하는 매물도는 통영에 속한 섬이라 하셨죠?

그래, 맞아. 매물도는 한려수도 한복판에 기암절경으로 이뤄진 섬이지. 이 밖에 통영시 지구에는 충렬사와 보물 293호인 세병관 등이 있고, 거제시 지구 남부면 갈곶리에는 이곳 대표적 경승지인 해금강이 자리한단다.

해금강이요? 많이 들어봤는데……

해금강은 거제에 있는 특이한 모양의 돌섬이야. 그냥 위에서 봤을 때는 한 덩어리처럼 보이지만, 바닷속에서는 넷으로 갈라져 있지.

와, 정말 특이하네요.

그리고 여수에 가면, 동백으로 유명한 섬 오동도를 볼 수 있단다. 동백나무가 무성한 이 오동도는 임진왜란 때 이순신 장군이 병선 훈련을 실시한 곳으로도 잘 알려져 있어. 또, 사천시 지구에는 백로와 왜가리 번식지로 유명한 천연기념물 학섬이 있지.

● '학익진'이란?

이순신 장군은 글도 잘 썼나 봐요? 『난중일기』 같은 작품을 남긴 걸 보면…….

본래 이순신 장군은 젊은 시절 무과가 아닌, 문과에 응시하고자 문학을 공부했었다는구나. 그러다 혼인을 하고 나서 무과에 응시하는 것으로 계획을 바꾼 것인데, 결과적으로 문학 공부는 그 유명한 『난중일기』와 시편을 남길 수 있던 원천이 되었다고 볼 수 있지.

그렇구나. 아빠, 근데 임진왜란 때 이순신 장군의 활약이 그렇게 대단했어요?

그럼! 임진왜란은 조선에 닥친 최대 국난이었어. 당시 왕인 선조는 한산대첩의 공훈을 인정해 이순신 장군을 삼도수군통제사로 임명했단다. 삼도수군통제사는 충청도, 전라도, 경상도의 수군을 총지휘하는 높은 관직이었지. 그리고 충무공은 지금의 여수인 전라 좌수영에 있던 지휘본부인 삼도수군통제영을 한산도로 이전하였는데, 바로 이 지휘본부의 약칭인 '통제영'에서 '통영'이라는 지명이 유래하게 된 것이란다.

아하, 그렇구나. 한산대첩이 임진왜란의 3대첩의 하나란 건 알고 있었어요.

오, 우리 아들 똑똑하네. 맞아. 이 대첩을 통해 조선은 개전 초 왜에게 빼앗긴 남해 제해권(制海權)을 다시 장악할 수 있었단다. 혹 '학익진' 전술이라고 들어봤니?

들어본 것 같기도 한데, 잘 모르겠어요.

한산대첩은 거북선과 전술의 승리였단다. 이 대첩에서 이순신 장군이 개발한 전함인 서북선이 활용되었고, 또 '학익진'이라는 전술이 활용되었지. 학익진은 말 그대로 학이 날개를 펼친 모양으로 진을 치고 공격하나는 뜻이야.

'학익진'이라… 멋진데요! 자세히 얘기해 주세요.

우선 충무공의 함선 몇 척이 적의 배들을 유인했던 거야. 그러자 수많은 왜군이 맹렬하게 함선의 뒤를 따라왔고… 그들이 한산도 앞바다에 이르렀을 때 마침내 숨어 있던 아군은 호각 신호에 일제히 학익진 대형으로 그들을 포위했던 거지. 결국 이 전술은 대성공을 거두었고, 왜군은 66척의 배가 전소되고 죽은 병사가 수백 명에 이르는 등 거의 전멸하다시피 했다는구나.

예술섬 둘러보기

환상의 섬 매물도는 한려해상공원의 백미로 불린다. 통영시 한산면 매죽리 남해바다 중심에 '기암 절경'을 뽐내는 매물도에는 대·소매물도와 등대섬이 있다. 불쑥 솟아오른 갯바위 사이로 파도가 부서지고, 바다 안개가 깔리면 감흥에 벅차 쉽게 잠을 이룰 수 없을 정도다. 매물도는 섬 전체가 낚시천국이라 불릴 만큼 도미, 볼락, 농어, 방어 등이 줄지어 올라온다. 슬프고도 아름다운 전설이 서린 매물도에는 봄이 유독 빨리 온다. 봄바람이 불어오면 매물도는 다시 활기를 찾는다.

*한려수도 여행의 절정, 등대섬

대물도를 찾는 관광객 대부분은 파라다이스라 불릴 만큼 전망이 뛰어난 등대섬을 보기 위해 입도한다. 푸른 초지로 이루어진 섬 정상에 하얀 등대 하나가 솟아 있다. 섬 주변의 기기묘묘한 갯바위들로 그 아름다움은 절정에 달한다. 비취빛 바다와 초원 위의 하얀 등대가 투명한 하늘과 만난다. 조수간만의 차이로 하루에 한두 번 열리는 바닷길을 이용하면 소매물도에서 건널 수 있다. 영화 〈파랑주의보〉와 제과회사 CF, TV 프로그램 등을 통해 이곳의 매력이 알려지기 시작하면서 젊은 여행객들의 발길이 부쩍 늘었다. 이 등대는 일제 강점기에 일본이 뱃길을 확보하기 위해 세운 것이다. 그래서인지 등대섬엔 서글픈 아름다움이 서려 있다.

*공공디자인으로 탈바꿈하는 골목길

당금마을의 골목길은 마을의 공동체를 그대로 드러내고 있다. 어느 길을 가도 통하고 누구네 집도 하루 한 번은 지나가게 되어 있다. 골목길은 주민들의 일상으로 안내하고, 서로 살필 수 있는 유일한 통로 구실을 하고 있다. 이 같은 골목길이 아기자기한 '문화의 옷'을 입었다. '고기 잡는 집', '바다마당을 가진 집', '꽃 짓는 할머니의 집', '군불 때는 집', '제주 해녀를 데려온 할머니' 등의 문패를 비롯해 '43년간 학교', '마을을 지키는 당산 나무터', '옛 샘터', '어부들의 새벽 이야기 터' 등의 안내판이 걸려 있다.

문패 하나하나 보면서 걷다 보면 마을의 매력이 새록새록 솟아난다. 물이 부족한 매물도에는 집마다 물탱크가 하나씩 있다. 어느 것보다 소중하게 여기는 물탱크에도 재미있는 이야기가 담긴 조형물이 하나씩 자리 잡고 있다. 이 마을에 있는 모든 집 마당에선 바다가 보인다. 어떤 집도 다른 집의 시야를 가리지 않는다. 서로 집들이 방해하지 않는다는 뜻이다.

*기암괴석과 몽돌해수욕장

매물도에는 전설이 깃든 기암괴석이 유독 많다. 풍랑으로 어린 남매가 다른 섬에서 각자 성장하

바다를 향해 나지막한 지붕들이 어깨를 맞대고 오순도순 자리잡은 매물도 당금마을. 물탱크와 골목 구석구석에 설치된 예술작품들이 눈길을 끈다.

게 되었는데, 성인이 되어 우연히 다시 만나 부부의 연을 맺으려는 순간 벼락이 떨어져 바위가 되었다는 애절한 전설이 담긴 남매바위. 그 깎아지른 듯한 절벽이 보는 이를 압도한다. 또 불로초를 구해 오라는 중국 진시황의 명을 받고, 이곳을 지나던 서불이 절경에 감탄해 글을 새겨놓았다는 '글씽이강정'이 있다. 등대에서 바라다볼 때 공룡처럼 생겼다고 해서 붙여진 공룡바위도 있다. 절벽으로 둘러싸인 몽돌해수욕장은 당금마을 앞에 있다. 매물도의 유일한 해수욕장으로 물이 맑고 수심이 낮아서 가족단위 피서지로 그만이다.

*갓 잡아올린 생선으로 차린 어부의 밥상

매물도 민박집에서는 백반을 뜻하는 '어부 밥상'을 내놓는다. 이 지역에서 생산된 해산물과 채소를 위수로 차린 감성 밥상이자 건강 음식이다. 옛날 바닷가에서 성게와 미역을 함께 싸먹었다던 매물도 주민들의 이야기를 모티브로 삼고 있다. 이들 음식은 요리전문가 집단인 '그린 테이블'과 지역주민들이 함께 개발한 것이다. 전채요리인 성게와 미역쌈으로 입맛을 돋운 후 어부가 잡아온 생선으로 만든 메인 음식을 매

물도 해초와 방풍나물 등과 함께 내놓는다. 최근 찾아간 노을민박에서는 성게 미역국과 열기·볼락구이, 톳나물, 생굴, 시금치나물, 방풍나물 등 10가지를 차려냈다. 어부 밥상은 계절에 따라 '어부 회덮밥', '문어 해초 냉채', '군수 잡채 덮밥', '참소라 물회 소면', '문어 톳나물밥' 등의 연계 메뉴로도 개발됐다.

*최고의 전망대 장군봉과 망태봉

면적이 2.4㎢인 매물도 중앙에 가장 높게 솟아 있는 봉우리가 장군봉(127m)이다. 사면은 급경사여서 기암절벽과 인근 크고 작은 섬을 관망하기엔 그만이다. 마을 뒤편의 비탈길을 따라 20여 분 오르면 소매물도에서 가장 높은 망태봉에 이른다. 등대섬을 비롯한 수많은 통영의 섬들과 거제 해금강이 내려다보이는 천연전망대가 있다. 천태만상(千態萬象)의 기암괴석(奇巖怪石)이 눈앞에 펼쳐진다. 아름다운 등대섬 전경을 가장 잘 볼 수 있는 곳이다. 망태봉에 오르지 않으면 매물도를 절반밖에 보지 못했다는 말이 있을 정도로 비경이다. 이 일대에서는 후박나무가 군락을 이루고 풍란이 자생한다.

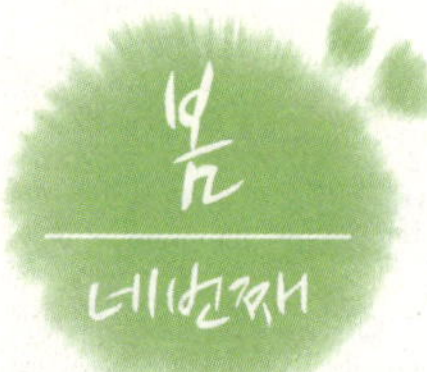

봄의 전령, 매화꽃이 눈송이 처럼 날리는

섬진강변

SPRING | 하롱하롱 꽃길을 따라 유람하는 봄 여행

매화꽃 꽃 이파리들이

하얀 눈송이처럼 푸른 강물에 날리는

섬진강을 보셨는지요

푸른 강물 하얀 모래밭

날선 푸른 댓잎이 사운대는

섬진강가에 서럽게 서보셨는지요

해 저문 섬진강가에 서서

지는 꽃 피는 꽃을 다 보셨는지요

산에 피어 산이 환하고

강물에 져서 강물이 서러운

섬진강 매화꽃을 보셨는지요

사랑도 그렇게 와서

그렇게 지는지

출렁이는 섬진강가에 서서 당신도

매화꽃 꽃잎처럼 물 깊이

울어는 보았는지요

푸른 댓잎에 베인

당신의 사랑을 가져가는

흐르는 섬진강 물에

서럽게 울어는 보았는지요

—김용택, 「섬진강 매화꽃을 보셨는지요」

섬진강변에 흐드러지게 피어나는 봄꽃을 기필코 보고야 말리라. 천리를 간다는 매화 향기에 상춘객의 마음은 벌써 두근거린다. 봄을 가장 먼저 알리는 꽃, 불의에 맞서는 선비정신의 상징이기도 한 매화를 만나기 위해 섬진강변으로 발길을 돌렸다.

남해고속도로 하동 나들목에서 19번 국도를 타고 하동읍에서 섬진교를 건너면 광양 다압면의 원동마을. 매화로 물들이는 군락을 볼 수 있는 곳이라 해서 매화마을로 불리는 것이 더 익숙하다. 백운산 동쪽에 자리한 이 마을이 위치한 광양(光陽)은 이름 그대로 햇볕이 따사로운 곳이다. 봄이 되면 햇볕 좋은 광양의 언덕들은 백매화와 홍매화, 청매화가 뒤섞여 한 폭의 그림이 된다. 성급한 상춘객이 찾아간 섬진강가에는 군데군데 매화가 피었지만 청매실농원은 아직도 한참은 기다려야 할 참이다.

청매실농원은 매화나무 집단 재배를 가장 먼저 시작한 곳이다. 섬진강변에 매화가 첫선을 보인 때는 1917년. 홍쌍리 명인(69)의 시아버지인 고(故) 김오천 옹이 지금은 보호수로 지정된 청매화 몇 그루를 심었다. 그 후 홍씨는 46년 동안 백운산 자락 돌산 기슭의 척박한 땅에 매화나무를 심고 가꿨다. 그래서 "열아홉 살 바람난 가시나처럼 산다. 매화나무는 아들이고, 매화꽃은 딸이다. 난 세상에서 가장 아들딸이 많은 사람이다"라는 홍 명인의 말이 가슴에 와 닿는다.

청매실농원은 3000개가 넘는 장독과 대숲이 수천 그루의 매화나무와 어우러져 장

관을 연출한다. 햇빛을 받아 반짝이
는 장독 풍경은 매화보다도 매력적이
다. 장독 안에는 매실 된장과 매실 고
추장이 익어간다. 마당을 뒤로하고 산
책길을 따라 오르면 전망대에 이른다.
팔각정 전망대에 오르면 문학동산 너
머로 전라도와 경상도를 흐르는 섬진
강이 눈앞에 펼쳐진다. 임권택 감독의
100번째 영화 '천년학'의 세트장인 초
가집 주변의 문학동산에는 성삼문, 이
병기, 윤동주, 김영랑, 정호승 등 유명
시인들의 시 30여 편이 커다란 바위에
새겨져 시심을 돋운다.

　청매화 고목이 멋스런 진입로는 매
화나무 묘목과 봄나물 등을 파는 할
머니들로 작은 장터를 이룬다. 백운산
동쪽기슭에 자리 잡은 다압면에는 섬진마을을 비롯해 861번 지방도로를 따라 남쪽
답동마을을 거쳐 북쪽의 염창마을에 이르기까지 20여 개의 크고 작은 매화마을이 자
리 잡고 있다. 봄이 오면 하얀 꽃 구름이 내려앉은 것 같은 수수한 자태는 이곳에서만
볼 수 있는 자랑거리다.

산수유마을로 불리는 상위마을

선비의 절개 높은 매화만 봄꽃은 아니다. 봄꽃을 말할 때 구례의 산수유꽃을 빼놓

으면 섭섭하다. 4~5㎜의 작은 꽃잎이 피어나는 산수유나무 수천 그루가 일제히 꽃망울을 터뜨리며 화려함의 절정을 이룬다. 마치 노란 물감을 흩뿌려 놓은 듯하다. 산수유꽃은 매화보다 더디게 핀다. 지리산이 병풍처럼 둘러싸고 있는 구례군 산동면은 산수유나무로 유명하다. 국내 최대 산수유 단지로 꼽히는데, 전국 생산량의 절반이 넘는 산수유를 생산한다.

그중에서도 산수유 군락이 가장 많이 들어선 곳은 흔히 산수유마을로 불리는 상위마을이다. 상위마을 뒤편에는 눈 덮인 지리산 봉우리가 병풍처럼 둘러 있고 마을 오른편에는 작은 계곡이 잔잔히 흘러 경치가 매우 아름다운 곳으로 유명하다. 산수유가 피기 시작하면 집 주변과 골목길은 물론이고 산과 들까지, 눈을 두는 곳 모두 노란빛이다. 중국 산둥(山東)에서 시집 온 처녀가 가져다 심으면서 시작됐다는 산수유는 바야흐로 노란 잔치판을 준비 중이다.

여행정보

● 가는 길

광양 매화마을에 가려면 경부선은 대전통영고속도로를 이용해 가다 진주에서 남해고속도로로 진입, 하동읍 지나 섬진교를 건너 우회전하면 된다. 호남선은 전주 나들목을 나와 전주~임실~남원~구례를 거쳐 하동 화개마을에서 남도대교 건너 좌회전해 16㎞ 정도 가면 된다. 구례 산수유마을에 가려면 경부선은 천안논산고속도로를 이용해 가다가 익산포항고속도로~순천완주고속도로를 타고 가다 화엄사 나들목에서 나오면 된다.

● 묵을 곳

광양(지역번호 061) 청매실 농원 인근의 '느랭이골 자연휴양림'(772-2255) 등 민박이 다수 있다. 광양읍과 인근 하동에도 모텔급 숙박시설이 즐비하다. 구례 산수유마을 입구에 지리산온천랜드(783-2900), 지리산프라자호텔(782-2171), 송원콘도미니엄(780-8000), 노고단관광온천장(783-0161) 등의 숙박시설이 있다. 화엄사 입구에 한화리조트(782-2171), 지리산 스위스 관광호텔(783-0700) 등 대형 숙박시설이 많다.

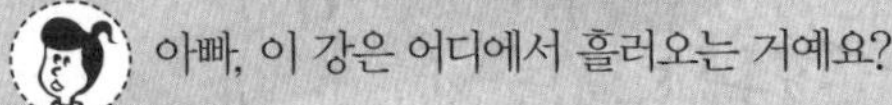

● 왜 섬진강이라 불리게 되었을까?

아빠, 이 강은 어디에서 흘러오는 거예요?

이 강을 섬진강이라 부른단다. 전라북도 진안군과 장수군의 경계인 팔공산에서 발원하여 흘러내리는 거야. 이후 정읍시와 임실군의 경계에 이르러 옥정호를 이루고 또 순창군 적성면의 오수천, 남원시 금지면과 곡성군 곡성읍의 경계에서 요천, 그리고 곡성군 오곡면 압록에서 보성강과 합류한 뒤 광양만으로 흘러 들어가지. 이렇게 해서 자연스레 경상남도와 전라남도의 경계를 이루는 강이기도 하고…….

와, 무척 큰 강이네요!

본래 섬진강은 고운 모래로 유명해서 다사강(多沙江), 모래가람, 두치강 등으로 불렸다는구나. 그러다 1385년경 왜군이 섬진강 하구를 침입했는데, 이후 수십만 마리 두꺼비 떼가 울부짖어 결국 왜군이 광양으로 달아났다는 전설이 떠돌게 된 거야. 이때부터 '두꺼비 섬(蟾)' 자를 붙여 섬진강이라 이름을 붙이게 되었다는구나. 그리고 『택리지』에는 "구례 남쪽의 구만촌은 거룻배를 이용하여 생선과 소금 등을 얻을 수가 있어 가장 살 만하다"라고 기록돼 있어, 당시 사람들이 생선과 소금을 얻고자 구례 남쪽까지 수운(水運)을 이용했음을 짐작할 수 있단다.

『택리지』는 어떤 책이죠?

아, 『택리지』는 조선 영조 때 이중환이란 사람이 만든 우리나라 지리서야. 전국 8도의 지형과 풍토, 풍속 등이 상세히 기록돼 있지.

네, 그렇군요.

특히 섬진강 유역 일대 분지들 가운데서 가장 넓은 평야는 남원분지란다. 예부터 하늘이 내린 비옥한 넓은 들판을 뜻하는 '천부지지(天府之地) 옥야백리(玉野白里)'라 불렸다는구나. 남원에 있는 산지와 구릉으로 둘러싸인 이 평야는 좁고 기다란 형상으로 분포하고 있어. 특히 요천의 하류에 속하는 금지면은 가장 너른 평야를 형성하고 있지. 예전에는 이 지역에서 벼농사가 많이 이뤄졌지만, 근래엔 송동면의 과수 원예와 감자, 주생면의 과수나 시설 원예, 수지면의 비가림 하우스를 이용한 상추 재배 등 원예를 많이 하고 있는 추세란다.

● 시인 김용택의 별칭은?

섬진강을 이렇게 보고 있으려니, 문득 떠오르는 시인이 있구나.

누구죠?

바로 김용택 시인이란다. 임실군 진메마을에서 태어난 시인은, 1982년 창작과비평사의 『21인 신작시집』에 시 「섬진강」을 발표하며 등단한 뒤로, 꾸준히 작품 활동을 해왔지. 그는 도스토옙스키 전집을 읽고 처음 문학에 관심을 갖기 시작했다는구나.

도스토옙스키, 저도 알아요! 러시아의 유명한 소설가잖아요.

그래, 우리 아들 잘 아네? 시인은 정년 퇴임 전까지 섬진강 한 분교의 초등학교 교사로 아이들을 가르치며, 자연 친화적인 글을 써왔단다. 특히 그는 "나의 모든 글은 거기 작은 마을에서 시작되고 끝이 날 것"이라 말할 정도로 그동안 섬진강을 배경으로 시를 많이 썼어. 덕분에 '섬진강 시인'이라는 별칭도 얻을 정도로……

무척 순수하신 분일 거 같아요. 책도 많이 쓰셨겠어요?

대표시집으로, 섬진강을 제재로 아름다운 자연과 우리네 삶을 노래한 『섬진강』이 있고, 이 밖에 『꽃산 가는 길』, 『누이야 날이 저문다』, 『그리운 꽃 편지』, 『그대 거침 없는 사랑』, 『강 같은 세월』, 『그 여자네 집』 등의 시집이 있어. 또 자연과 동화돼 서로 정겹게 살아가는 진메마을 사람들 이야기를 담은 『섬진강 이야기』 등의 산문집이 나와 있고… 산골 학교에서 40년간 아이들과 함께 지내며 어린이의 마음을 그린 『너 내가 그럴 줄 알았어』라는 동시집도 있는데, 집에 가면 엄마랑 함께 읽어보자구나!

하롱하롱 꽃비 내리는

하동 백리 벚꽃길

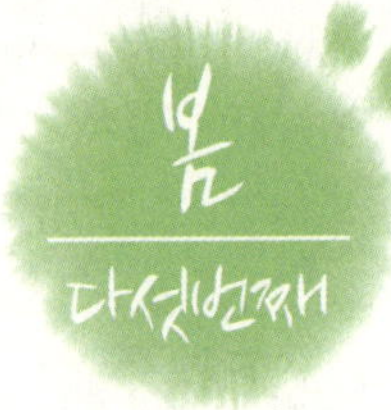

SPRING | 하롱하롱 꽃길을 따라 유람하는 봄 여행

벚꽃 그늘 아래 잠시 생애를 벗어 놓아보렴

입던 옷 신던 신발 벗어놓고

누구의 아비 누구의 남편도 벗어놓고

햇살처럼 쨍쨍한 맨몸으로 앉아보렴

직업도 이름도 벗어놓고

본적도 주소도 벗어놓고

구름처럼 하이얗게 벚꽃 그늘에 앉아보렴

그러면 늘 무겁고 불편한 오늘과

저당 잡힌 내일이

새의 날개처럼 가벼워지는 것을

알게 될 것이다

벚꽃 그늘 아래 한 며칠

두근거리는 생애를 벗어 놓아보렴

그리움도 서러움도 벗어놓고

벚꽃이 만개한 하동은 어디를 가나 꽃밭이다. 화개천을 따라 늘어선 벚꽃 길 뒤로 한옥펜션 '수류화개'와 남도대교가 절묘한 조화를 이룬다. 하동에선 벚꽃이 함박눈처럼 쏟아지는 환상에 꽃 멀미를 하게 된다. 순간 피었다가 속절없이 지는 벚꽃이 비처럼 내리는 때 하동에 가면 그 아름다움을 만끽할 수 있다.

사랑도 미움도 벗어놓고

바람처럼 잘 씻긴 알몸으로 앉아보렴

—이기철, 「벚꽃 그늘에 앉아보렴」 부분

경남 하동 쌍계사에서 화개장터에 이르는 벚꽃은 절정이다. 꽃망울이 나오는가 싶더니 불과 이틀 밤을 자고 났을 뿐인데, 온 산과 길가를 하얗게 뒤덮었다. 80년 가까이 이곳에서 봄을 알려온 벚나무 군락은 100리를 이룬다. 만개한 벚꽃이 터널을 만든 길을 느릿느릿 걷고 있노라면 함박눈이 곧 쏟아질 것만 같다. 그래서 하동의 벚꽃은 어질어질한 현기증을 유발한다.

슬프도록 아름다운 봄날, 꽃을 보기 위해 어디로 갈까 고민했다. 화개장터에 도착하니 고민했던 찰나의 시간이 얼마나 헛된 것이었나를 알게 된다. 함박눈 같은 꽃송이는 하늘을 덮고, 꽃 구경나온 상춘객들은 도로를 가득 메운다. 왕벚나무가 길가에 도열하듯 서 있다. 섬진강을 끼고 도로 양쪽에 자리한 벚나무가 꽃을 활짝 피워 말 그대로 환상적이다. 그 신작로 옆으론 지리산 촛대봉과 영신봉 사이의 광활한 잔돌평전

과 토끼봉에서 시작된 시린 물줄기가 둥글
둥글한 자갈을 어루만지고 흐르는 화개천이
있다. 굽이굽이 흐르는 화개천은 섬진강이
되고, 이내 바다를 만난다.

활짝 핀 벚꽃을 보기 위해 쌍계사로 가는
19번 국도로 향했다. 멀리서 보기에도 벚꽃
군락은 하얀 뭉게구름처럼 어우러져 단박에
눈에 띄었다. 초입에 걸려 있는 '한국의 아름
다운 길'이라는 간판이 전혀 어색하지 않았
다. 잘 가꾸어진 신작로를 따라 상춘객들은
끝없이 이어지지만 하나같이 하늘을 쳐다보
며 걷는 바람에 좀처럼 앞으로 나아가지 못
한다. 고개를 쳐들고 갈지자로 걸어가는 상
춘객들의 입에서는 탄성이 절로 나온다. 이
른 봄날 이곳에 서면 누구나 꽃멀미를 하고
야 만다. 함박눈이 되어 쏟아지는 벚꽃의 은
은한 향기가 코끝을 스치기 때문이다.

하동군 금남면 노량리에서 쌍계사까지 이어지는 '하동포구 100리 벚꽃길'은 전국에
서 가장 아름다운 벚꽃길로 유명하다. 특히 화개장터에서 쌍계사에 이르는 약 6km 구
간은 벚꽃길 종결자라 할 수 있다. 일제강점기인 1931년 신작로가 개설되면서 지역 유
지들이 벚나무 1200그루와 복숭아나무 200그루를 심은 것이 하동 벚꽃길의 시작이
다. 매년 이맘때면 화개장터 벚꽃축제가 열린다. 2011년에는 구제역 여파로 축제가 열
리지 않았지만 상춘객들은 조금도 줄지 않고 여전히 인산인해를 이루고 있다.

이곳이 '죽기 전에 꼭 봐야 한다'는 '혼례길'이다. 젊은 남녀가 이 길을 함께 걸으며 결혼을 약속하는 경우가 많다고 하여 붙여진 이름이다. 손잡고 걸으면 백년해로를 한다는 말도 있다. 이런 사연을 알기라도 하는 듯 이곳을 지나는 사람들은 손을 잡고 걷는 것을 유독 많이 볼 수 있다.

달빛에 비친 벚꽃 몽환적, 또 다른 운치

하동 벚꽃길의 아름다움은 밤에도 계속된다. 달빛에 비친 벚꽃은 백지장처럼 흰색으로 변한다. 가로등과 어울린 꽃길을 걸으면 또 다른 운치를 느끼게 된다. 꿈에서나 봤던 몽환적인 모습을 혼자 보기엔 너무도 아까운 광경이 아닐 수 없다.

벚꽃의 낙화 또한 비길 데가 없는 아름다움이다. 열흘 동안 산과 길가를 하얗게 물들인 벚꽃은 사방으로 흩뿌려지며 사그라지는 것이다. 이렇게 벚꽃은 한순간 피었다가 속절없이 지고 만다. 꽃잎이 바람에 눈처럼 날리고, 가끔은 비처럼 흩날린다. 꽃이 비가 되어 내린다. 왕벚꽃이 지면 한 걸음 늦게 산벚꽃이 피어난다. 분홍빛깔이 강한 복사꽃도 자태를 드러낸다.

하동은 벚꽃만 유명한 것이 아니다. 우리나라에서 처음으로 녹차가 재배된, 차 시배지이기도 하다. 곡우(穀雨)를 맞아 햇차 수확이 한창인 매암차문화박물관에 가면 차 한 잔의 여유와 향기가 기다리고 있다. 넓은 차밭이 펼쳐져 있고, 한쪽에는 황토벽과 통유리가 인상적인 찻집이 마련돼 있다.

또 고소성에서 시작해 소설 『토지』의 주무대인 최참판댁을 돌아볼 수도 있다. 악양면에서 고샅길을 따라 더 깊숙이 들어가면 『토지』에 등장하는, 예전의 기품이 배어 있는 최참판댁의 실제 모델인 조씨 고가가 나온다. 대축마을에는 수령이 600년 정도로 추정되는 기이한 형상을 한 문암송이라는 소나무가 자리 잡고 있다. 벚꽃과 녹차와 문학이 함께하는 하동은 봄 여행의 결정판이다.

여행정보

● 가는 길

호남고속도로를 타고 전주IC에서 전주 방면으로 빠져나가 남원 방면 17번 국도에서 19번 국도로 갈아타고 쌍계사로 가거나, 남해고속도로 하동IC에서 하동읍 방면으로 빠져나가 19번 국도를 타고 화개면 탑리를 거쳐 쌍계사로 가면 된다.

● 묵을 곳

하동(지역번호 055) 화개면 탑리에 수류화개(882-7706), 악양면 등촌리에 너른마당(884-3888), 정서리에 평사리황토방(882-5554) 등의 숙박업소가 있다. 쌍계사 근처에 있는 '쉬어가는 누각'(884-0151), 쌍계펜션(883-1312) 등도 깨끗하다.

● 먹을 곳

섬진강 참게탕과 재첩국은 동백식당(883-2439), 부흥재첩식당(884-3903), 하옹촌(883-8261), 청송회식당(883-2485), 금양가든(884-1580), 섬마을(882-3580), 혜성식당(883-2140), 부두횟집(883-8288) 등이 유명하다. 화개장터에 가면 쑥인절미, 구운 호떡, 은어회나 튀김 등 먹을거리도 풍부하다.

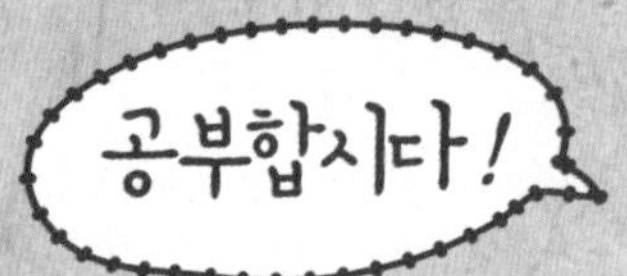

● 소설 『토지(土地)』의 배경은?

아빠, 이 집이 최참판댁이에요?

그렇단다.

근데 왜 여기에 박경리라는 분의 연보가 걸려 있어요?

박경리 선생은 대하소설 『토지』라는 유명한 책을 쓴 작가란다. 이 작품은 한국 근현대사의 다양한 인물을 심도 깊게 다루고 있는데, 작가는 26년 만에야 이 작품을 완성했다는구나.

알겠다, 그럼 그 『토지』라는 작품에 최참판댁이 나오는 거죠?

허허, 어떻게 알았지? 맞다. 이 소설의 배경은 경남 하동군 평사리와 간도의 용정, 그리고 진주와 서울이야. 특히 제1부는 바로 이곳 하동 평사리를 배경으로, 1987년부터 한일합방까지 지주인 최참판댁 일가와 마을 농민들의 생활상을 다루고 있지.

와, 내가 맞혔다!

이 작품은 우리의 굴곡진 근현대사를 실감어린 민중의 생활상을 통해 드러내고 있단다. 그 속에 잊혀져가는 우리의 토속어, 민족애를 고스란히 담고 있다는 데서 또한 그 가치를 인정받고 있고… 오, 저기 너른 들판을 좀 봐. 여기 최참판댁 사랑채에선 악양들판과 섬진강이 한눈에 들어오는구나!

악양들판이요?

그래, 저 들판이 바로 악양들판인데, 중국의 악양이라는 곳과 형세가 흡사해 같은 이름이 붙여졌다는구나. 자, 우리 이제 그만 나가서 평사리 문학관에 가보자. 저 꼭대기에 있는데, 박경리 작품을 비롯해 하동 관련 문학작품이 전시된 그곳에선, 매년

가을마다 토지문학제가 열린다는구나. 독서토론회, 토지문학제, 작가와 함께하는 문학이
야기 등의 풍성한 문학행사로 치러진다니, 다음엔 가을에도 한번 와보자꾸나.

● 왜 쌍계사로 이름이 바뀌게 되었을까?

이 지도 좀 봐. 여기가 바로 쌍계사란다.

'쌍계'라는 이름이 특이하네요.

원래 쌍계사는 '옥천사(玉泉寺)'라 불렸다 해. 성덕왕 때 의상대사의 제자인 삼법
스님이 당나라에서 육조혜능의 머리뼈를 가져와 봉안하면서 옥천사를 창건했는
데, 그게 바로 쌍계사의 전신이야. 전해지는 이야기에 따르면, 삼법스님은 꿈에서 "강주 지
리산에 가면 설리갈화처(雪裡葛花處)가 있으니 거기에 봉안하라"는 계시를 받았다는구나.
여기서 '강주'는 진주의 옛 이름이고, '설리갈화처'는 눈 속에 칡꽃이 핀 곳이라는 뜻이야.
이렇게 해서 옥천사가 지어진 것인데, 정강왕은 근방에 같은 이름의 또 다른 절이 있어 사
람들에게 혼란을 줄까 염려했다는 거야. 그래서 절 양 옆으로 두 계곡이 흐른다는 뜻의 쌍
계라는 호를 내렸고, 이후 쌍계사로 이름이 바뀌게 되었다는구나.

재밌는 유래네요, 힛.

그렇지? 이 쌍계사에 가기 전에 우선 화개장터에 들르려고 해.

화개장터면, 시장 아닌가요?

그래, 맞다. 화개장터는 전라도와 경상도의 경계를 이룬 곳에서 열리는 전통시장
이란다. 해방 전까지 선국 5대 시장 가운데 하나로 이름을 떨쳤지. 이후에도 세속
전통 5일장이 열리다가, 최근에는 상시시장으로 바뀌었다는구나. 지리산에서 생산된 나물
과 약재, 전라도의 곡물, 그리고 남해안에서 섬진강을 따라 건너온 해산물 등이 거래되어
왔어. 또 조영남 아저씨가 부른 가요 '화개장터'가 잘 알려져 있지. 마침 여기 차에 CD가 있
는데, 가는 동안 우리 한번 들어볼까?

전라도와 경상도를 가로지르는 / 섬진강 줄기 따라 화개장터엔 / 아랫마을 하동 사람 윗마을 구례 사람
/ 닷새마다 어우러져 장을 펼치네 / 구경 한 번 와 보세요 / 보기엔 그냥 시골 장터지만 / 있어야 할 건
다 있구요 / 없을 건 없답니다 화개장터 (…)

남도 꽃길 따라 펼쳐지는 맛집

남쪽에서부터 꽃망울을 틔우기 시작하는 봄. 광양 매화, 구례 산수유, 하동 쌍계사 벚꽃까지 남해안 꽃향기를 따라 맛 기행을 떠나보자. 남해안지역 천혜의 자연환경과 정다운 맛을 찾아가는 여행길은 특별한 추억을 선사할 것으로 기대된다. 남도에서 시작된 꽃길을 따라 맛있는 먹을거리를 찾아 떠나는 여행길은 19번 국도를 따라 몰려 있다. 매화에서 산수유, 그리고 벚꽃까지 굽이굽이 만개한 아름다운 꽃들이 우리의 눈길을 사로잡는다. 봄 내음 물씬 풍기는 산나물밥상과 하동의 재첩국, 광양 불고기 등 그곳에서만 맛볼 수 있는 먹을거리가 풍성하다. 꽃길 따라 펼쳐지는 맛집을 따라가 보자.

하동의 명물 참게탕(왼쪽)과 하동 재첩국.

*구례 '산나물 정식'

모든 것이 크고 아름다운 고장 구례는 지리산과 섬진강, 그리고 풍요로운 들녘이 수려한 경관을 이루는 곳이다. 거기에 더불어 사람들의 넉넉한 인심과 오랜 조상의 얼, 찬란한 민족문화의 향기가 살아 숨 쉬는 곳이 바로 전남 구례다. 송이와 표고, 고사리, 두릅, 더덕 등 지리산 자락에서 생산된 산채들은 그 하나하나가 지리산의 맛을 대변한다. 산세가 깊고 물이 맑아 지리산을 누비며 따낸 여러 종류의 산나물들은 더할 나위 없는 천연 식품으로 그 맛도 영양도 열신선 부럽지 않을 기쁨을 선사한다.

황전리 '백화회관'은 2대에 걸쳐 60여 년의 전통을 자랑하는 곳. 지리산에서 채취한 나물 등 30가지가 넘는 반찬을 차려내는 산채정식이 대표메뉴다. 제철음식과 천연조미료만을 고집하고

간장과 고추장은 3년 이내의 것만 쓴다고 한다. 산채요리를 맛볼 수 있는 구례군 엑스포지정업소는 예원(061-782-9917), 지리산식당(061-782-4054), 지리산회관(061-782-3124), 백화회관(061-782-0600) 등이 있다.

*하동 '재첩 모듬정식'과 '참게탕'

하동재첩은 섬진강과 광양만 바닷물이 교차하는 오염되지 않은 깨끗한 섬진강 하류의 염분이 적은 사질 토양에서만 서식한다. 비타민, 칼슘, 철분이 풍부하여 간 기능 향상에 아주 효과가 좋고 지방질이 적어 간장에 이상적인 영양식품이다. 영양만점인 재첩을 이용해 만든 재첩국, 재첩회, 재첩전, 참게장 등을 한꺼번에 맛볼 수 있는 것이 재첩 모듬정식이다.

하동 어디를 가나 재첩 음식을 맛볼 수 있고 재

30가지가 넘는 반찬이 나오는 구례 백화회관의 산나물정식.

첩특화마을도 조성돼 있다. 참게탕은 재첩국과 함께 하동의 대표적 별미로 꼽힌다. 섬진강에서 잡은 참게로 끓인 얼큰하고 시원한 맛이다. 참게와 야채의 조화가 절묘하다. 참게탕은 이 지역 주민들의 노력으로 명맥을 이어가고 있다. 하동 엑스포지정업소로 재첩특화마을 하웅촌(055-883-8261), 재첩특화마을 금양가든(055-884-1580), 재첩특화마을 섬마을(055-882-3580), 부흥재첩식당(055-884-3903) 등이 있다. 동백식당(055-883-2439)의 참게탕도 좋다.

*석쇠 위의 행복, '광양 불고기'

광양 불고기는 '천하일미 마로화적(天下一味 馬老火炙·마로는 광양의 옛 이름)'이라는 말이 있을 정도로 유명하다. 북으로는 백운산, 동으로는 섬진강, 남으로는 광양만이 있고 그 사이사이로 넓은 들녘이 펼쳐져 넉넉함이 묻어나는 햇볕이 따뜻한 곳이 바로 광양이다. 예부터 그 맛을 인정받아 온 광양 불고기는 백운산 참나무로 구운 참숯에 불고기를 구워내는 전통숯불구이 방식이다. 고기는 광양의 춥지도 덥지도 않고 알맞은 일조량에서 자란 풀을 먹고 키운 한우만을 사용한다. 지방이 적고 부드러운 등심만을 쓰며 힘줄과 기름은 모두 떼어내고 칼끝으로 자근자근 두드려 쓰기 때문에 질기지 않고 부드럽게 씹히는 맛을 선사한다.

광양 불고기는 국물 없이 구리 석쇠에 바로 구워낸다. 또 주문이 들어오면 바로 양념을 버무려 참숯에 구워 고기 맛이 살아 있다. 삼대광양불고기집은 고유의 맛을 내기 위해 양념도 광양의 특산품인 매실을 이용한다. 불고기를 먹고 난 뒤에 나오는 콩나물 김칫국은 시원하게 식사를 마무리짓게 한다. 광양불고기를 맛볼 수 있는 광양시 엑스포 지정업소는 금목서회관(061-761-3300), 삼대광양불고기집(061-763-9250), 금정광양불고기(061-792-3000), 대호불고기(061-762-5678), 조선옥숯불갈비(061-792-8558) 등이 있다.

동백꽃 향기가 흐르는
서천 동백정

충남 서천 비인만 끝자락에 자리한 마량포구 동백정에 꽃이 피면 서해는 바야흐로 봄이 된다. 서천화력발전소 담장 사이로 난 길을 따라 나무계단을 오르니 500년 전에 조성했다는 동백숲이 나타났다. 천연기념물로 지정된 동백나무 85그루가 긴 세월을 말하듯 부챗살처럼 넓게 퍼진 모습이 신비롭다. 서해바다의 세찬 겨울 풍파를 견뎌낸 동백은 흡사 잘 가꾸어진 거대한 분재 모양이다. 이곳이 동백나무 북방한계선인 까닭에 2m가 넘지 않는다.

나무 밑으로 들어가면 송이째 떨어져 깔린 붉은 꽃 터널을 만난다. 마량리 동백꽃을 보고 있노라니 전통혼례식 행례반에 꽂혀 있던 동백의 푸른 나뭇가지가 문득 떠오른다. '당신을 사랑합니다'라거나 '생명과 굳은 약속'이라는 꽃말 때문일 것이다.

1965년 한산군 관아의 목재를 옮겨다 지었다는 동백정에 올랐다. 코발트빛 바다와 옛날에 장수가 바다를 건너다 신발 한 짝을 빠뜨린 게 섬이 되었다는 오력도가 눈앞에 보인다. 활처럼 흰 조그미한 섬은 출렁이는 파노에 생선처럼 파닥인다. 동백섬에 붙어 있는 거북을 닮은 신비스런 작은 바위 세 개가 보인다.

여행자가 이곳에서 낙조를 만난다면 이 또한 큰 행운이다. 마량포구는 서해에선 드물게 일출과 일몰을 한 번에 볼 수 있는 곳이다. 이른 아침 선착장에서 동남쪽을 향하면 구릉 위로 해가 떠오르고 저녁에는 서남쪽으로 해가 진다. 마량포구의 동백정에서는 낙조를, 선착장에서는 일출을 보면 된다.

동백꽃과 주꾸미 축제

서천에서는 동백꽃 향기가 퍼지는 계절이 오면 제철 만난 주꾸미도 물이 오른다. 이때가 오동통하게 살이 오른 주꾸미가 산란을 위해 바다를 거슬러 올라오는 시기다. 조선후기 문인 정약전은 '자산어보'에서 주꾸미를 '죽금어(竹今魚)'로 기록했다. 크기는 4~5치에 불과하고 모양은 문어를 닮았으나 다리가 짧다. 겨우 장어의 반밖에 되지 않는다고 묘사했다. 주꾸미는 기능성 성분인 타우린이 많고, 비타민B2와 철분이 함유돼 있어 빈혈 예방 등에 효과가 있는 것으로 알려져 있다. 흔히 머리라 부르는 몸통에 '쌀밥'이 가득 찬 산란기가 되면 주꾸미의 살은 한층 쫄깃쫄깃해지고 풍미를 더한다. 마량항에선 해마다 '동백꽃·주꾸미 축제'가 열린다.

동백나무숲 매표소 입구 주차장에는 마량 앞바다에서 주민들이 잡아 올린 주꾸미 요리 축제장이 설치된다. 이곳에서 주민들이 직접 나와 주꾸미를 재료로 볶음, 회, 무침, 샤브샤브 등을 만들어 관광객들에게 어촌의 미각을 선보인다. 아울러 행사기간 중에는 동백꽃·저녁노을감상, 활어장터, 문화행사 등 다양한 프로그램들이 준비돼 관람객들의 오감을 즐겁게 하는 축제가 된다.

마량리에서 장항까지, 그리고 한산

마량포구 인근에는 홍원항, 월하성, 춘장대 등 이름난 바다휴양지들이 몰려 있다. 마량포구가 광어·도미 등을 잡는 어선들이 조업하는 곳이라서 봄이 되어야 활기를 띠는 곳이지만 홍원항은 늘 분주한 곳이다. 조수 간만의 차가 큰 서해안에 있으면서도 그 영향을 많이 받지 않는 지형적 조건을 갖추었기 때문이다.

홍원항 일대에서는 가을마다 고소한 냄새와 감칠맛으로 유명한 전어축제가 열린다. 마량리에서 장항까지 이어지는 해안도로를 따라 서천의 갯벌을 누려보는 것도 좋다. 월하성, 선도리, 비인, 송석, 월포를 지나 장항까지 이어지는 해안도로를 따라 어촌 어디에서나 갯벌체험을 할 수 있을 만큼 살아 있는 갯벌로 가득하다. 도로 사이에는 크고 작은 솔숲이 띠를 이루고 있다. 장항솔숲은 이 가운데서도 가장 크고 아름답다. 자동차가 오갈 수 있을 만큼 단단한 모래 해변을 산책하고, 시원한 바닷바람을 맞으며 솔숲을 거니는 것도 이곳에서 느끼는 묘미다. 모래찜질과 삼림욕을 한곳에서 즐길 수 있는 몇 안 되는 곳이기도 하다.

서천 여행에서 전통과 역사가 숨 쉬는 한산면을 그냥 지나칠 수 없다. 무형문화재 복합 전수관이 있으며 소곡주 빚기와 대목장, 부채장, 바디장의 시연 과정을 볼 수 있다. 전수관 뒤에는 백제 왕실에서 즐겨 마셨다는 우리 술 '소곡주'를 빚는 충남무형문화재 제3호인 우희열 씨의 소곡주 제조장이 있다. 나라 잃은 슬픔에 흰옷을 입고 술을 빚었다는 사연이 깃든 소곡주 시음과 100일 동안 술이 익어가는 항아리도 만날 수 있다.

인근에는 전통가옥으로 지어진 한산모시관이 있다. 우리 선조의 지혜가 깃든 모시의 직조기술을 보고, 직접 시연도 가능하다. 한산모시를 소재로 한 패션디자인 전시관은 특히 인기다. 생태관광지를 표방하는 서천에는 금강하굿둑 인근 철새탐조대나 영화 〈JSA〉를 찍은 30만 평의 신성리 갈대밭이 있다. 겨울철새는 돌아가고, 갈대는 새순이 돋느라 조금은 스산하다.

여행정보

● 가는 길

서해안고속도로 춘장대IC로 빠지면 동백정, 마량포구, 홍원항이 가깝다. 서천IC로 나오면 서천수산물특화시장이 있는 시내로 이어진다. 천안–논산에 이어 공주–서천 간 고속도로를 타다 동서천IC로 나오면 한산소곡주, 한산모시관, 신성리갈대밭으로 가기가 수월하다. 서울 강남고속버스터미널과 용산역에서 서천읍까지 연결하는 고속버스와 열차가 있다.

● 묵을 곳

서천은 마서면과 서면, 장항읍, 한산면 일대에 숙박시설이 많다. 서천군에서는 춘장대권과 월하성, 신도리, 다사리, 마량리권역으로 나눠 생태체험민박과 펜션을 안내한다. 서천군청 생태관광과(041–950–4256)에서 숙박지역을 말하면 적당한 곳을 소개해 준다.

서천군청 생태관광과
http://dept.seocheon.go.kr/html/dept/dept_14

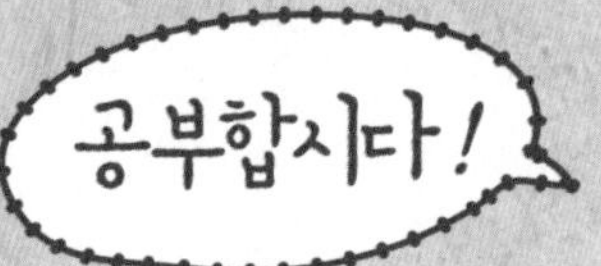

● 금강하굿둑을 쌓은 이유는?

저기가 금강하굿둑이에요?

그렇단다.

금강은 강 이름이고, '하굿둑'이 무슨 뜻이지……

'하굿둑'이란 강물이 바다로 흘러 들어가는 지역, 즉 강어귀의 수심을 일정하게 유지하고 바닷물이 침입하는 것을 막고자 그 부근에 쌓은 둑을 가리키는 말이란다. 유의어로 '하구언'이 있지.

아하, 그럼 금강하굿둑은 금강이 바다로 흘러드는 곳에 세운 둑이겠네요?

그래 맞아. 금강하굿둑은 전북 장수군 소백산맥 서사면에서 발원해, 충청북도 남서부를 지나 군산만으로 흘러드는 금강의 하구를 막아 건설한 둑이야. 여기 자료를 보니, 저 둑의 총길이가 무려 1,841m나 된다는구나.

와! 엄청나네요. 근데 왜 저 둑으로 바닷물의 침입을 막는 거죠?

홍수와 염해 피해를 막고 금강 주변 지역에 농업용수와 공업용수를 공급하기 위함이란다. 또 금강하굿둑은 군산과 장항을 잇는 교통로로 활용되고 있고……

염해가 뭐예요?

바닷물엔 소금의 성분인 염화나트륨 등이 녹아 있잖아. 나트륨, 마그네슘 같은 염류가 토양에 섞이게 되면 농작물이 피해를 입게 된단다. 그러한 경우를 염해라 하지. 오, 저기 좀 봐라, 멀리 새들이 많이 보이지?

네, 아주 많아요!

이 주변은 국내 최대의 철새 도래지로도 유명하지. 저기 철새 탐조대는 우리나라 최대 규모의 철새 조망대야. 어서 가서, 망원경으로 철새들을 관찰해 보자꾸나!

● 서사시란 무엇일까?

신동엽 시인이라고 들어봤니?

아니요.

금강 하면, 엄마는 신동엽 시인이 떠오른단다.

왜요?

신동엽 시인은 이곳 부여에서 태어났고, 또 금강을 소재로 쓴 그의 서사시가 잘 알려져 있거든.

서사시가 뭐예요?

음, 서사시란 역사적 사실이나 신화 등을 이야기 형태로 쓴 시를 뜻하는 말이야. 신동엽이 쓴 장편서사시 「금강」은 동학농민운동을 주제로 한국 근대민중사를 그린 서사시란다. 서화(序話)를 포함해 총 26장으로 된 본시와 후화로 구성된 4,800여 행으로 짜여져 있어. 전봉준을 다룬 영웅서사시이면서 민족서사시인 이 시는, 특히 동학농민운동을 민중혁명으로 승화시켰다는 점에서 높은 평가를 받는단다.

아, 그러니까 시에 이야기를 담은 게 서사시라는 거죠?

그래, 쉽게 얘기하면 그렇지. 또 우리에게 잘 알려진 작품으로 「껍데기는 가라」가 있는데, 이 시는 4·19 혁명을 반영한 것이란다.

4·19 혁명이요?

그래 4·19 혁명이란 간단히 말하자면, 1960년에 발생한 부정선거의 무효를 주장하며 학생들이 일으킨 항쟁이란다. 당시 장기집권을 노렸던 이승만 대통령의 야욕을 꺾고, 제2공화국이 출범되는 계기가 된 의미 있는 혁명이었지. 신동엽 시인은 특히 군 시절에 부패한 군간부와 공무원들의 부조리를 경험한 뒤, 이후 사회 비판과 현실 참여적인 작품을 많이 쓰게 되었다는구나.

주꾸미는 봄이라야 제맛!

'봄 주꾸미, 가을 낙지'라는 말이 있듯이 주꾸미는 역시 봄이라야 제맛이다. 주꾸미는 서해안 봄 전령사로 불린다. 봄에 서
해안에서 많이 잡히는 산란 전의 주꾸미는 살이 쫀득하면서도 사근사근한 것이 맛깔스러운 데다 흔히들 머리라 부르는
몸통에 꽉 찬 알을 오도독오도독 씹는 맛 또한 아주 유별하다.

서천 '특화시장'에 가면 싱싱한 생선을 즉석에서 구입해 위층 식당에서 즐길 수 있다. 봄 주꾸미는 회와 샤브샤브, 무침, 볶음
등 다양한 요리가 가능하다.

서산과 보령에서는 매년 봄, 기다란 줄에 피뿔고
둥 껍데기를 일정한 간격으로 달아 바다에 가
라앉혀 놓으면 밤에 활동하는 주꾸미가 이 속
에 들어가기 때문에 쉽게 잡을 수 있다. '소라방'
이라 부르는 이 전통적인 어구를 이용하면 '낭
장망'이라는 그물로 잡는 것에 비해 어획량은
적어도 주꾸미를 산 채로 잡을 수 있어서 상품
가치를 월등히 높일 수 있는 이점이 있다.
봄이면 서해 어디서나 나는 주꾸미이지만 서천
사람들은 서면 주꾸미를 최고로 친다. 이곳이야

말로 '바다와 개펄이 살아 있기 때문'이라는 것
이다. 주꾸미는 불포화지방산과 DHA가 풍부해
서 두뇌 발달에 좋고, 타우린이 많이 함유되어
있어 시력과 피로 해소에 이로운 것으로 알려져
있다. 주꾸미는 회로 먹어도 좋고 데치거나 샤
브샤브를 해먹어도 맛있으며, 연포탕을 하거나
고추장 양념으로 버무려 석쇠에 볶아도 봄의 진
미를 느낄 수 있다.

서천 '특화시장'에 가면 싱싱한 생선을 즉석에서
구입해 위층 식당에서 즐길 수 있다. 봄 주꾸미
는 회와 샤브샤브, 무침, 볶음 등 다양한 요리
가 가능하다.

홍원항 주꾸미는 인근의 식당에서 맛볼 수 있
다. 서천군 서면 마량리 동백정 들머리에 있는

서산회관(041-951-7677)은 주꾸미 철판볶음으
로 잘 알려진 집이다. 주말 마량으로 가는 길이
너무 붐비면 서천읍의 특화시장을 찾는 것도 방
법이다. 2004년 문을 연 특화시장에서도 서천
의 바다에서 나는 싱싱한 해산물을 만날 수 있
다. 1층에서 직접 해산물을 골라 들고 2층의 식
당에 올라가 1인당 3000~5000원의 상차림비를
내면 푸짐하게 음식이 차려진다.

도다리는 봄나물의 대표음식인 쑥과 궁합이 가
장 잘 맞는 음식으로 '도다리 쑥국'이 잘 팔린
다. 봄철에 새살이 올라 영양이 듬뿍 들어 있고
지방이 적어 맛이 담백하고 개운하다. 도다리
회·조림·미역국 등 다양한 요리로 먹을 수 있
다.

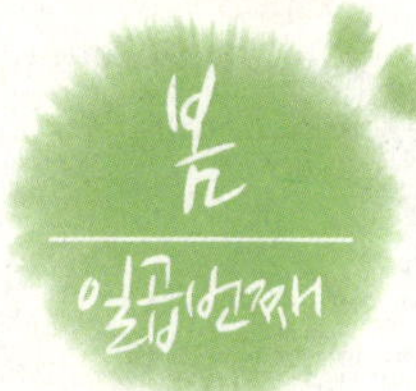

봄이 살포시 내려앉은 성곽길
남한산성

고목에 새잎이 돋아나고 진달래와 개나리, 벚꽃이 망울을 터뜨리는 즈음 가족과 함께 남한산성 성곽길을 걷는 것만으로도 행복한 일이 아닐 수 없다. 성곽 곳곳에 숨어 있는 '역사의 흔적'을 찾고 잘 보호된 자연을 함께 느끼는 것도 이곳이 가진 매력이다.

남한산성 긴 성곽 위에도 봄이 내려앉으면, 겨우내 겹겹이 눈이 쌓였던 산성 밑에는 이름 모를 꽃과 풀들의 새순이 돋는다. 긴 잠에서 깨어난 산성도 따사로운 햇살에 기지개를 켠다. 줄지어 산에 오르는 등산객들의 가슴에도 봄이 왔다. 상큼한 발걸음으로 산성 위를 사뿐사뿐 걷는 등산객들은 콧노래를 흥얼거린다. 전철과 버스 한 번으로 아름다운 성곽을 만날 수 있음은 여행객들에게 여간 행복한 일이 아닐 수 없다. 듬성듬성 자리 잡은 진달래와 개나리를 필두로 벚꽃이 망울을 터뜨리는 계절, 가족과 함께 남한산성 성곽 길을 걸어보자.

남한산성은 서울에서 동남쪽으로 24km쯤 떨어진 광주시 중부면 산성리에 있다. 남한산성은 백제가 하남 위례성에 도읍을 정한 이후 진산 역할을 했다고 한다. 통일신라 때는 주장성(晝長城)을 쌓았다. 임진왜란 때 선조가 의주로 피난을 가는 치욕을 당하면서 남한산성은 다시 축조됐다

남한산성이 치욕의 역사현장으로 남게 된 일대 사건은 1637년 1월 30일에 일어났다. 인조가 중국 청나라 태종(太宗)의 대군에 밀려 남한산성으로 피신했기 때문이다. 작가 김훈은 소설 『남한산성』에서 병자호란 당시 인조 일행이 산성에 갇혀 지낸 47일간을 담고 있다. 1636년 12월 14일 새벽, 도성을 버리고 달아나는 인조의 행렬은 남문

을 통해 남한산성에 들어섰다. 그리고 청에 굴욕적인 항복을 할 때까지 조선의 조정은 '주화론'과 '주전론'으로 나뉘어 설전을 펼친다. "결사 항전을 주장한 주전파의 말은 '실천 불가능한 정의'였으며, 청과 화친하자는 주화파의 말은 '실천 가능한 치욕'이었다"고 적고 있다.

남한산성 주차장과 바로 이어지는 남문(지하문)에서 역사의 흔적을 좇아 보기로 했다. 산성에 오르면 진한 솔향기가 코끝을 자극한다. 남문에서 서문을 거쳐 북문에 이르는 탐방로 주변에는 아름드리 소나무가 울창하다. 위엄 있는 군사용 깃발을 보니 여기가 수어장대임을 쉽게 알 수 있다. 수어장대는 장수가 주변을 관측하고 군사를 지휘하며 지키고 막는 곳이라는 뜻을 담고 있다. 남한산성에서 가장 많은 이야기를 들을 수 있는 곳이다. 원래 5개의 장대가 있었는데 수어장대만 온전하게 남았다. 남한산성의 서쪽 주봉인 청량산 정상부에 있어 산성의 위용을 제대로 느낄 수 있는 곳이다.

수어장대 안쪽에는 '무망루(無忘樓)'라는 편액이 걸려 있다. 병자호란에서 인조가 겪은 시련과 이후, 청나라에서 8년간 볼모생활을 한 17대 효종이 북벌을 준비하다 뜻을 이루지 못해 죽은 비통함을 잊지 말자는 뜻에서 붙인 이름이다. 수어장대 입구에는 청량당, 앞마당 한쪽에는 매바위가 있다. 청량당은 성을 쌓은 벽암 각성 대사와 함께 이회 장군과 두 부인의 영혼을 모신 사당이다. 매바위는 성을 튼튼하게 쌓으려다가 모함으로 참수형을 당한 이회 장군의 말대로 "매가 날아와 앉아 무고함을 알렸다"는 바위다.

고목에 새잎이 돋아나고 진달래와 개나리, 벚꽃이 망울을 터뜨리는 즈음 가족과 함께 남한산성 성곽길을 걷는 것만으로도 행복한 일이 아닐 수 없다. 성곽 곳곳에 숨어 있는 '역사의 흔적'을 찾고 잘 보호된 자연을 함께 느끼는 것도 이곳이 가진 매력이다.

성벽에 올라서서 서울의 전경을 내려다보다

수어장대에서 15분쯤 더 가면 서문(우익문)이 나온다. 가파르기는 하지만 서울 거여동 방향으로 가는 가장 빠른 길이다. 서문 앞에 서면 슬픈 역사 속으로 한걸음 더 다가가는 느낌이다.

병자호란 때 남문으로 들어왔던 인조가 청나라 태종에게 항복하러 가는 길에 통과했던 곳이기 때문이다. 남한산성에서 가장 전망 좋은 곳이 바로 이 서문이다. 서문 근처의 성벽 위에 올라서면 굽이쳐 흐르는 한강과 북악산, 인왕산, 관악산, 북한산 등에 둘러싸인 서울시 전경이 한눈에 들어온다. 시야가 좋은 날이면 인천 앞바다도 아스라하다. 여기서 바라보는 해넘이와 밤풍경은 오래도록 잊히지 않을 장관으로 기억된다.

남한산성을 본격적으로 축조한 건 임진왜란 때 선조임금이 평안북도 의주까지 피난 가는 치욕을 당한 것이 계기가 됐다. 인조 2년(1624) 공사를 시작한 지 2년 만에 완전한 모습을 드러냈다. 다시 축조된 남한산성은 둘레 6297보, 여장 1897개소, 옹성 3개, 대문 4개, 암문 16개, 포대 125개를 갖춘 성이었다. 여기에 왕이 거처하는 행궁과 9개의 사찰이 성안에 자리했다.

남한산성에서 치욕적인 역사만 느낄 필요는 없다. 남한산성은 '난공불락'의 요새로 자랑스러운 우리의 축조기술이 함축된 곳이기도 하다. 남한산성 성곽을 빙 둘러 다시 남문주차장이 있는 로터리로 들어섰다. 이 로터리는 조선시대에도 사방의 길이 교차하던 중심지였다. 조선시대에는 로터리에 설치된 종각에서 종을 울려 시각을 알렸다. 남한산성은 군사요새일 뿐 아니라 산속에 건설된 계획도시였다. 종로는 각 도시 중심가의 공통 이름으로 이곳은 산간도시의 종로거리였다. 남한산성 탐방의 빼놓을 수 없는 코스는 왕이 임시로 머물던 행궁이다. 이는 임금이 전시에 피난처로 사용한 별궁(別宮). 불에 타 없어진 왕의 침소였던 상궐을 시작으로 업무를 보던 하궐 등 행궁이 지난해 모두 복원됐다.

여행정보

● 가는 길

서울에서 경부고속도로 개포나들목〜헌릉로〜세곡동삼거리〜복정역〜산성역사거리〜산성로터리. 분당-수서 간 고속화도로를 이용할 때 장지로터리에서 내려서서 세곡삼거리에서 유턴한다. 중부고속도로를 타면 광지원을 거쳐 동문을 통해 들어간다. 지하철 8호선 산성역 2번 출구에서 9번, 52번 버스를 타면 산성로터리까지 간다. 9번 버스는 성남 야탑역에서, 52번 버스는 모란역에서 출발한다.

● 먹을 곳

남한산성 주변에는 많은 음식점이 성업 중이다. 산성로터리에 있는 천일관 전통손두부(031-743-6590)와 산성손두부(031-749-4763), 오복순두부(031-746-3567)의 손두부 요리가 맛있다. 남한산성 안의 음식점들은 토종닭백숙, 훈제오리, 산채정식, 한정식 등을 주로 내놓는다. 맛과 메뉴, 가격이 서로 비슷한 수준이다.

경기도남한산성도립공원 관리사무소(031-743-6610)
www.namhansansung.or.kr

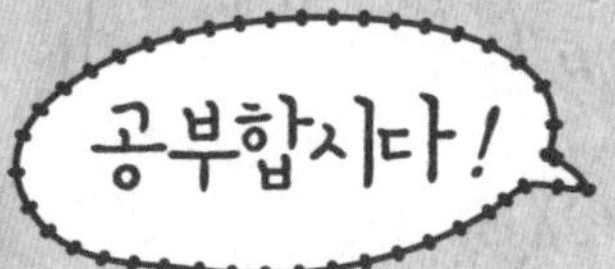

● 삼전도비는 왜 세워졌을까?

남한산성에 오르기 전, 이곳 석촌동에 들른 이유가 뭔지 아니?

아니요, 모르겠어요.

바로 이 삼전도비 때문이란다.

이 비석을 말씀하시는 거예요?

그래, 이 비석이 삼전도비야. 이것을 설명하려면, 먼저 병자호란에 대해 얘기해줘야겠구나. 병자호란은 1636년(인조 14년) 청나라의 침입으로 일어난 조선과 청나라 간 전쟁을 말하는 거란다. 1636년 청나라는 조선의 신사(臣事), 즉 섬기기를 강요해 왔지만, 조선은 이러한 요구를 거부하고 심지어 청나라 사신의 접견마저 거부해 버리지. 그러니 당시 대국이었던 청나라의 황제 기분이 어땠겠어?

분노했겠지요! 조선이 작은 나라라고 엄청 얕잡아 봤을 텐데……

그래, 태종은 얼마나 화가 났으면, 직접 10만 대군을 거느리고 쳐들어 왔단다. 이에 놀란 조선은 서울과 강화 수비에 집중하고 세자비와 봉림대군을 비롯한 종실(宗室)을 강화로 피난시켰지. 뒤늦게 인조 역시 소현세자와 함께 강화로 피난하려 했으나, 그땐 이미 청나라 군에 의해 길이 차단된 상태였어. 어쩔 수 없이 남한산성으로 피한 인조는 성을 굳게 지킬 것을 명한 뒤, 명나라에 급사를 파견해 지원을 요청했지. 그러나 청나라의 거센 기세를 견디지 못하고 남한산성은 그만 20만 청나라 군에 의해 포위되기에 이르렀단다.

이런, 그래서 어떻게 되었어요?

결국 인조는 성문을 열고 항복하였고, 청나라 태종은 항복을 받아들이는 조건으로 강화협정을 내걸었단다. 이때 인조는 태종에게 네 번 절하고 아홉 번 고개를 조아린 '삼전도의 굴욕'을 감수해야만 했어. 게다가 태종은 자신의 공덕을 새긴 기념비까지 세우도록 강요하였지. 그래서 지금의 이 '삼전도비'가 세워지게 된 거란다.

● 만해기념관이 왜 남한산성에 있을까?

엄마, 만해가 누구에요?

만해는 한용운 시인의 호란다. 그는 승려이면서, 또 독립운동가이기도 했지.

아 , 한용운 시인 들어봤어요. 근데 만해기념관이 왜 남한산성에 있는 거죠?

그가 한평생 시혼을 불태우며 조선 독립운동에 헌신한 승려였던 것처럼, 남한산성을 쌓을 당시, 불심과 호국 정신으로 똘똘 뭉친 조선 8도의 승려들이 참여했거든. 이러한 정신이 서로 닿아 있었기 때문이라는구나.

아하, 그렇구나…….

시인은 일제시대 때 시집 『님의 침묵』을 발간하여 저항문학에 앞장섰단다. 불교 개혁과 현실참여를 주장했고, 또 불교를 통한 청년운동에도 관심을 보였지. 그의 대표시 「님의 침묵」에서 '아아, 님은 갔지마는 나는 님을 보내지 아니하였습니다.'와 같은 구절에선, 님과의 이별이라는 부정적인 상황 속에서도 인연의 끈을 놓지 않는 시적 화자의 결연한 정신을 엿볼 수 있지. 참고로 이렇게 논리상 모순이 되는 문장 안에 어떤 깊은 의미를 담는 시의 수사법을 역설법이라 부른단다.

어려워요!

호호 지금은 생소하게 느껴지겠지만, 나중에 다 학교에서 배우게 될 내용이란다. 여기 마침 그의 시 「나룻배와 행인」이 적힌 시비가 세워져 있네. 우리 함께 읽어 볼까?

나는 나룻배 / 당신은 행인 // 당신은 흙발로 나를 짓밟습니다. / 나는 당신을 안고 물을 건너갑니다. / 나는 당신을 안으면 깊으나 얕으나 급한 여울이나 건너갑니다. / 만일 당신이 아니 오시면 나는 바람을 쐬고 눈비를 맞으며 밤에서 낮까지 당신을 기다리고 있습니다. / 당신은 물만 건너면 나를 돌아보지도 않고 가십니다 그려. / 그러나 당신이 언제든지 오실 줄만은 알아요. / 나는 당신을 기다리면서 날마다 날마다 낡아 갑니다. // 나는 나룻배 / 당신은 행인

역사·문화가 숨쉬는 남한산성 둘레길

"남한산성에 가면 역사와 건강이 보인다."
경기도 광주시, 하남시, 성남시에 걸쳐 있는 남한산성의 연간 방문객은 280만 명이다. 수도권과 인접한 탓에 단위면적당 방문객으로 따지면 국내 최고 수준이다. 남한산성에 탐방객이 많은 데는 그만 한 이유가 있다. 대중교통을 이용한 접근성이 뛰어난 데다 탐방 코스도 다양하기 때문이다. 남한산성 둘레길은 걷기에 편하고 자연도 잘 보호돼 있다. 성곽 탐방로 곳곳에 숨어 있는 역사 이야기를 들으며 타박타박 걷는다 해도 한나절이면 충분하다. 성내에는 임금이 머무는 행궁이 복원돼 탐방객을 맞이한다. 또 만해 한용운 선생의 기념관은 이곳에서 빠뜨릴 수 없는 볼거리다.

수도권에서 접근성이 뛰어난 데다 탐방코스가 다양한 남한산성에는 많은 등산객으로 붐빈다.

*역사와 자연, 문화가 있는 남한산성 길

전체면적 36.4㎢, 성 면적 2.3㎢에 달하는 남한산성 성곽의 길이는 총 11.7㎞에 이른다. 이 가운데 본성은 9.05㎞이고, 나머지 2.71㎞는 옹성(甕城)이다. 성곽은 주봉인 청량산을 중심으로 북쪽의 연주봉, 동쪽의 망월봉과 벌봉, 남쪽의 이름 없는 봉우리 몇 개를 연결해서 쌓았다. 남한산성의 외부는 급경사지만 성곽 안쪽에는 평균 해발고도 350m 내외의 완만한 구릉이 있는 분지가 형성돼 있다. 성안에는 우물 80개와 샘터 45개소가 만들어졌을 정도로 물도 풍부하다.

경기관광공사는 역사와 자연, 문화가 숨 쉬는 천혜의 걷기 코스인 남한산성 탐방로를 5개 코스로 나눠 '이야기가 있는 남한산성길'이라 명명했다. 봄볕 따스한 주말에 이 길을 걸으면 절로 건강해지는 느낌이다. 탐방 코스는 ▲역사와 함께 소요하는 생명의 길(산성종로~매바위 왕복 2.5㎞, 2시간 소요) ▲행궁과 함께하는 법도의 길(산성종로~숭열전 왕복 1.7㎞, 2시간 소요) ▲기억과 함께하는 반추의 길(산성종로~봉암성 왕복 4.1㎞, 3시간 소요) ▲성곽과 함께하는 의지의 길(산성종로~북문 왕복 4.3㎞, 3시

간 소요) ▲산성을 따라가
는 웅성 미학의 길(산성종로
~지수당 왕복 3.5㎞, 4시간
소요)로 구분된다. 〈경기관광
공사: 031-259-6900〉

*산성리 마을

남한산성의 산성리 마을은
역사와 문화가 숨 쉬는 곳
이다. 즐비한 음식점으로
다소 산만하던 마을에 역사
문화의 정신과 손길이 깃들

만해기념관에 가면 만해 한용운 선생의 위대한 사상을 만날 수 있다.

어가고 있다. 남한산성이 세계문화유산 등재를
추진하면서 철저한 고증을 바탕으로 문화재 복
원에 힘쓴 덕분이다. 수어장대 숲속 음악회, 문
화재지도만들기, 가족고고학탐험대, 문화유산
탐방 등의 체험행사 등 문화체험도 이어진다.
마을의 작은 도서관 '남한산성 솔바람책방'은 경
기문화재단과 작가 배영환이 낡은 컨테이너를
도서관으로 개조한 작은 문화공간이다. 이 공
간은 도서 대여뿐 아니라 지역 주민과 관광객들
이 다양한 역사문화 프로그램을 경험할 수 있
는 콘텐츠를 제공한다. 혁신적인 작은 학교로
유명한 '남한산 초등학교'에 들러 놀이터와 고목
아래에서 아이들과 망중한을 즐기는 것도 이곳
여행에서 느낄 수 있는 큰 매력이다. 〈남한산성도
립공원: 031-743-6610〉

*만해의 독립정신과 문학정신을 만나다

독립운동가이자 위대한 사상가인 만해 한용운
(1879~1944)의 기념관이 남한산성 안에 있다.

만해와 어울릴 것 같지 않은 남한산성 안에 기
념관을 세운 건 남한산성 축성 당시 승려들이
참여하는 등 호국정신이 서린 성지이기 때문이
다. 만해기념관은 한평생을 만해 한용운 연구
에 몰두한 신구대 교양학과 교수인 전보삼 관장
이 1998년 문을 열었다. 전통 한옥의 주삼포(柱
三包) 양식에 현대건축을 조화시킨 기념관은 대
지 1720㎡, 연건평 400㎡(지상 2층) 규모. 만해
선생 생전의 저술과 수택본 등 관련자료를 중심
으로 전시돼 있고, 특히 독립운동에 관한 자료
160여 종과 관련연구서와 판본 700여 편을 소
장하고 있다.

기념관은 선생의 일생을 한눈에 살필 수 있는
전시실과 교육관, 체험학습실, 야외조각공원 등
으로 꾸며졌다. 기념관 입구에는 '나룻배와 행
인'이 새겨진 시비와 만해 흉상이 자리 잡고 있
다. 이 흉상은 원로 조각가 민복진 선생의 작품
이다. 야외조각공원에는 만해 선생의 시를 새긴
조각 작품들이 숲길 사이에 놓여 있다. 〈만해기념
관: 031-744-3100〉

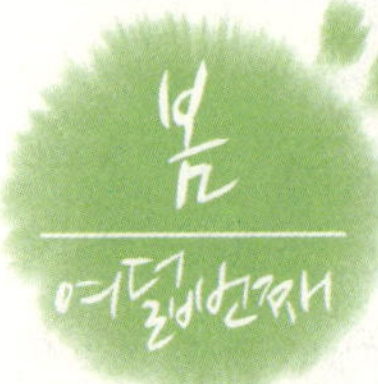

남도의 숨은 보석

목포

목포에서 바닷길로 6km쯤 떨어져 있는 외달도는 사랑의 섬으로 불린다. 잔잔한 바다와 깨끗한 물로 오래전부터 해수욕장으로 이름을 날리던 외달도에 인공풀장과 바닷가 한옥민박이 생기면서 '휴양하기 좋은 섬'으로 변모했다.

목포는 바다와 섬으로 둘러싸인 항구도시다. 남해안 따사로운 햇살과 깨끗한 바다가 그리워지면 목포행 기차를 타볼 일이다. 유달산에 오르는 좁은 골목마다 크고 작은 역사가 깃들어 있고, 깊은 사연이 묻어나는 적당한 북적거림이 있어 목포 여행은 늘 즐겁다. 낡은 음식점 문을 열고 들어서면 상다리가 휠 정도로 푸짐한 상차림이 넉넉한 인심을 대변한다. 그래서 투박한 전라도 사투리가 흥건하게 묻어나고 손님을 반겨주는 배려가 있는 목포는 남도의 여행 일번지가 된다.

외달도와 삼학도, 고하도를 둘러보기 위해 아름다운 항구도시로 다시 태어나는 목포로 발걸음을 향했다. KTX의 종점인 목포역에서 내리면 이곳이 시내 중심지다. 목포는 6개의 유인도와 7개의 무인도가 있다. 목포가 자랑하는 외달도를 찾아가기 위해 목포여객선터미널로 향했다.

외달도는 여객선터미널에서 불과 6㎞밖에 떨어져 있지 않아 30분이면 다다를 수 있다. 여객선에서 내리면 가장 번서 정갈한 한옥 세 채가 눈에 들어온다. 정감 어린 기와집에는 비파, 삼학, 목련정이라는 현판이 걸려 있다. 외달도청년회에서 운영하는 한옥민박이다. 방문을 열면, 대청마루가 있고 바로 앞으로 모래사장의 해변이 펼쳐진다. 푸른 바다가 정원인 셈이다. 마당에는 100년이 넘는 해송 5그루가 자리를 지키고 물레

외달도의 앙증맞은 등대. '사랑의 맹세'를 지키려는 연인들이 열쇠를 매달아 놨다.

방아가 손님을 맞이하고 있다. 몇 해 전가지만 해도 이곳은 어린이들의 웃음소리와 책 읽는 소리가 끊이지 않았던 외달도 분교였다. 여름 휴가철에 한옥민박에서 하룻밤을 지낼 수만 있다면 이 또한 여간 행운이 아닐 수 없다.

'자연생태 우수마을'과 '전국 100대 아름다운 섬'으로 지정된 이곳은 해변에서 보는 낙조가 무척 아름답다. 부채꼴의 섬 둘레는 4km 정도로 한 바퀴를 도는 데도 1시간이면 충분하다. 20여 가구 70여 명의 주민이 한가족처럼 모여 사는 마을은 모두 민박을 치고 있었다.

앙증맞은 하얀 등대에 다가가니 빨간 하트가 그려져 있고, 열쇠가 주렁주렁 매달려 있다. 이곳을 찾은 연인들이 자물쇠가 풀릴 때까지 "우리 사랑 영원히 변하지 말자"며 매달아놓은 것들이다. 그래서 외달도는 '사랑의 섬'으로 불린다. 외로운 섬이라는 이미지를 탈색하기 위해 사랑의 섬으로 명명한 것이다.

섬 앞에는 별을 닮았다는 '별섬'이 있다. 별섬은 외달도에서 만나는 또 다른 아름다움이다. 섬 한쪽에는 잘 정돈된 해수풀장이 있고 갯벌에서는 조개잡이도 체험할 수 있다. 가족과 연인이 함께 가기에 그지없이 좋은 곳이다. 자연경관이 수려하고 청정 해역에 위치한 외달도는 '우수해수욕장'과 '휴양하기 좋은 섬 30'에도 선정됐다.

삼학도 마리나항에서 본 목포항. 해안선을 따라 옹기종기 모여 있는 크고 작은 건물과 유달산이 조화를 이뤄 미항의 자태를 뽐내고 있다.

삼학도와 고하도

목포에는 두 개의 상징이 있다. 하나는 나지막하지만 목포 어디서든 볼 수 있는 유달산이고, 또 하나는 삼학도다. 세 마리 학이 내려앉아 섬을 이뤘다는 전설이 전해지는 삼학도는 일제강점기부터 무분별한 매립 공사가 진행되면서 뭍으로 변했다. 당시만 해도 목포 사람들의 땔감을 제공했을 만큼 나무가 울창했다. 소형 조선소가 들어서고 도자기공장 등 산업시설이 들어서면 아름다운 풍광은 사라졌다. 그래서 언제부턴가 삼학도의 제 모습 찾기는 목포시민의 숙원사업이 되어버렸다.

이후 목포시와 주민들의 노력으로 삼학도가 다시 제 모습을 찾게 됐다. 섬과 섬 사이에 바닷물이 흐르는 호안수로가 생겼다. 물길을 따라 10개의 다리가 놓이고 주변은 공원이 됐다. 섬 주변에는 산책로와 자전거도로 4.5㎞가 만들어졌다. 바닷가에는 요트와 보트가 정박해 있는 마리나항이 자리 잡았다. 눈을 들어 건너편을 보면 크고 작은 건물과 유달산의 아름다운 모습이 그대로 드러난다. 이 풍광이 목포시민들이 그토록 찾고 싶어 했던 삼학도의 모습이 아니었을까. 삼학도에는 '난영공원'이 있다. '목포의 눈물'을 노래한 가수 이난영(1916~1965) 선생을 기리는 의미에서 붙여진 이름이다.

고하도는 목포항의 자연방파제 역할을 하며 길게 누운 용의 형상을 하고 있는 섬이다. 목포를 심한 파도와 거센 바람으로부터 보호하는 고하도는 충무공 이순신 장군과 인연이 있는 곳이다. 임진왜란 당시 이순신 장군이 일본 수군을 크게 물리친 뒤 함대 정비를 위해 108일간 주둔했다. 일제강점기에는 일본군의 병참기지와 연합군 폭격에 대비해 무기를 숨겼던 인공 석굴 11곳이 있다. 이 충무공 유적지를 비롯해 골프장과 테마파크, 공예방, 해저탐험관 등이 이곳에 건설될 예정이다.

고하도에서 죽교동을 잇는 목포대교도 한창 건설 중이다. 아름다운 고하도의 석양을 보기 위해 찾는 관광객이 적지 않다. 밤이 되면 4㎞에 달하는 용머리에 오색등이 불을 밝혀 환상적인 모습을 자아낸다. 목포에선 잠들기 전 낮보다 화려한 고하도의 밤을 놓치면 후회하게 된다.

여행정보

● 가는 길

외달도를 가려면 목포여객선터미널에서 신진해운(061-244-0522)의 신진페리2호를 이용해야 한다. 오전 8시 30분부터 오후 5시 30분까지 매시간 운항한다. 해수풀장이 개장되는 여름철에는 오전 6시 50분에 첫 출항 한다. 어른 1인당 왕복요금 8000원.

● 묵을 곳

마을청년회에서 운영하는 한옥민박(061-270-8700)이 있다. 각종 편의시설을 갖춘 데다 운치 있어 인기가 높다. 성수기에 예약은 필수. 한옥민박 외에도 마을 20여 가구가 민박을 운영한다.

● 즐길 곳

해수풀장은 무료로 운영된다. 샤워장은 어른 1000원, 어린이 500원이다. 해변원두막은 2만 원, 숙박텐트는 1만 5000원이다. 해상민박낚시터에도 방이 있는데 4인 기준으로 5만 원이며, 낚싯대는 무료로 대여한다. 언약식을 하는 연인들을 위해 촌장민박식당(061-262-3251)에서 외달도 해변 등대에 매달 열쇠도 판매한다.

외달도 관광정보
http://tour.mokpo.go.kr/home/tour/tourist/oedaldo

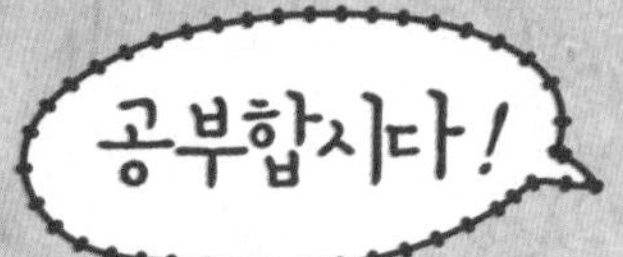

● 일본이 목포에 동양척식주식회사를 세운 이유는?

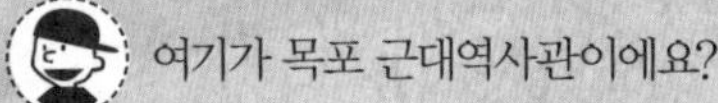

여기가 목포 근대역사관이에요?

그렇단다. 원래 이곳은 일제강점기 때 동양척식주식회사 건물이었지.

동양척식주식회사요?

그래, 일본이 당시 우리나라의 경제수탈을 위해 세운 기관 이름이야. 일본은 서울에 본점을 세운 뒤, 목포·부산·평양·원산 등지에 지점을 설치하고 우리나라의 토지와 농산물을 수탈하였단다.

이럴수가!

목포는 농산물과 해산물이 풍부한 지역이었고, 항구가 있었기 때문에 물자운송에 유리했어. 이러한 지리적 장점이 있었기 때문에 일본은 목포에 동양척식주식회사를 세웠던 것이지. 또한 예부터 목포는 면화가 유명했는데, 일본이 그걸 그래도 놔둘리 없었지. 그들은 면화를 수탈하기 위해 면화주식회사를 세우고선, 거기서 가공한 면화를 목포 바다를 통해 본국으로 실어갔다는구나.

역사를 알면 알수록, 일본이 싫어지는 것 같아요!

일본이 당시 목포에서 신의주까지 일직선 도로를 내고 1번국도를 만들었던 것도, 바로 우리의 물자를 수탈하여 원활히 운송하기 위함이었단다. 여기 근대역사관 외벽을 좀 봐. 여기저기 동그란 원 무늬들 보이지?

네, 일장기를 보는 듯해요.

그래 맞아. 일본을 상징적으로 드러낸 것이지. 자, 안으로 들어가 보자. 동양척식주식회사였다가, 이제는 역사교육의 장으로 활용되고 있는 이 근대역사관에선 일제의 만행과 일제강점기 때의 목포 거리 사진 등을 볼 수 있다는구나.

● 〈목포의 눈물〉을 부른 가수는?

이제 다음 행선지인 삼학도에 가볼까?

삼학도라면, 끝에 '도'자가 붙었으니 섬이겠네요?

음, 원래 섬이었는데, 1968년 시작된 간척공사로 내륙과 이어지게 되었어. 그러다 2000년에 들어서면서 정부의 섬 복원 사업으로 근래 다시 섬으로 태어나게 되었단다.

삼학의 뜻이 뭐예요?

세 마리의 학이 내려앉아 생겼다는 전설에서 가져온 것이라는구나. 이 섬은 대삼학도, 중삼학도, 소삼학도, 이렇게 세 개의 섬으로 이루어져 있지.

그럼 삼학도엔 사람들이 많이 살아요?

현재 삼학도에는 한국냉동, 호남제분 등의 기업과 각 정부기관, 그리고 천 오백여 명의 주민이 거주한다고 하는구나.

와, 생각보다 주민들이 많이 사네요!

하하. 그렇지?

근데 여보, 〈목포의 눈물〉 부른 가수가 누군지 알아?

노래는 제법 들어봤는데 누구였더라……

바로 이난영이야. 본명은 원래 이옥례였고, 목포 출생이지. 가난한 집안에서 태어나 불우한 환경 속에서 자랐대. 열여섯 살 때 삼천가 극단에 들어가 순회공연을 하면서 차츰 이름을 알리게 되었고… 그러다가 문일석의 가사에 손목인이 곡을 붙인 〈목포의 눈물〉을 불러 큰 인기를 얻게 된 거지. 1945년 발표된 〈목포의 눈물〉은 일본식 엔가 풍으로 작곡된 거라네. 당시 항일 성격의 가사가 문제가 되어 일제에 의해 금지곡으로 지정되기도 하는 등, 많은 사연이 담겨 있는 노래지.

그렇군. 근데 당신, 이난영에 대해 공부라도 한 거야?

호호, 공부를 좀 했지. 우리 다음 여행지인 유달산 중턱에, 〈목포의 눈물〉을 기념하고자 만든 노래비가 있다 하니……

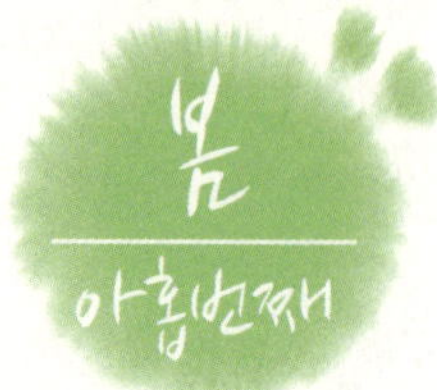

휘영청한 달빛이 흐르는
서라벌의 밤

경주

신라 천년의 역사를 고스란히 간직한 경주의 밤 날씨는 선선하고 별은 청아하다. 월성은 밤이 되면 낮보다 찬란한 모습으로 다시 태어난다. 맑은 물에 비친 궁궐의 위엄은 야경의 신비감을 주기에 충분하다. 월성 주변엔 산벚꽃과 복사꽃이 물에 어려 아름다움을 더한다.

경주는 우리나라 성인들에겐 추억이자 환상의 장소이다. 학창 시절 수학여행지는 단연 경주였다. 천년 역사 서라벌과의 첫 만남은 어쩌면 선택이 아닌 필수였던 셈이다. 그래도 경주를 방문하기 전날 밤 잠 못 이루던 환상이 오래도록 남아 있다. 수학여행의 추억을 되새기기라도 하는 듯 50대, 60대 여행객들이 신경주행 KTX에 오른다. 이런저런 이유로 수학여행에 동참하지 못했던 이들에게 경주는 짠한 서운함과 그리움의 대상이다. 특히 가정형편 때문에 수학여행비를 낼 수 없어 눈물을 머금고 경주행 버스를 외면해야 했던 이들에게는 더욱 그렇다.

신라 천년의 역사를 고스란히 간직한 경주행 기차에선 여행객들의 들뜬 웃음소리와 함께 추억이 끝없이 펼쳐진다. 그들은 벌써 10대 학창 시절 모습으로 돌아가 있었다. 경주여행의 참맛을 느끼려면 별빛·달빛 여행이 제격이다. 경주의 밤 날씨는 선선하고, 별은 청아하다. 하늘에서 달빛이라도 비추면 경주는 또 다른 세상이 된다.

추억이 끝없이 펼쳐지는 경주행 기차

밤이 오기를 기다렸다가 반월성과 첨성대, 계림으로 가기로 했다. 별빛이 비치는 밤에 찾아가면 예전에 보지 못했던 것들을 찾을 수 있을 것 같았다. 대낮에 사전답사를 겸해서 경주를 천천히 한바퀴 돌아봤다. 햇병아리 같은 유치원생들이 줄지어 월성 주변 유채꽃이 활짝 핀 길을 걷고 있었다. 유채꽃 길 너머로 산벚꽃이 듬성듬성 피어 가는 봄을 아쉬워하는 관광객을 반겨주고 있었다.

그리고 밤이 되었다. '반월성'으로 가자는 말에 동행한 경주 사람은 호통부터 쳤다. 반월성이 아니라 월성으로 불러 달라고 했다. 반월성 근방에 있는 안압지의 정식 명칭은 경주 임해전지. 월성 안에 있었던 호수를 뜻한다. 세자가 머무르는 별궁인 동궁의 또 다른 이름이 월궁이다. 태양은 왕이고 달은 미래권력인 세자다. 그래서 떠오르는 해인 세자는 동쪽에, 지는 해를 뜻하는 대비가 머무르는 곳이 서궁인 것이다. 반달 모형이라는 동궁은 신라의 멸망과 깊은 관련이 있다. 새로운 나라 고려가 개국하면서 개성 송악산 남쪽 기슭에 만월대를 만들었다. 자연스레 신라의 성은 반쪽짜리 월성으로 격하되었다.

무념한 세월은 멸망한 신라를 기억해 주지 않았다. 월성에 있는 연못 해전지에는 기러기와 오리가 날아들었다. 이러한 연유로 안압지로 불리게 됐다. 천년 역사의 궁궐을 한낱 기러기와 오리연못으로 취급한다는 것은 신라에 대한 크나큰 모욕이 아닐 수 없다. 이 같은 사연을 알고 찾아가니 낮에 미처 보이지 않았던 것들이 마음의 눈에 들어왔다. 이렇듯 여행은 아는 것만큼 보이는 것인가 보다.

맑은 물에 비친 궁궐의 위엄

한밤중에 만난 월성은 말 그대로 불야성을 이루고 있었다. 낮에 봤던 경주와는 사뭇 다른 세상이 열려 있었다. 천 년 전 경주, 이렇듯 화려해 비단에 새긴 반짝이는 별이라 했을까. 낮보다 화려한 월성을 수학여행단 수백 명이 손에 오색등을 들고 줄지어 돌고 있었다. 그들의 웃음소리에서 신라 천년의 찬란한 영광이 떠올랐다. 월성 주변엔 산벚꽃과 붉은 복사꽃이 불빛에 아름다움을 더했다. 맑은 물에 비친 궁궐의 위엄은

야경의 신비감을 주기에 충분했다.

월성에서 멀지 않은 첨성대로 향했다. 경주여행에서 수없이 맞닥뜨린 첨성대지만 밤에 찾아간 그곳은 더 큰 의미가 있어 보였다. 이곳에서도 수학여행단과 조우했다. 안내교사의 첨성대에 대한 설명을 귀동냥할 수 있었다. "첨성대는 선덕여왕이 자신과 하늘을 연결해 왕권을 강화하고 민생을 안정시키고자 한 상징물"이라고 설명했다. 학창 시절 국사 시간에 기계적으로 외웠던 내용을 다시 듣고 스스로 적이 놀랐다.

밤이 더 깊어지면서 월성과 첨성대 사이에 있는 숲으로 갔다. 단풍나무와 물푸레나무, 홰나무 등의 고목이 울창하다. 숲에 "흰 닭 한 마리가 울고 있어, 황금 궤를 열어보니 사내아이가 있어 알지라는 이름을 지었다"는 신화가 전해 내려오는 계림이다. 신라의 신성한 숲 계림도 밤에 가면 더욱더 신비스럽다.

첨성대는 밤이 되면 수많은 중·고등학교 수학여행단으로 만원을 이룬다. 환한 불빛에 비친 첨성대는 낮과는 전혀 다른 모습으로 와 닿는다. 첨성대 뒷길에 연결된 계림은 밤에 보면 신비스럽기까지 하다.

보문단지로 돌아왔지만 경주의 화려한 밤을 만끽한 설레는 마음에 좀처럼 잠을 이루지 못하고 호수주변의 산책길을 서성거렸다. 3만 그루나 된다는 경주의 벚나무들이 꽃을 떨구어 내고 짙은 녹음으로 보문단지를 감싸고 있었다. 신라의 달빛은 밤이 깊을수록 빛났다. 보문호 산책로에서 뜻하지 않게 박목월 선생의 시비를 만났다. 「달」이라는 시가 새겨져 있다.

"배꽃 가지 반쯤 가리고 달이 가네. 경주군 내동면 혹은 외동면 불국사 터를 잡은 그 언저리로 배꽃 가지 반쯤 가리고 달이 가네."

여행정보

● 가는 길

서울역에서 신경주역까지 KTX로 2시간 10분 정도 걸린다. 신경주역에서 시내까지는 대중교통을 이용하면 된다. 택시기사들이 해설사와 여행 가이드 역할까지 해주는 '천년 마중' 택시(054-775-7979)를 이용하면 편리하다.

● 묵을 곳

보문단지에 대형 숙박업소가 몰려 있다. 경주(지역번호 054) 콩코드(745-7000), 코오롱(746-9001), 코모도(745-7701), 호텔 현대(748-2233), 경주교육문화회관(745-8100) 등 대형호텔에 있다. 또 대명리조트 경주(1588-4888), 한화리조트 경주(745-8060), 켄싱턴리조트 경주(745-0125) 등 콘도도 있다.

● 먹을 곳

최대 한우 집산지인 경주는 '천년한우'라는 브랜드 고기가 유명하다. 팔우정 교차로에 있는 해장국골목에 일명 '팔우정 해장국'과 반찬이 20가지 정도 나오는 성동시장의 '한식 뷔페'가 싸고 맛있다.

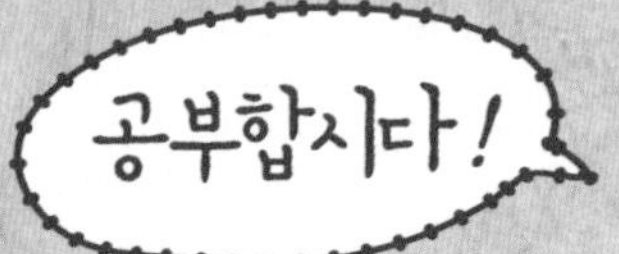

● 첨성대에서 어떤 방식으로 별을 관찰했을까?

저게 첨성대죠?

그래 맞아, 우리 딸 잘 아네!

첨성대는 책에서 본 기억이 있어요. 근데 뭐하는 곳이더라…….

첨성대는 동양에서 현존하는 가장 오래된 천문대란다. 신라 선덕여왕 때 건립되었고, 국보 제31호로 지정되어 있어.

티브이 드라마에 나왔던 그 선덕여왕이요?

응, 그래. 선덕여왕은 632년 아버지 진평왕이 아들 없이 임종을 맞이하자 왕위에 오르게 되었단다. 그녀는 신라 최초의 여왕이었고, 이후 신라가 삼국통일을 이루는 데 기틀을 잘 다진 것으로 평가받고 있지. 덕치를 펼쳐 민생을 다스렸으며 당시 선진 문화를 이룩한 당 나라에 유학생을 파견하기도 했단다. 또 이 첨성대를 건립하고 황룡사를 창건하는 등의 업적을 남기기도 했지.

그럼 이 첨성대는 어떻게 활용하는 거예요? 겉에서 보기엔 그냥 돌탑 같은데…….

옛 기록을 보면, "사람이 가운데로 해서 올라가게 되어 있다"라고 적혀 있다는구나. 바깥에 사다리를 놓고 저 창으로 들어간 뒤, 안쪽 사다리를 이용해 꼭대기에 올라가 하늘을 관찰했다는 거야. 꼭대기에는 '우물 정(井)'자 형의 석재가 2단으로 짜여 있는데, 그곳에 천체 운행을 측정하는 '혼천의' 같은 기구를 설치하고 별을 관찰하거나 계절의 변화 등을 측정했단다.

● 청록파란?

여기가 바로 동리·목월문학관이야.

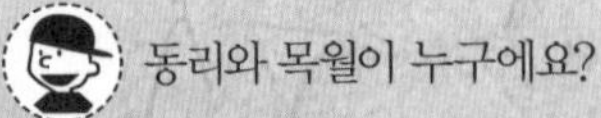

동리와 목월이 누구예요?

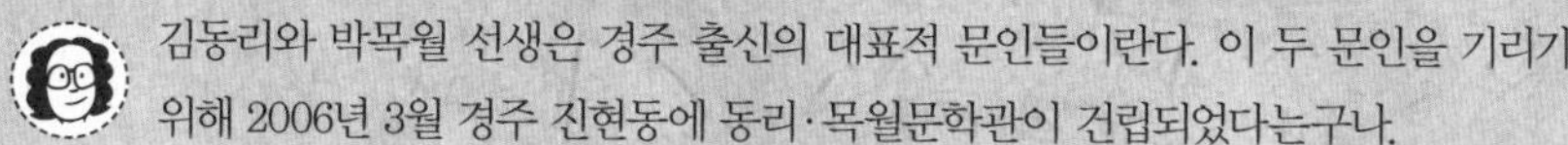

김동리와 박목월 선생은 경주 출신의 대표적 문인들이란다. 이 두 문인을 기리기 위해 2006년 3월 경주 진현동에 동리·목월문학관이 건립되었다는구나.

문인이라면 작가를 말하는 거죠?

그래, 한 분은 소설을 쓰셨고, 또 한 분은 시를 쓰셨지. 김동리 작가는 1913년 경주시 성건동에서 태어났고, 1935년에 조선중앙일보 신춘문예에 소설이 당선되어 문단에 데뷔했단다. 대표작으로 「화랑의 후예」, 「무녀도」 등이 있어. 그리고 박목월 시인은 1915년 경주 서면 모량리에서 태어났고, 1940년 〈문장〉을 통해 등단했단다. 조지훈, 박두진 시인과 함께 청록파 시인으로 잘 알려져 있기도 하고……

청록파가 뭐죠?

박목월, 조지훈, 박두진 시인을 가리켜 청록파 시인이라 부른단다. 이들은 주로 자연을 소재로 인간의 심성을 깊이 있게 드러낸 시를 썼어. 1946년 이들은 공동으로 시집 『청록집』을 출간했는데, 그때부터 이들을 청록파라 부르기 시작했지.

그렇구나!

경주와 관련해 덧붙이자면, 김동리는 토속적이고 무속적인 분위기가 느껴지는, 고향 경주에 서린 신라의 혼을 작품에 담아냈단다. 그리고 박목월 시인의 초기 시는 주로 경주의 향토적 정서를 바탕으로 하고 있는데… 그럼, 그의 대표시인 「나그네」를 감상해 볼까?

강나루 건너서
밀밭 길을

구름에 달 가듯이
가는 나그네

길은 외줄기
남도(南道) 삼백 리

술 익는 마을마다
타는 저녁놀

구름에 달 가듯이
가는 나그네

기적소리 들으며 떠나는
추억 여행

전남 곡성

곡성 '섬진강기차마을펜션'에서는 굽이굽이 섬진강이 내려다보이고 철쭉꽃과 녹음이 펜션을 둘러싸고 있다. 통일호 열차를 개조한 객실과 통나무로 지은 펜션은 하룻밤을 지내고 돌아오기에는 아까울 정도로 아름답다. 가정역과 붙어 있어 증기기관차를 타고 가거나 레일바이크를 이용하기도 편리하다.

섬진강기차마을 – 11km – 호곡리 나루터 – 5km – 심청이야기마을 – 10.5km – 곡성 하늘나리마을(상한리)

전남 곡성을 여행하는 것은 느림의 미학이자 과거로 거슬러 올라가는 여정이다. 한 시절이 훨씬 지난 증기기관차를 타고 줄로 연결된 나룻배를 이용하는 것이 곡성에서 발견하는, 과거로 떠나는 여행의 백미라 할 수 있다. 꽃을 닮아 순수하고 여리기만 한 주민들이 자연에 순응하면서 살아가는 곡성 하늘나리마을과 효녀 심청의 한 생애를 이야기로 풀어낸 마을을 찾아가는 것도 '추억'과 '향수'를 느끼게 하는 귀한 시간이 된다. 우리나라에서 유일하게 남아 있는 섬진강기차마을 증기기관차는 시속 25~30km로 산 아래 철로를 굽이굽이 달린다. 기차가 하얀 증기를 내뿜으며 빨간 철쭉꽃 길을 달리는 모습은 흡사 동화에 나오는 장면을 연상케 한다. 지금은 잊혀진 기적소리를 들으며 철길을 따라 속도를 낮추고 느리게 흐르는 굽이치는 섬진강의 물길도 아름답다.

곡성이 관광지로 우뚝 서게 된 것은 다분히 증기기관차 때문이다. 곡성 섬진강기차마을은 전라선 복선화 공사로 곡성역을 이전하고 역사 건물을 관광명소로 개발한 곳이다. 추억 속 산이역과 증기기관차 등이 남아 있다. 2000년 섬진강을 따라가는 전라선 13.2km를 이용해 옛 기차에 대한 추억과 향수, 그리움을 콘셉트로 개발했다.

아름다운 섬진강 주변의 경관을 차분하게 감상할 수 있게 되자 과거로의 여행을 하려는 인파가 몰려들었다. 지금은 연간 40만명 이상이 섬진강기차마을을 찾는다. 철로 주변에는 섬진강레일바이크(5.1km)와 기차마을레일바이크(1.6km)가 따로 설치돼 있다.
가족과 여인들이 페달을 밟으며 철로 위를 달린다. 그래서 곡성 섬진강변은 웃음소리
가 끊이지 않는다. 증기기관차가 들어서면서 '태극기 휘날리며', '아이스께끼' 등의 영화
와 드라마 촬영지로 유명해졌다. 곡성 간이역 주변에는 바이킹과 회전목마, 콤보이 등
9종의 놀이기구가 들어서 있다.

호곡리와 침곡리 사이를 잇는 줄배

　곡성군 고달면 호곡리에 가면 섬진강에 하나 남은 줄배나루가 있다. 강 건너엔 4차
로로 단장한 17번 국도가 있어 전국 어디나 갈 수 있다. 호곡리에서 17번 국도 버스 정
류장이 있는 오곡면 침곡리까지는 20여m 섬진강 지류가 가로놓여 있다. 하지만 다리
로 건너려면 4km가량을 걸어가야 한다. 그래서 강둑 양쪽에 매어놓은 줄을 당겨서 강
을 건너는 줄배가 요긴하게 사용된다. 줄배는 주인도, 사공도 따로 없다. 그저 아쉬운
사람이 배에 몸을 싣고 줄을 당겨 건너면 된다. 배가 강 건너에 있어도 걱정이 없다.
배에 매어놓은 삼줄을 당기면 배가 다가온다. 흔치 않은 풍경 때문에 아직 관광상품

섬진강에 딱 하나 남아 있는 곡성 호곡리 나루터의 줄배. 주인도 사공도 없지만 누구나 줄을 당겨 강을 건너는 줄배는 아름다
운 추억을 남기려는 관광객들로 붐빈다.

'심청이야기마을'에서는 돌담을 두른 초가집과 심청의 모습을 재현한 동상이 방문객을 맞는다.

화가 되지 않았지만 입소문을 듣고 색다른 경험을 하려는 사람들로 서서히 붐비고 있다. 이 때문에 요즘은 호곡리 10여 가구 주민들보다도 관광객들이 배 줄을 더 자주 당긴다. 강 주변에는 개발의 속도가 더딘 청정지역답게 은어회 참게탕 요리를 하는 음식점이 즐비해 식도락가들을 불러들인다.

곡성은 70%가 산지이고 섬진강 줄기와 보성강 등 물길이 있다. 곡성(谷城)은 산과 강 사이에 계곡이 많아 붙여진 이름이다. 하지만 오랜 옛날에는 울음소리를 뜻하는 곡(哭) 자를 썼던 아픈 시절도 있었다. 이때 이야기가 '관음사 연기설화'에 고스란히 남아 있다. 관음사는 곡성 오산면 성덕산 아래에 있다.

그 시절 중국 남경상인들이 섬진강 물길을 타고 오갔다. 남경상인은 철광석과 곡식만 가져가는 것이 아니라 젊은 처녀들도 데려갔다. 중국 남경상인들에게 팔려간 딸 생

각에 눈물 마를 날이 없었다. 그래서 곡성(哭城)이라 불렀다.

관음사 연기설화에는 원량과 딸 홍장의 이야기가 전해 내려온다. 원량이라는 장님이 오래전 부인을 잃고 딸 홍장과 살고 있었고, 효성이 지극한 딸이 아버지의 눈을 뜨게 했다는 내용이다. 이는 심청전의 원형설화로 주목받았다. 이 설화 덕에 곡성은 심청전의 무대이자 심청의 고향이 된 것이다. 곡성군 오곡면 송정리에는 심청전의 무대를 재현한 '심청이야기마을'이 있다.

도심의 찌든 때를 지우고, 근심 걱정을 훌훌 털어버리려면 곡성 죽곡면 하늘나리마을로 가야 한다. 상한리는 높은 산지에서나 볼 수 있는 백합과의 하늘말나리꽃이 많이 자생한다고 해서 붙여진 이름이다. 이곳은 20여 가구의 주민들이 옹기종기 모여 봄이면 고로쇠 물을 마시고 산나물을 뜯고, 가을이면 밤을 줍고 감을 따면서 순박하게 살아간다. 주변에 오염원이 없는 이곳은 벌을 키워 꿀을 채취하는 것이 주요 소득원이다. 벌과 벌통을 활용한 다양한 체험행사와 농촌체험이 가능하다. 마을 입구 다랑논 길을 거닐어 보는 것도 좋다.

• 가는 길

수도권을 기준으로 경부고속도로-천안논산고속도로를 타고 가다 전주IC에서 나와 17번 국도로 가면 된다. 중부고속도로-호남고속도로를 타고 가다 전주IC에서 나와 17번 국도로 이용해도 된다. 기차를 이용하면 편리하다. 용산역에서 곡성역까지 무궁화호와 새마을호를 이용할 수 있다.

• 묵을 곳

곡성(지역번호 061) 섬진강기차마을펜션(362-5600)은 기차를 개조한 객실과 목재로 지어진 펜션이다. 섬진강의 아름다운 풍경이 눈앞에 펼쳐진다. 심청이야기마을(363-9910)은 한옥과 초가집이 2인실부터 8인실까지 17채가 있다. 참고로 섬진강 기차마을은 구 곡성역에 위치해 있고, 섬진강기차마을펜션은 가정역에 자리한다. 섬진강 기차마을에선 가정역까지 운행하는 증기기관 열차를 탈 수 있는데, 섬진강기차마을펜션 홈페이지(섬진강 테마여행)에서 정보를 얻을 수 있다.

• 먹을 곳

섬진강 참게탕 및 은어튀김과 은어회가 유명하다. 별천지가든(362-8746)의 시래기를 넣어 끓인 참게탕은 구수하고 맛있다. 하생촌(363-6993)의 된장, 시래기, 아욱 등이 들어간 다슬기탕이 시원하다. 곡성축협이 직영하는 '지리산 순한한우 명품관'(363-3392)은 쇠고기가, 석곡에 있는 돌실회관(363-1457)의 석쇠불고기정식은 꿀을 이용한 양념장을 사용해 맛이 유별나다.

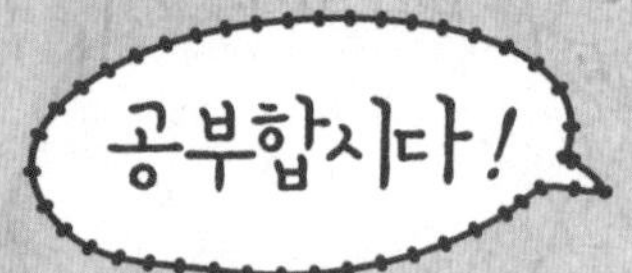

● 왜 송정리가 심청이야기마을로 불리는 걸까?

저기가 심청이야기마을이에요?

그렇단다.

심청이 여기 살았어요? 심청은 소설 속 인물 아닌가…….

이곳 곡성 오곡면 송정리가 심청이야기마을로 불리는 건 효녀 심청이 이곳에서 태어난 실존인물이라는 설이 있기 때문이야.

아하, 그렇구나.

너도 알고 있겠지만, 『심청전』은 널리 알려진 우리나라 대표 고대소설이란다. 효녀 심청을 통해 효를 강조한, 말하자면 당시 유교사상을 반영한 작품이지. 곡성과 가까운 송광사에 관음사 사적기(事跡記)가 있는데, 거기에 한 효심 깊은 처녀와 맹인 아버지의 기록인 원홍장설화가 담겨 있다는구나. 바로 그 이야기가 『심청전』의 원류로 추정된다는 거지. 그리고 당시 섬진강을 찾은 중국 상인들이 철과 곡식, 젊은 여자까지 데려갔다는 역사적 이야기도 전해지고 있어 그러한 설을 뒷받침한단다.

앗, 저 심청의 동상 좀 보세요!

그건 인당수에 뛰어드는 심청의 모습을 표현한 거란다. 저기 초가집도 있고, 우물도 보이네. 자, 이 돌담길 따라 천천히 둘러보자꾸나!

● 곡성에서 토란을 많이 재배하는 이유는?

여기가 토란 밭이야. 혹 토란이라고 들어봤니?

그게 뭐예요?

토란은 한자로 土卵, 그러니까 '흙알'이라는 뜻의 채소란다. 열대지방에서는 주요 식량 작물로 쓰이고 있고… 습한 곳에서 잘 자라는데, 우리나라에선 그 특성에 어느 정도 맞는 남부지방에서 주로 재배되고 있지.

아, 그렇구나!

우리나라가 본격적으로 토란을 재배한 시기는 명확하지 않아. 과거 어느 시기에, 일본으로부터 들어왔을 것이라 추정되고 있을 뿐이지. 어쩌면 벼농사가 시작되기 전에 들어와 중요한 식량 작물로 애용되었을지 모르겠구나. 토란은 재배가 어렵지 않은 데 비해, 수확량이 많고 저장이 용이하다는 장점을 가지고 있거든. 이후 토란국은 추석 제사 상에 오르는 단골 제사 음식이 되었단다.

네. 근데, 남부지방, 그 중에서도 왜 곡성에서 특히 토란을 많이 재배하는 거죠?

곡성군은 재배 면적이 넓고, 특히 죽곡면은 남쪽으로 섬진강이 흐르고 북쪽은 병풍처럼 산이 둘러싸고 있는 형세란다. 게다가 물이 충분하고 찬 바람을 피할 수 있어 토란 키우는 데 아주 적합한 지역이라는구나.

이히, 그렇구나.

토란은 물을 충분히 주어야 하기 때문에, 주로 논에서 재배한단다. 알줄기로 번식하며 파종은 2~3월에, 그리고 수확은 8월 말부터 시작되지. 여기서 잎자루는 따로 잘라 볕에 말리는데, 이것이 나중에 토란대가 되는 거야. 그리고 무엇보다 토란 농사에서 중요한 것은 그 수확 시기를 추석에 잘 맞춰야 한다는 것이지. 우리가 주로 추석에 토란국을 끓여먹기 때문인데, 따라서 재배 농민 입장에선, 이 추석 즈음 잘 여문 토란을 공급할 수 있어야 좋은 수익을 올릴 수 있다는 건 당연지사겠지?

푸근한 인정 오가는 기차마을전통시장

곡성 기차마을전통시장은 3일, 8일 등 5일마다 열린다. 2009년 '재래시장 현대화'라는 목표 아래 새로 지은 말끔한 콘크리트 건물로 이전했다. 이 때문인지 전통시장 하면 떠오르던 질척거리는 좁은 골목과 햇빛을 가리는 낡은 포장은 찾아볼 수가 없다. 좌판마다 번호표가 부여됐고, 내놓은 물건에 따라 구획도 명확해졌다. 그러나 옛날 생각을 하고 찾아간 탓에 소중한 추억을 잃어버린 듯한 아쉬움을 느꼈던 것도 사실이다.

곡성 기차마을전통시장은 2009년 현대화된 건물로 이전하면서 지역 할머니들을 위한 좌판을 따로 마련했다. 기차마을전통시장은 장날이 주말과 겹치면 관광객들로 활기를 띤다.

곡성 전통시장이 열리면 평균 2000여 명이 다녀간다. 장날이 주말과 겹치기라도 하면 사정은 달라진다. 5000명 가까이 찾아오고 장터는 관광객들로 북적거린다. 인근 섬진강기차마을이 인기를 끌면서 전통시장에도 찾는 사람들이 늘어난 것이다.

이곳의 가장 큰 자랑거리는 제철에 나오는 싱싱한 무공해 채소와 산나물, 그리고 추억의 먹을거리. 시장에서 팔리는 채소와 산나물은 크기가 들쑥날쑥하고 포장도 세련되지 않아 촌스러움이 묻어난다. 대형마트의 규격화된 상품에서 느끼지 못하는 인간미와 정이 느껴진다. 곡성 전통시장 한 모퉁이에는 풀무질하며 직접 농기계를 만들고 있는 옛날식 대장간이 자리하고 있다. 호미나 낫, 식칼 등을 고쳐주기도 한다.

*추억의 먹을거리

전통시장의 또 다른 매력은 추억의 먹을거리를 맛볼 수 있다는 것이다. 곡성 전통시장이 현대화되면서 식당들이 어깨를 나란히 하고 한쪽에 자리 잡았다. 국밥과 팥칼국수 등 상차림은 단출하지만 장이 열리는 날이면 문전성시를 이룬다. 이곳에서 단연 인기 있는 메뉴는 '국밥'이다. 돼지 내장과 순대를 넣고 오래 끓여낸 '피순대 국밥'은 이곳에서만 맛볼 수 있는 명물이다. 구수한 냄새가 나는 돼지국밥은 호기심 많은 외지인을 사로잡고 있다. '피순대'에는 야채나 잡채 등이 전혀 들어 있지 않고 선지가 꽉 채워져 있다. 피순대와 내장을 듬뿍 넣고 잘게 썬 파와 풋고추, 고춧가루를 얹었을 뿐인데 맛은 '예술'이다. 시장 안에는 음식을 파는 포장마차가 있다. 농

사를 짓다가 시장이 서는 날만 나와 만 든다는 '곡성 순두부'는 이곳의 별미로 통한다. 막걸리 안주로 내오는 순두부 는 이곳 주인이 직접 재배한 콩으로 만 든 것이다.

40년 넘게 뻥튀기 장사를 해온 80세의 할아버지, 시어머니 때부터 시장통에서 팥칼국수를 팔아온 아주머니 등도 곡 성 전통장에서 만날 수 있다. 뻥튀기 할 아버지가 부는 호루라기 소리가 두 번 울리고 나면 곧이어 '펑!'하는 소리와 하얀 구 름 같은 연기가 솟아난다. 뻥튀기의 고소한 냄 새는 전통 장터에서 느끼는 진한 '향수'와 같은 것이다. 포장마차에서 직접 끓여주는 팥칼국수 에 설탕을 한두 숟가락 넣어 휘휘 저어 먹는 맛 은 유명 음식점에서 내놓는 단팥죽과는 비견할 것이 못 된다. 붕어빵과 호떡 등 추억의 먹을거 리는 화려한 포장지에 담긴 스낵에 물든 입맛을 조금이나마 되돌려 준다.

기차마을전통시장에서 만날 수 있는 대장간과 팥칼국수가 아련한 향수를 느끼게 한다.

*할머니 장터

곡성 기차마을전통시장에는 다른 곳에서 볼 수 없는 넓은 좌판이 마련돼 있다. '할머니 장터'라 고 불리는 이곳 40개의 좌판은 이 지역에 사는 70~80대 할머니들에게만 운영권이 주어진다. 지역 노인들을 배려한 공간인 셈이다. 지정된 할머니들은 텃밭에서 가꾼 채소나 직접 채취한 나물들을 가지고 나와 판매한다.

요즘 가장 인기 있는 야채는 곡성에서만 생산 된다는 무공해 '담배상추'. 생김새가 담뱃잎 모 습을 하고 있어서 불린 이름이다. 아삭아삭 씹 히는 담배상추를 한 번이라도 먹어본다면 니코 틴보다도 강한 중독성으로 절대 끊을 수 없어 서 붙여진 것이라는 말이 나올 정도로 맛이 좋 다. 할머니 장터는 살아온 얘기를 조근조근 나 눌 수 있는 이야기 광장인 동시에 푸근한 인성 을 흠뻑 느낄 수 있는 소중한 장소다.

봄
열한번째

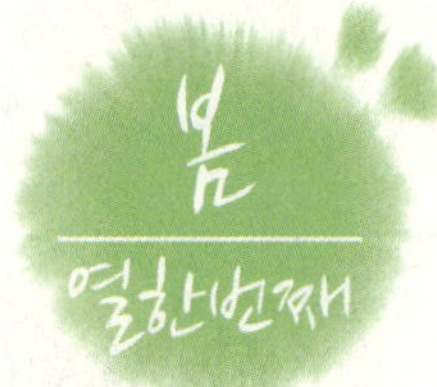

솟아오르는 희망을 움켜쥐다
포항 호미곶

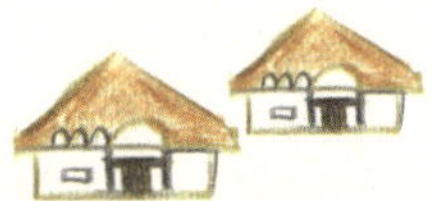

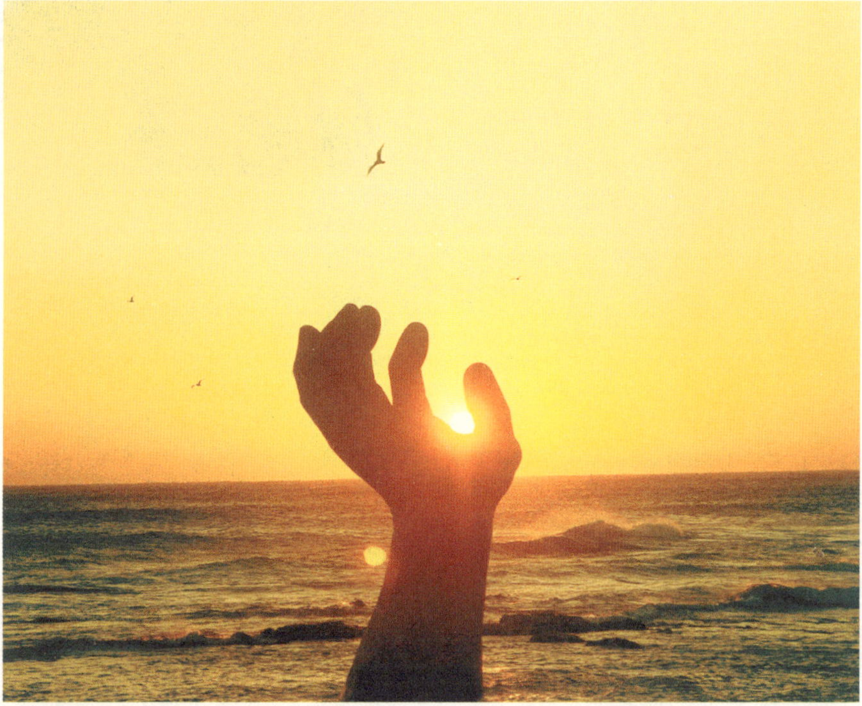

포항 호미곶에는 희망을 안고 '상생의 손' 위로 붉은 불덩이 같은 해가 솟아오른다. 한반도 동쪽 끝이자 불룩 튀어 나와 호랑이 꼬리로 불리는 이곳에서 맞이하는 일출은 여느 곳과는 사뭇 다른 느낌을 준다.

포항을 여행하는 것은 희망을 찾기 위한 여정이다. 호미곶에서 솟아오르는 뜨거운 해가 한반도의 기상을 일깨운다. 일출 여행은 스스로 희망찬 내일을 기약하는 시간이다. 포스코의 용광로에서 우리나라 산업의 미래를 보는 것도 같은 맥락이다. 그동안 포항과 여행은 좀처럼 어울리지 않는 말처럼 느껴졌다. 적어도 호미곶에 '해맞이광장'이 들어서기 전까지만 해도 그랬다. 하지만, 지금은 철강산업의 '메카'를 뛰어넘어 연간 200만 명이 찾아오는 관광명소로 자리 잡았다.

호미곶 새천년광장에서 해돋이를 보기 위해 이른 아침 발걸음을 재촉했다. 동해안 어디서나 볼 수 있는 일출이건만 이곳에선 동트는 시간이면 늘 사람들로 북적인다. 포항의 관광이 시작되는 해맞이광장은 유치원생들부터 중·고등학교 학생 수학여행단은 물론, 가족 단위로 찾아온 관광객들로 하루종일 활기가 넘친다. 해가 질 무렵에도 호미곶에는 사람들로 붐빈다. 일출만 보기 위해 이곳에 오는 것이 아닌 모양이다.

밀레니엄을 앞둔 1999년 12월 호미곶에 해맞이광장이 만들어졌다. 지금은 랜드마크로 자리 잡은 '상생의 손'도 이때 들어섰다. 바닷속에 청동조형물을 설치한 것은 세계 처음이란다. 왼손은 육지에, 오른손은 바다에 있다. 갈매기 오형제가 손가락에 날아와 앉은 모습을 보는 것이 언제부턴가 이곳의 명물이 됐다.

해맞이광장에는 상생의 손과 함께 호미곶 등대, 등대박물관, 새천년기념관 등이 자리하고 있다. 또 광장 중심에 있는 왼손 앞에는 태양과 상생을 상징하는 성화대가 있다. '새천년 영원의 불'로 불리는 이곳에는 오늘도 등불 3개가 타오르고 있다. 새천년 시작의 호미곶 불씨, 남태평양 피지에서 채화된 지구의 불씨, 서해 변산반도 20세기 마지막 불씨가 그것이다. 이 불씨는 그동안 부산아시안게임과 대구 하계유니버시아드대회 등 스포츠 행사 성화 채화에 사용돼 왔다.

연오랑세오녀상은 광장 등대 맞은편에 있다. 설화의 배경인 영일만을 기념하기 위해 세워졌다. 연오랑이 타고 간 바위가 이곳에서 솟아올랐다고 전해진다.

등대 앞에 핀 유채꽃 지나 오어사

국내 최대 호미곶 등대 앞에 흐드러지게 핀 유채꽃. 광장 진입로에는 유채꽃 단지가 있어 온통 노랗게 핀 꽃이 짙푸른 동해바다와 조화를 이룬다. 호미곶 유채꽃은 봄의 전령사이자 한반도에서 가장 빨리 아침해를 맞이하는 생명의 물결이다. 광장 옆에는 우리나라에서 처음으로 만들어진 국립등대박물관이 있다. 1903년 지어진 등대는 팔각형의 근대식 건축양식으로 철근을 사용하지 않고 벽돌로만 지은 건물이다. 등탑(燈塔) 내부는 6층으로 각층 천장에는 조선 왕실의 상징인 배꽃 모양의 문장이 조각되어 있는 등 문화재적 가치를 지니고 있다.

포항에서 확 트인 바다를 봤다면 화려한 신라 문화유산이 면면히 이어져 내려오는 사찰을 찾아보는 것도 의미 있는 일이다. 그리 높지 않은 운제산(478m)에 자리 잡은 오어사는 뒤로는 가파른 산이 병풍처럼 둘러져 있고, 앞에는 맑고 깊은 오어호라는 저수지가 있어 아름답다. 오어사는 신라시대 사찰로 삼국유사에 등장하는 몇 안 되는 현존 사찰이다.

신라의 고승 혜공과 원효에 얽힌 이야기가 재미있다. 두 스님이 법력으로 고기를 살려내는 내기를 했는데 한 마리만 살았다고 한다. 이때 서로 내(吾)가 물고기(魚)를 살려냈다고 말한 데서 비롯됐다는 것이다. 이곳에 있는 동종은 신라의 양식을 계승하였을 뿐만 아니라 고려시대의 주조기술을 고루 갖추고 있어서 유명하다.

국내 최대 호미곶 등대 앞에 흐드러지게 핀 유채꽃.

신록에 잠긴 포항의 대표적인 사찰 오어사의 암자.

포항의 자랑인 보경사는 사시사철 경관이 아름답기로 유명한 내연산(930m) 기슭의 오래된 사찰이다. 신라시대에 대덕 스님이 중국에서 가져온 팔면경(여덟 면의 거울)을 큰 연못 터에 묻고 난 후에서야 대웅전을 건축했다는 유래가 전해지고 있다.

포항여행은 연인들의 사랑 고백 장소로 알려진 북부해수욕장 '사랑 등대'와 현란한 조명이 아름다운 포스코의 저녁 경관을 보는 것으로 마감하게 된다.

여행정보

● 가는 길

서울역에서 신경주역까지는 KTX로 2시간 10분이면 갈 수 있다. 신경주역에서 포항 시내까지는 리무진 버스 등 대중교통을 이용하면 된다. 또 경기도와 대전·충청도, 전라도 각 지역 역에서 비정기적으로 포항까지 가는 무궁화호 임시관광열차가 운행된다. 이 밖의 정보는 포항시 관광진흥과(054-270-2244)에 문의하거나 포항시 문화관광 홈페이지에서 얻을 수 있다.

● 먹을 곳

포항은 과메기의 고장이다. 과메기 특구로 지정된 호미곶면, 동해면, 장기면, 구룡포읍 등 호미반도에서 생산되는 과메기는 전국 생산량의 80%인 5000여t에 달한다. 구룡포항은 전국 수협 위판장 중에서 3위권 안에 들어 대게와 오징어도 많이 유통된다. 포항은 흰살생선물회의 탄생지이기도 하다. 5호광장의 '바닷속물회'(054-272-1266)는 특미물회 원조집이다. 특미물회는 1년 동안 숙성한 고추장에 온갖 양념을 넣어 만든 육수가 맛의 비결로 매콤하면서도 칼칼한 맛이 특징이다. 죽도시장 회센터골목에 가면 싱싱한 회를 값싸게 맛볼 수 있다.

● 왜 오어사라 불리게 되었을까?

아빠 이 절 이름이 뭐예요?

음, 여긴 오어사라는 사찰이란다.

오어사가 무슨 뜻이에요?

운제산에 있는 이 오어사는 본래 신라 진평왕 때 창건해 항사사(恒沙寺)라 불렸다 하는구나. 그러다 이름이 오어사로 바뀌게 되었는데, 이와 관련해 다음과 같은 전설이 전해져 내려오지. 어느 날 신라의 원효 스님과 혜공 스님이 서로의 신통력을 겨루기로 하고, 죽어가는 두 마리 물고기를 법력으로 살리는 시합을 했다는 거야. 그랬더니 한 마리는 살지 못하고, 다른 한 마리는 상류로 헤엄쳐 가고… 그러자 두 스님은 그것이 서로 자신이 살린 물고기라 했던 거지. 이것에 연유해 '나 오(吾), 고기 어(魚)'를 따서 오어사로 이름을 바꾸게 되었다는구나.

재밌는 이야기네요!

오어사는 또 혜공, 원효, 의상 등의 승려가 기거했던 곳으로 알려져 있지. 자, 저기 대웅전으로 가보자.

근데 아빠, 저 이상한 물건은 뭐죠?

음, 저게 바로 원효대사가 쓰던 삿갓이라란다. 지금은 많이 훼손된 상태지. 여러 겹 한지를 붙여 만들었다는데, 그 위에 한자들을 새긴 모습이 독특하지 않니?

네, 특이해요. 원효 스님은 어떤 분이셨나요?

원효는 일심(一心)과 화쟁(和諍) 사상을 강조하여 불교의 단합과 대중화를 위해 애썼던 신라의 승려였지. 여기서 '일심'은 원효 사상의 가장 밑바탕을 이루는 것인데, 인간은 모두 불성을 가지고 있어서 이러한 마음의 근원을 회복하면, 누구나 부처가 될 수 있다는 걸 뜻한단다. 그에 따르면 이러한 일심이 구현된 세계가 바로 정토(淨土)라는구나.

정토가 뭐예요?

부처가 사는, 번뇌의 굴레를 벗어난 이상적 세상을 말하는 거야. 일심은 평등한 세계이고, 마음의 근원을 회복한다는 건 모든 세계의 차별을 없애, 만물을 평등하다는 걸 깨우치고 자비를 얻는 것이지. 그리고 화쟁 사상에는, 불교계의 끊임없는 다툼과 논쟁은 집착 탓이기 때문에, 마음의 근원을 찾는 것을 통해 이를 해소하여 불교 이론 간에 화합을 이뤄야 한다는 사상이 녹아 있단다.

아, 어려워요.

하하. 사실 아빠도 이 책을 보고 공부한 거란다. 조금 더 덧붙이자면, 원효는 한문자 구사능력이 상당했다는구나. 불교를 널리 보급하고자 불교 경전 연구를 지속하였던 덕분이지. 『금강삼매경론』, 『대승기신론소』 등을 포함해 전해지지 않는 책까지 포함하면 무려 240여 권에 이르는 방대한 저술을 집필했던 것으로 추정돼. 이러한 저술과 그의 사상은 중국과 인도에도 전파되었다고 하니, 당시 그의 불교계에 끼친 영향이 꽤 컸다는 걸 짐작할 수 있겠지?

● 포항제철소(포스코)에서 생산되는 제품은?

우와, 저기가 포항제철소구나. 생각했던 것보다 엄청 넓네요!

그렇지? 포스코는 1968년 포항종합제철로 설립되어 지금의 이름으로 변경된 거란다. 포스코는 현재 이 포항제철소와 광양제철소를 보유하고 있는데, 연간 조강, 즉 강철 생산능력이 두 제철소를 합하여 무려 3300만톤에 이른다는구나. 이는 세계 4위의 규모야.

대단하네요! 그럼 저기서 어떤 제품이 만들어지는 거예요?

주요 생산되는 제품으로는 선재, 열연, 스테인리스스틸, 전기강판 등이 있으며, 이러한 철강제조 외에도 운수업, 경기난제 운영, 도시가스사업, 교육서비스업 등 다양하게 사업을 확장해 가는 추세란다.

네, 근데 저 안에 들어갈 수는 없나요?

포스코 홈페이지를 통해 미리 신청해야 한다는구나. 일반인과 청소년 그리고 관련 업계 종사자를 위한 견학 프로그램을 실시하고 있는데, 단체 견학은 평일에도 운영하지만 개인 견학은 토요일에만 운영하고 있어. 또 포스코 역사관 관람도 가능하다하니, 다음엔 미리 예약을 하고 와서 관람해 보자꾸나!

펄펄 뛰는 생선처럼 활기찬 포항

진정한 포항 여행은 사람들로 북적이는 '삶의 현장'을 찾아가는 것이다. 전국 최대 규모의 죽도시장과 길 한가운데로 실개천이 흐르는 '보행자의 천국' 중앙상가, 용광로에서 붉은 쇳물이 펄펄 끓는 포스코 공장 등을 둘러보는 것만으로도 포항 여행은 충분히 매력적이다. 구룡포의 일본인 가옥 거리는 포항이 찾아낸 아픈 과거인 동시에 잊을 수 없는 역사의 흔적이다. 6개의 해수욕장과 162㎞ 해안선을 따라 이어지는 해안도로와 도심 한가운데로 펼쳐진 해변, 잘 정돈된 상가는 포항 여행의 즐거움을 한껏 높여준다.

포항 죽도시장은 1950년대 설립된 이후 동해안 일대의 농수산물 집결지인 동시에 유통의 중심지로 명맥을 유지하고 있다.

*사람 사는 냄새가 물씬 풍기는 죽도시장

죽도시장은 전국 최대 활어 집산지로 어시장의 대명사로 통한다. 활어와 건어 등 바다에서 나는 것은 뭐든 넘쳐난다. 다른 어시장에서 구경하기 힘든 개복치, 물곰도 보이고, 여간해선 보기 힘든 고래고기도 있다. 죽도시장은 경북 동해안과 강원도 일대의 농수산물 집결지인 동시에 유통의 요충지로 50년간 그 명성을 이어오고 있다. 부지면적 14만 8760㎡(4만 4900여 평)에 2000여 개의 점포, 700여 개 노점이 있다. 이곳에서 일하는 상인만 5000명이 넘는다. 시장에는 230여 개의 횟집이 모여 있는 회센터 골목을 비롯한 수협위판장, 건어물거리 등의 어시장 구역, 농산물거리와 먹자골목·떡집·이불·한복 골목 등이 조성돼 있다. 도농통합형 도시인 포항은 수산물, 농산물 먹을거리가 여느 곳보다도 풍부하다. 죽도시장은 상인들의 활기찬 목소리와 관광객들의 흥정하는 소리, 펄펄 뛰는 생선이 뒤섞여 늘 북적거린다. 최근에는 일본과 중국 관광객들이 찾아들면서 죽도시장은 국제화를 서두르고 있다. 이제 미역과 김 등 건어물을 한 아름씩 들고 줄지어 나오는 외국인 관광객을 죽도시장에서 만나는 것은 그리 낯선 풍경이 아니다. KTX 열차관광을 비롯, 국내외 여행사들의 관광상품에 죽도시장은 필수 코스로 포함됐다.

*도로 한가운데 흐르는 실개천

포항의 중심가에는 실개천이 흐르는 차 없는 거리가 있다. 도심에 실개천을 만든 건 전국에서 처음으로 시도된 것이다. 2007년 6월 침체된 도심상가 재건을 위해 포항역에서 육거리까지 길이 657m, 폭 11m 규모로 대리석 실개천과 목재 데크 등을 건설하는 도심 중앙상가 실개천 공사가 시작됐다. 이 공사는 불과 3개월 만에 완공됐다. 도로 한가운데에는 S자형 물길과 가로등, 의자 쉼터 등이 생겼다. 주변에는 예술 공연과 전시회, 체험 이벤트, 청소년 동아리 행사 등 다양한 이벤트가 열리는 문화광장이 들어섰다. 전국 지자체는 물론 해외에서도 벤치마킹을 하러 몰려들었고, 실제 대구와 울산, 충북 등 전국적으로 실개천은 확산되고 있다. 이 실개천은 2008년 '대한민국 공간문화대상'에서 대통령상을 받았다. 실개천이 만들어지자 3만 명 수준이었던 하루 방문객은 5만 명으로 늘어났고, 상가는 다시 활기를 되찾았다. 거리가 깨끗해지고 상가가 정비되자 관광객들도 몰려들고 있다.

"좋은 시설은 외지인이 더 빨리 알아본다"는 말이 이곳을 두고 하는 말처럼 느껴진다.

*일본인 가옥거리

과메기로 유명한 구룡포에는 일본인 가옥거리가 있다. 일제강점기 때 가가와현을 중심으로 한 일본인 어부 100여 명이 이주해 집단적으로 거주했던 촌락으로 230여 채 중 80여 채가 원형대로 남아있다. 당시 여관은 지금은 민박집으로, 목욕탕은 그대로 동네 목욕탕으로 이어져 오고 있다. 일본인 거리 중간에는 67개 계단이 있다. 구룡포 공원으로 연결된 계단 양편에는 당시 일본인들이 세운 기념비가 줄지어 서 있다. 앞면에는 직책이 선명하지만 뒷면 인적사항은 시멘트로 발라 알아볼 수 없도록 했다. 가옥들 한쪽 끝에 이층으로 된 규모가 제법 큰 가옥이 나온다. '일본인 가옥거리 홍보전시관'이다. 그리고 중간쯤에 '후루사토(古里)'라는 작은 간판이 내걸린 찻집이 있다.

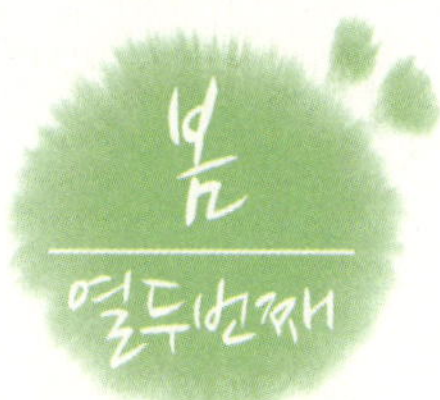

진홍색 철쭉바다가 일렁이는
남원

바래봉에 흐드러지게 피는 철쭉은 '너무 아름다워서 눈물이 난다'는 말이 나올 정도로 화려하다. 해발 500m에서 피기 시작해 정상까지 5월 내내 장관을 이루는 바래봉 철쭉은 유독 붉은 기운이 강해 눈부심이 더하다.

- 용산리 가축유전자원시험장- 바래봉- 팔랑치- 동남계곡- 내령리 〈9㎞, 약 4시간 소요〉
- 정령치- 고리봉- 세걸산- 팔랑치- 바래봉- 용산리 가축유전자원시험장 〈14.9㎞, 약 7시간 30분 소요〉

철쭉으로 가장 유명한 전북 남원시 운봉읍 지리산 바래봉(1167m)으로 향하는 길은 눈을 두는 곳마다 꽃이 지천이다. 바래봉은 매년 봄이면 붉게 물드는 철쭉을 보기 위해 수십만의 인파가 몰려든다. 바래봉을 중심으로 세걸산까지 3~4㎞에 이르는 등산로를 따라 펼쳐진 철쭉군락지는 '천상의 화원'이 된다. 이곳에 서면 명불허전(名不虛傳)이라는 말이 이때 쓰는 것인가 하는 생각이 들 정도다.

철쭉 융단을 깔고 길게 늘어선 바래봉은 나무로 만든 스님의 발우공양 그릇인 '바리'에서 비롯됐다. 봉우리 모양이 바리를 엎어놓은 것처럼 둥그렇게 생겼기 때문이다. 바래봉은 원래 '발산'으로 불렸다. 지리산은 무엇이 그리도 한이 되어 피 같은 선홍색 철쭉을 서리서리 토해냈을까.

바래봉 철쭉 산행은 운봉읍 용산리 가축유전자원시험장에서 시작된다. 산중턱에서 능선을 타고 이룬 철쭉 군락은 우리나라 어느 곳보다도 화려하고 화사하다. 등산로를 따라 진홍색 물감을 풀어놓은 듯한 끝없는 철쭉군락이 펼쳐진다. 오솔길 양편으로 어른 높이만큼 훌쩍 자란 철쭉이 군데군데 꽃터널을 이룬다. 넓은 초지의 목장과 함께 뒤섞인 철쭉이 더욱더 선명하고 아름답다.

정상에 오르면 화려함은 극에 달해 '아!' 하는 탄성만 자아낼 뿐 말조차 쉽사리 잇지 못하게 한다. 수시로 봄바람이 지리산을 넘어 꽃들을 흔든다. 파르르 떠는 꽃잎의 흔들림조차도 아름답다. 해마다 5월이면 해발 500m 운봉목장부터 시작해 시차를 두고 피기 시작한 철쭉은 20여 일 동안 그 면적을 넓혀 간다. 정상 주변으로 큰 나무가 없고 산세가 가파르지 않아 더 정이 간다. 바래봉은 팔랑치, 부운치, 세동치, 세걸산, 정령치로 능선이 연결된다. 가축유전자원시험장에서 시작한 철쭉 산행은 정상에 오른 뒤 팔랑치를 거쳐 동남계곡으로 하산하는 코스가 좋고, 또는 정령치에서 고리봉, 세걸산, 세동치를 거쳐 팔랑치에서 정상으로 오른 뒤 가축유전자원시험장으로 내려가는 길도 좋다.

바래봉 철쭉은 1971년부터 면양을 키우고자 바래봉 능선까지 찻길을 내고 초지 조성을 한 다음 면양 떼를 풀어놓으면서 시작됐다. 철쭉은 진달래과에 속하는 키가 작은 나무다. 전국의 산지에서 흔히 볼 수 있는 나무로, 식용으로 먹는 진달래가 '참꽃'으로 불리는 반면 독성이 있어 먹지 못하는 철쭉은 '개꽃'이라 불렸다. 이곳에서 방목하던 양 떼가 초목을 다 뜯어먹고 개꽃은 먹지 않아 덩그러니 남게 되었는데, 그 철쭉 군락을 더욱 확대해 조성한 것이 오늘에 이른다.

남원에는 또 하나의 철쭉 명산이 있다. 봉화산(920m)은 남원시 아영면과 장수군 번암면 접경 지역에 자리 잡고 있다. 수년 전부터 연분홍 철쭉이 능선을 따라 펼쳐진다는 사실이 알려지면서 탐방객들이 몰려들고 있다. 동네 뒷산처럼 평범해 보이던 봉화산에 철쭉이 피어나면 마치 온산이 불타오르는 듯 붉게 물들어 장관을 연출한다. 지리산 세석고원의 철쭉보다도 더 곱고 화사하다고 말한다. 철쭉터널을 따라 치재에 오르면 온 산이 철쭉으로 타오른다. 철쭉 숲을 헤치고 또한 넓게 드리워진 억새평원을 지나 정상에 가는 길은 크게 힘들이지 않고도 갈 수 있다. 덕유산에서 지리산에 이르는 백두대간 남부구간의 중간지점에 위치한 봉화산 정상에선 지리산 천왕봉과 반야봉, 바래봉 등을 한눈에 볼 수 있다.

남원에서 철쭉을 보고 하산하는 길에는 운봉읍 용산리에 있는 허브밸리를 방문하는 것도 좋다. 이곳에는 하늘매발톱과 기린초 등 화초류 300여 종 216만 그루와 민트, 라벤더 등 30여 종 20만 그루의 허브가 식재돼 관람객들의 오감을 자극한다.

허브밸리 인근에는 지리산 둘레길을 중심으로 고려말 이성계 장군이 왜구를 무찌르고 대승을 거둔 황산대첩비와 국악기 전시 체험장과 국악 공연장이 마련된 '국악의 성지'가 자리하고 있어 여행의 즐거움을 더해 준다.

여행정보

● 가는 길

수도권을 기준으로 경부고속도로~호남고속도로를 타고 가다 전주나들목에서 나가 17번 국도를 타고 남원으로 간다. 전주광양고속도로를 이용하면 편리하다. 경부고속도로~천안논산고속도로 ~전주광양고속도로 남원IC~운봉으로 가면 된다.

● 묵을 곳

남원(지역번호 063)의 대형 숙박시설은 켄싱턴리조트지리산남원(636-7007), 일성지리산콘도(636-7000), 토비스콘도(636-3663), 중앙하이츠콘도(626-8080) 등이 있다. 한국관광공사가 선정한 우수 숙박업소인 '굿스테이'로 지정된 곳으론 그린피아모텔(636-7209)이 있다

● 먹을 곳

추어탕은 남원의 대표음식이다. 광한루원 인근 요천변 천거동을 중심으로 추어탕 거리가 형성돼 있다. 새집추어탕(625-2443)과 남원추어탕(625-3009) 등이 유명하다. 운봉읍에 있는 황산토종 정육식당(634-7293)은 구이 말고도 뼈다귀탕, 옛날식 순대로 끓인 순대국밥도 맛있다.

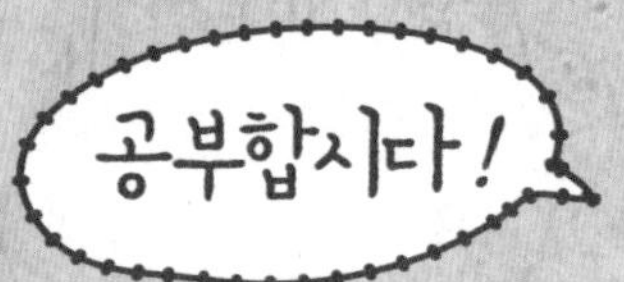

● 철쭉은 왜 '개꽃'이라 불리게 되었을까?

와, 온통 철쭉 세상이에요!

예쁘지? 철쭉은 진달래과에 속하며 '줄기찬 번영'이라는 꽃말을 가지고 있단다. 철쭉은 비옥한 토양에서 잘 자라고, 5월 무렵 가지 끝에 꽃이 피지. 현재 우리나라에 심겨진 철쭉은 일본 품종이 많아. 과거 기록을 살펴보면, 조선 세조 때 문신 강희안은 그의 저서 『양화소록』에서 꽃나무를 아홉 등급으로 나눈 뒤, 왜홍철쭉을 이품에 그리고 진달래를 육품으로 평가한 바 있다는구나. 그런데 이 철쭉꽃에는 독성이 있고, 또 끈끈한 점액이 나와 벌레가 쉬 접근하지 못한단다.

정말이요? 독이 있다니……. 근데 『양화소록』은 어떤 책이에요?

원예, 즉 화초나 채소 등을 심어 가꾸는 기술에 관한 책이야. 그런데 배고픈 시절을 거쳐오며 시골에선 산철쭉을 '개꽃'이라 불렀고, 진달래를 '참꽃'이라 부르게 된 거지.

개꽃은 좀 안 좋다는 뜻 아닌가요?

그래, 그렇게 불렀던 건 단순하게 따져 진달래는 먹을 수 있지만, 철쭉은 꽃에 안드로메도톡신이란 독이 있어 먹을 수 없었기 때문이란다. 어른들은, 아이들이 참꽃 대신 개꽃을 따먹을까 염려해 '개꽃을 먹으면 죽는다' 하여 단단한 주의를 주기도 했지. 대개 흉년이 들거나, 춘궁기에 허기질 때 진달래로 화전을 부쳐 먹었단다.

화전이 뭐예요?

화전은 찹쌀가루를 반죽해 기름에 지진 떡이야. 먼 과거로 거슬러 올라가면, 고려시대부터 삼월 삼짇날 들놀이하며 화전을 먹는 풍습이 있었고, 또 조선시대 궁중에서는 중전을 모시고 삼짇날 비원 옥류천가에서 화전을 부쳐 먹으며 화전놀이를 즐겼다는 기록도 있지.

아, 화전이 떡이구나……

이렇게 진달래는 참꽃으로 인정받으며 개꽃인 철쭉보다 좀 더 우리의 사랑을 받아온 게 사실이란다. 하나 그 어여쁜 빛깔만큼은 큰 차이가 없으니, 매년 철쭉 핀 봄산에 상춘객들이 몰려드는 게 아니겠니? 굳이 그 둘의 차이를 들자면, 진달래는 잎이 돋기 전 꽃을 피우지만, 철쭉은 잎이 어느 정도 자란 뒤에 꽃을 피운다는 것. 그리고 또 하나, 진달래가 져서 왠지 아쉬울 무렵이면 새록새록 철쭉이 피기 시작한다는 거야. 덕분에 우리는 보다 긴 시절 그 황홀한 빛깔들을 만끽할 수 있으니 철쭉을 개꽃이라며 하등 취급할 이유가 없겠지.

● 판소리 12마당에 속한 작품들은?

남원은 유네스코가 지정한 세계문화유산 중 무형유산으로 등록된 판소리의 고장이야. 『춘향전』은 이곳 남원을 배경으로 쓰여진 작품이란다.

아하, 그렇군요!

작자·연대 미상인 작품으로 판소리 12마당의 하나이기도 하고…….

판소리 12마당이요?

그래, 판소리는 조선 숙종 때 12마당이 성립되었는데, 그 12마당에는 춘향가, 심청가, 박타령 또는 흥부가, 토끼타령 또는 수궁가, 화용도 또는 적벽가, 배비장전, 옹고집전, 변강쇠타령 또는 가루지기타령, 장끼타령, 강릉 매화전, 무숙이타령 또는 왈자타령, 가짜신선타령이 속해 있단다.

아, 그럼 원래 소설 『춘향전』은 판소리였다가 소설이 된 거군요!

그렇지. 판소리라는 구비문학, 그러니까 말로 전하여 내려오는 문학의 특성상 여러 판본이 있고, 그 판본마다 조금씩 내용이 다르단다. 주로 서민들 사이에서 전해지다 보니, 이 작품은 자연스레 민중적인 성격을 띠게 된 것이지. 춘향과 몽룡의 신분을 초월한 사랑과, 변학도에 대한 평민들의 저항 등 민중의 희망을 담고 있었기에, 이 작품은 민중들에게 더욱 사랑받을 수 있었던 거란다. 또 그 작품성과 문학적인 흥미로 인해 지금까지도 최고의 고전으로 널리 읽혀지고 있는 거고.

전에 고전동화 『춘향전』을 읽어봤는데, 다시 한 번 읽어봐야겠어요!

또 다른 철쭉 명산들

아름다운 선홍빛 철쭉이 높고 낮은 산을 뒤덮고 있다. 매혹적인 자태를 뽐내는 철쭉이 산등성이와 골짜기를 메우며 '꽃바다'를 이룬다. 맑은 하늘 아래 펼쳐진 철쭉이 눈부신 햇살과 어우러져 장관이다. 가는 봄을 아쉬워하며 수줍게 분홍빛 얼굴을 내밀고 있는 철쭉을 따라 펼쳐지는 축제를 즐겨보자.

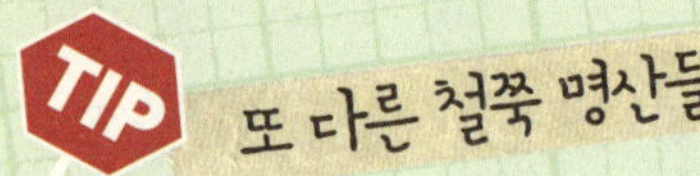

한라산 산철쭉 군락과 화구벽.

*고원을 물들이는 꽃들의 향연, 황매산

황매산은 가야산과 함께 경남 합천을 대표한다. 철쭉 군락지인 정상 바로 아래는 과거 목장을 조성했던 평원으로 구릉진 초원이 이국적인 풍광을 자아낸다. 황량한 겨울을 이겨낸 초목과 붉은 꽃의 조화가 끝없이 펼쳐진 산상 화원의 모습이야말로 황매산 철쭉 산행의 백미다. 정상까지 자동차로 편하게 접근할 수 있어 노인이나 어린이를 동반한 가족산행 코스로 제격이다.

*붉게 물든 제주, 한라산

한라산 1100m 고지에서 시작한 산철쭉이 왕관릉과 만세동산, 영실 일대 등으로 퍼진다. 이 가운데 하이라이트는 윗세오름 부근이다. 매년 한라산에서는 제주산악연맹 주최로 철쭉제를 겸한 등반대회를 연다.

*가장 편리하고 아름다운 산행, 덕유산

덕유산의 구천동 계곡과 철쭉의 어울림은 그야

말로 한 폭의 산수화다. 특히 중봉에서 송계 삼거리에 이르는 이른바 '덕유평전'의 철쭉이 장관이다. 장중한 능선이 내려다보이는 덕유산 향적봉 철쭉은 초록빛 신록과 어우러져 매혹적인 아름다움을 선사한다. 무주리조트의 곤돌라를 이용해 설천봉·향적봉에 오르는 코스는 누구나 30분이면 쉽게 철쭉의 바다에 빠져들 수 있어 노인이나 아이들을 동반한 가족산행으로 안성맞춤이다.

*철쭉 산행코스의 일번지, 소백산

충북 단양과 경북 영주의 경계를 거대한 산맥으로 이루고 있는 소백산은 우리나라 12대 명산 가운데 하나다. 소백산은 5월 하순에는 철쭉꽃이 분홍빛으로 물들어 마치 분홍빛 저고리를 걸친 듯하다. 철쭉의 명산답게 연화봉 일대의 철쭉 군락이 특히 아름답다. 희방사나 죽령에서 연화봉 오르는 산길이 질 나 있고, 비로사에서 비로봉에 이르는 철쭉길도 좋다. 정상 일대가 초원지대로 철쭉 군락은 주변에 조금씩 흩어져 있다. 매년 두 지역에서 개최되는 소백산철쭉제는 소백산에 넓게 산재한 철쭉군락과 초원을 한꺼번에 볼 수 있는 독특한 산행코스라 인기가 높다.

경남 합천에 있는 황매산 '산상화원'의 철쭉군락지.

*남한에서 가장 높은 군락지, 태백산

태백산 정상은 5월 말이 되어야 철쭉이 만개할 것으로 보인다. 태백산 정상 장군봉에서 천제단에 이르는 300여m 구간은 남한에서 가장 높은 곳에 있는 철쭉 군락지. 태백고원자연휴양림에서 출발해 호식총~덕거리봉~전망대를 거쳐 돌아오는 토산령 코스가 철쭉을 감상하기에 제격이다.

푸르른 싱그러움이 가득한
여름 여행

숲속에서 만난 '작은 유럽'
춘천 제이드가든 수목원

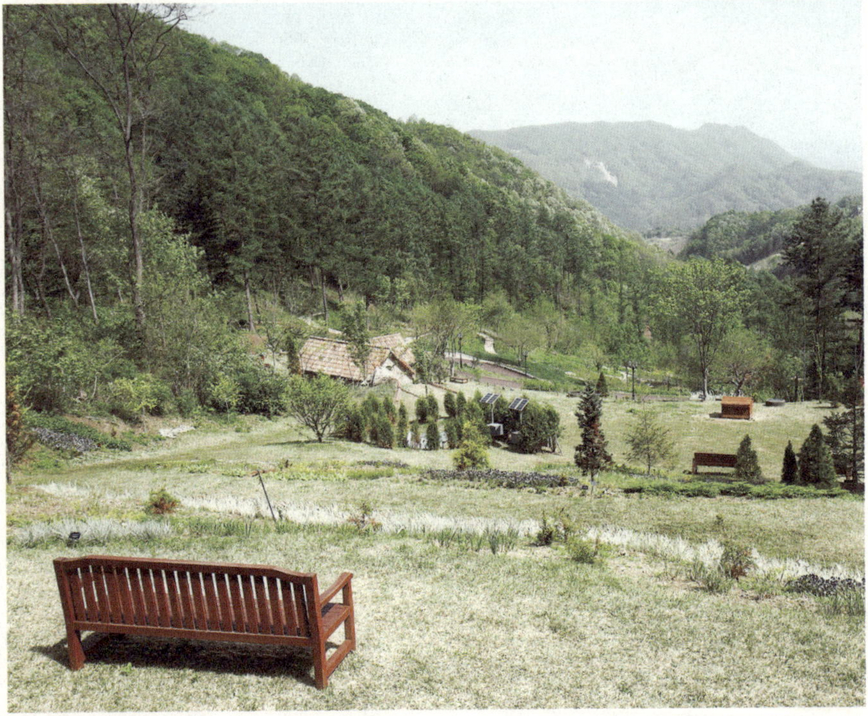

춘천 제이드가든은 '숲속에서 만나는 작은 유럽'이라는 주제로 조성된 테마형 수목원이다. 수목원에는 3000여 종의 꽃과 나무가 있고 빼어난 경관과 다양한 볼거리, 놀이시설들이 마련돼 온 가족이 즐길 수 있다.

짙은 녹음과 화려한 꽃이 가득한 봄의 수목원을 거니는 것은 놀라움의 연속이다. 꽃잎과 나뭇잎에 이슬이 방울방울 맺힌 이른 아침이나 비가 갠 오후 수목원에 간다면 더더욱 경이롭다. 아름다운 수목원에서의 하루는 모두를 행복하게 한다. 하지만 수목원에서 충만한 행복을 느끼려면 마음을 비우고 헛된 생각을 버리고 가야 한다. 그래도 마음의 여유만은 버리면 안 된다. 강원도 춘천시 남산면 서천리에 '숲 속에서 만나는 작은 유럽'이라는 테마로 문을 연 제이드가든 수목원을 찾았다. 가장 먼저 눈에 들어온 것은 이탈리아 투스카니풍으로 지어진 방문객센터. 이국적인 건물에 사용된 붉은 벽돌은 중국에서 40년 전에 사용됐던 것을 그대로 옮겨온 것이다.

제이드가든 수목원은 약 16만㎡(4만 8400평) 부지에 10만여㎡(3만 250평) 규모의 24개 분원을 갖추고 있다. 이곳 수목원은 깊은 계곡을 그대로 살렸고 식생이 풍부한 북쪽에 위치하고 있다. 수목원 입구와 마주한 곳은 영국식 보더가든. 사암 성분의 로마노리임스톤 바닥이 깔린 숲앙 양편에 다년생 화초류를 식재해 봄부터 가을까지 꽃을 피울 것이다. 아름다운 분수와 식물의 정형미가 살아 있는 이탈리안가든이 그 옆에 자리한다. 길을 따라 물이 흐르고 잔디밭과 아담한 담장이 도열하듯 서있는 것이 특징이다. 관람길은 지난해 태풍 때 쓰러진 낙엽송을 파쇄해 깔아놓았다. 푹신하게 밟

았을 때 올라오는 나무향이 일품이다.

다른 수목원에서 볼 수 없는 '키친가든'에서 흔치 않은 파와 마늘 등 먹을거리 식물을 만났다. 특히 백두산파로 불리는 차이브는 식용도 가능하지만 작고 앙증맞은 분홍색 꽃을 머리에 이고 있어 신비스러움을 자아낸다. 그 옆에는 '한국산 바나나'로 불리는 으름이 넝쿨을 휘감아 열매 맺을 준비를 하고 있다. 어른 주먹 두 개를 합한 것만큼 자란다는 '엘리펀트 갈릭'(코끼리마늘)도 그 옆에 자리 잡고 있다.

고산온실과 드라이가든은 친환경적인 수목원을 지향하는 모습을 엿볼 수 있다. 물과 에너지 부족에 대한 고민을 반영한 것이다. 고산식물 온실은 겨울철에 난방을 하지 않아도 되는 식물들 위주로 식재했다. 달 표면처럼 구멍이 숭숭 뚫려 있다고 해서 '문스톤'이라 불리는 터키산 돌들의 틈새로 에델바이스가 고고하게 꽃을 피우고 있었다. 알프스와 백두산 등 해발 1000m 이상에서 가져온 150여 종의 식물이 자라고 있다. 수목원 중간에 위치한 '드라이가든'도 건조한 환경에서도 강하고, 척박한 토양에서도 잘 자라는 식물들로 식재해 최소한의 관수로 식물들을 가꿀 수 있도록 했다.

'은행나무미로원'은 수년 후면 미로가 절로 완성될 것처럼 보였다. 국내 최초로 은행나무를 이용하여 조성한 미로원의 나뭇잎이 노랗게 물들고 그 사이로 어린이들이 뛰어다니면 어떨까. 상상만으로도 입가에 미소가 절로 번진다. 나무놀이집은 느티나무와 대왕참나무, 참느릅나무, 팽나무 등 대형목을

중심으로 만들어져 있다. 목재로 된 집과 출렁다리를 건너면 꽃물결원이 나온다. 사계절에 걸쳐 꽃과 잎의 색깔이 변하면서 큰 물결모양을 이룬다고 해서 붙여진 이름이다.

'로도넨느론가든'에는 고산지대에서 자생하는 만병초를 비롯한 250여 종류의 다양한 만병초 품종들로 가득하다. 이와 함께 여러 종류의 고사리 등 각양각색의 양치식

물과 노루오줌류 등이 만병초와 잘 어우러져 이국적인 풍경을 자아낸다. 특히 만 가지 병을 다스리는 효능을 가지고 있다는 만병초는 환경부가 지정한 희귀멸종위기식물이다. 또 다른 멸종위기식물인 층층둥굴레는 이곳이 국내 최대 집단서식지로 알려져 있다. 이끼원은 특별히 가꾸지 않아도 훌륭한 수림을 자랑한다. 100년 이상 된 식생들 사이로 푸른 이끼가 가득한 돌 틈으로 맑은 물이 흐르고 있다.

이곳에 서면 수목원이 긴 계곡을 따라 들어선 이유를 설명하지 않아도 알 것만 같다. 작은 호수를 따라 만들어진 수생식물원과 다양한 아이리스와 호스타류로 가득한 아이리스원에는 봄이 한창이다. 고층습지에는 도도하게 꽃대를 세우고 빨간 꽃을 피운 일본앵초와 산부채 등이 맑은 물에 우아한 제 모습을 드리우고 있다.

웨딩가든은 가족 또는 연인들이 아름다운 추억을 만들 수 있도록 로맨틱한 공간으로 조성했다. 결혼을 상징하는 순백의 빛깔을 지닌 식물들을 식재하여 야외 결혼사진 촬영을 하기에도 적합하다. 제이드가든의 하이라이트는 지리적으로 가장 높이 있는 '스카이가든'이다. 근처 풍경을 한눈에 볼 수 있을 뿐 아니라 병풍처럼 둘러싼 숲 사이로 멀리 이 지역에서 제일 높은 화악산이 보인다. 이곳 수목원에서는 빨간색과 분홍색, 흰색의 꽃이 한 나무에서 피어나는 삼색복숭아나무와 핑크색 꽃이 피는 핑크케스케이드 아까시나무 등 희귀종을 어렵지 않게 만나는 것도 색다른 즐거움이다.

여행정보

● 가는 길

서울춘천고속도로(강일IC)를 타고 가다 화도IC나 강촌IC로 나가면 이정표가 있어 찾기 쉽다. 퇴계원IC를 나와 46번 국도를 따라가는 방법도 있다. 대중교통을 이용하면 한결 편하게 다녀올 수 있다. 경춘선전철(상봉역)을 타고 굴봉산역까지 가면 수목원 가는 셔틀버스가 수시로 운행된다. 〈문의: 033-260-8300〉

● 묵을 곳

인근에 펜션이 많이 있다. 멀지 않은 곳에 색다른 숙박체험을 할 수 있는 쁘띠프랑스(031-584-8200)가 있다. 가족단위 나들이객에게 권할 만하며, 쁘띠프랑스 홈페이지에서 예약이 가능하다.

● 먹을 곳

수목원 내 '인더가든'에서는 한식요리전문가인 박종숙 씨의 자문을 받아 천연조미료만을 사용해서 만든 산채·허브비빔밥과 양지국밥 등을 내놓는다. 샌드위치와 음료 등 간단한 요깃거리도 판다. 제이드가든은 여느 수목원과 달리 도시락을 싸가면 가족과 함께 먹을 수 있는 공간이 따로 마련돼 있다.

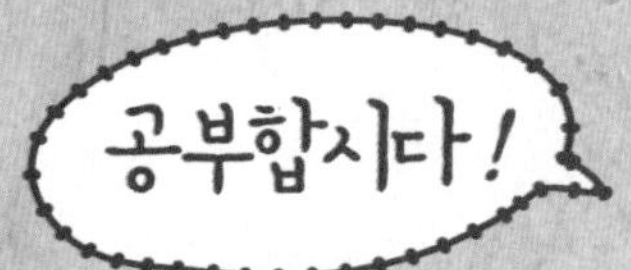

● 고산식물이란?

자, 여기가 제이드가든 수목원이란다.

마치 유럽의 숲속에 온 것 같아요!

그렇지? 이곳에선 다양한 식물을 관람할 수 있단다. 아마 다 처음 들어보는 이름들일 거야. 코끼리마늘, 페레네리늄, 만병초, 에델바이스…

아, 에델바이스는 들어봤어요! 왜 에델바이스라는 제목의 노래 있잖아요.

그래 맞아. 에델바이스는 알프스의 명화로 알려진 고산식물이란다. 스위스와 오스트리아의 국화이기도 하고… 고귀한 흰 빛이란 뜻을 가지고 있지.

고산식물이 뭐예요?

음 먼저 고산대에 대해 설명하자면, 고산대란 해발 2,000미터 안팎의 교목이 없고, 키가 작은 관목들만 자라는 지역을 말한단다. 또한 1,500미터에서 2,500미터 사이의 침엽수가 많은 지역을 아고산대라 하는데, 이 고산대와 아고산대의 상부에 생육하는 식물을 바로 고산식물이라 하지. 고산식물은 바람이 많고 찬 기후에 적응해 뿌리가 발달하고 잎이 작은 것이 특징이란다.

아하, 너무 높은 곳이라 식물들이 잘 적응하지 못하는 거군요.

그렇지. 유럽과 아메리카 대륙에서는 저마다 특유의 고산식물이 있고, 한국에도 고산식물이 자라고 있단다. 월귤나무, 산진달래, 그리고 에델바이스와 비슷한 솜다리, 산솜다리 등… 앗, 저기가 고산온실이네. 어서 가보자, 에델바이스와 같은 고산식물을 볼 수 있다는구나!

● 생텍쥐페리가 『어린 왕자』를 쓰게 된 계기는?

쁘띠프랑스에 오니 정말 프랑스에 온 거 같아요!

정말 그렇구나!

앗, 저기 어린 왕자가 서 있어요.

그래 『어린 왕자』 읽어 봤지? 근데 그 책을 누가 썼는지 아니?

누구였더라… 이런, 알았는데 까먹었어요.

바로 프랑스 출생의 작가 생텍쥐페리란다. 또한 그는 제2차 세계대전에 참전한 조종사이기도 해. 그는 처음 공군에 소집되어 정비부대 소속에서 복무하다가 이후 훈련을 받고 조종사가 되었어. 그 후 제대한 뒤, 트럭 외판원 생활 등을 하며 작가를 꿈꾸게 되었고 마침내 1926년 한 잡지에 단편 「비행사」를 발표하면서 작가가 되었지. 그는 비행 중 추락해 부상을 당하거나, 심지어 리비아 사막에 불시착해 5일간 헤매다 극적으로 구조된 적도 있었다는구나. 이렇게 그는 작가와 더불어 비행사를 직업으로 택하여 많은 위기를 겪었지만 늘 비행을 동경했단다.

조종사이면서, 작가라… 멋져요!

그러다 미국으로 건너간 생텍쥐페리는 어느 날, 출판업자였던 히치콕이란 사람과 식사를 나누다, 어린이를 위한 책을 써달라는 제의를 받게 되지. 그리고 1943년에 레이널앤히치콕 출판사에서 영어와 불어로 『어린 왕자』가 태어나게 된 거란다. 이후 이 책은 전 세세에 번역 출간되어 수많은 독자들에게 꾸준한 사랑을 받아 왔어.

우와, 대단하네요.

우여곡절 끝에 다시 프랑스로 돌아온 그는, 제2차 세계대전이 일어나자 군용기 조종사로 전쟁에 참여하게 돼. 그리고 어느 날, 그는 정찰 임무를 맡고 출격하게 되었는데, 지중해에 근접한 항구 도시 니스 서쪽 상공을 날아가던 그의 비행기가, 갑자기 해안산 너머로 사라져버렸지. 적에게 피격되어 바다에 추락한 것인지… 그렇게 불현듯 세상 너머로 사라진 그는, 다시 돌아오지 않고 사람들 기억 속에 영원히 묻혀버렸단다.

생텍쥐페리의 어린 왕자를 만나보자

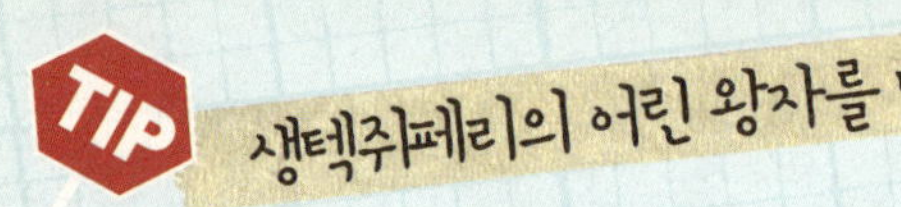

서울에서 한 시간 남짓한 거리인 경기도 가평군 청평면에 자리 잡은 작은 프랑스마을 '쁘띠프랑스' 지중해 근처 남프랑스의 작은 마을을 방문한 기분이 들게 하는 이곳은 '한국 안의 작은 프랑스'를 표방하고 있다. 오밀조밀하게 모인 건물들 사이 아기자기하게 꾸며진 테마별 볼거리를 따라가면, 이름 그대로 작고 예쁜 프랑스라는 사실을 느끼게 된다. 높다란 집과 앙증스럽게 달린 창문, 중세시대 망루를 연상케 하는 전망대까지 이국적인 모습이 가득하다. 온 가족이 프랑스의 작은 마을에서 공연을 즐기고 하룻밤을 지내면 어떨까.

경기도 가평군 청평면에 있는 쁘띠프랑스는 오밀조밀하게 모인 건물과 아기자기하게 꾸며진 테마별 볼거리가 방문객의 발걸음을 돌리지 못하게 한다.

*다양한 문화 체험

쁘띠프랑스에서는 프랑스 전통 인형극인 기뇰 인형극과 함께 오르골 연주회, 프랑스 영화 상영, 중세 악기 콘서트 등을 번갈아 개최하여 다양한 유럽 문화를 체험할 수 있다.

*생텍쥐페리를 만나고 '오르골'을 감상하다

쁘띠프랑스에 가면 생텍쥐페리의 『어린 왕자』에 등장하는 어린 왕자와 여우, 바오밥나무 등이 마을 어귀에 서 있다. 생텍쥐페리기념관은 이곳에서 어린이들의 사랑을 가장 많이 받는 곳이다. 생텍쥐페리의 탄생과 성장기, 그리고 죽음까지 일대기를 다양한 사진과 이야기로 설명한 것은 물론 『어린 왕자』, 『야간 비행』 등 작품 해설과 뒷얘기가 잘 정리돼 있다. 여기에 전시된 어린왕자를 펜으로 그린 스케치, 소혹성에 앉은 어린왕자에 채색까지 한 그림은 1946년 프랑스에서 발간된 원본이다. 세계에서도 몇 점 없는 작품이어서 눈길이 간다. 마을 언덕 위 '바오밥

나무'에는 앙증맞은 종이 달려 있다. 프랑스에서 사랑을 고백하는 상징의 종으로 유명한 '프티 클로슈(작은 종)'를 설치해 사랑을 맹세할 수 있는 연인들의 공간이다.

태엽을 감아 아름다운 소리를 만들어 내는 오르골은 200년 된 것부터 최근에 만들어진 것까지 전시돼 있다. 따라서 세월의 흐름을 따라 달라지는 소리를 감상할 수 있다.

*〈베토벤 바이러스〉는 가도 '강마에'는 남았다

쁘띠프랑스가 세간의 주목을 받게 된 것은 2008년 가을, 인기드라마 〈베토벤 바이러스〉의 메인 촬영지가 되면서부터라 할 수 있다. 〈베토벤 바이러스〉의 메인 촬영지로 강마에 작업실, 악단 연습실, 두루미(이지아)와 강건우(장근석)의 첫 키스 등 많은 신이 촬영됐다. 이를 기념해 쁘띠프랑스에는 두루미 역의 이지아를 제외한 김명민과 이순재, 장근석, 쥬니 등의 사인이 전시돼 있다. 당시 사용됐던 피아노와 사무실 등 일부 촬영장소가 그대로 보존돼 이곳을 찾는 방문객들에게 색다른 즐거움을 선사한다.

*프랑스 주택전시관과 중세시대 망루

150년 전 프랑스 고택을 그대로 재현한 '프랑스 전통 주택관'은 의자, 침대, 욕조 등 기구뿐 아니라 기둥, 기와, 바닥, 창까지 프랑스에서 공수했다. 화장실 변기도 재현돼 있다. 중세시대 마을의 침입자를 감시하던 망루는 전망대로 이용된다. 전망대에는 마을 전경이 시원하게 펼쳐지고, 호명산과 청평 호수가 한눈에 들어온다. 주변의 야생화와 어울려 더없이 아름답다. 하루에 네 번 연주되는 오래된 대형 오르간의 주옥

같은 멜로디도 놓치지 말자.

*'어린 왕자' 행성에서 하룻밤을 지내다

쁘띠프랑스에서 이국적인 모습을 느끼고 각종 공연을 보려면 하룻밤을 이곳에서 지내는 것이 좋다. 스튜디오에서 세계 타악기를 배워 간단한 공연을 해보고, 목재 놀이방과 뮤지컬 〈어린 왕자〉 공연을 볼 수 있다. 또 온 가족이 국내 단편 애니메이션을 감상하는 프로그램도 있다. 숙박동 외부는 물론 내부도 유럽식으로 아기자기하게 꾸며졌다. 특히 쁘띠프랑스 건물 곳곳에는 예쁜 창문이 인상적이다. 창살 사이로 들어오는 풍경은 그대로 한 장의 그림엽서가 된다. 어린 왕자에서 행성의 이름을 딴 방은 모두 30개로 2～12인용으로 다양하다.

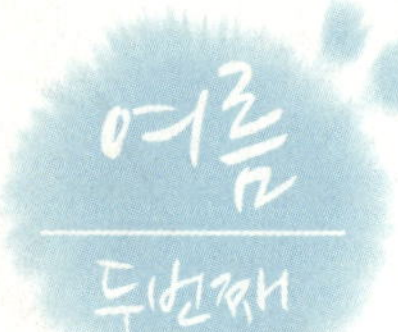

녹음 짙은 싱그러운

담양

홍수로 인한 범람을 막기 위해 전남 담양을 관통하는 영산강 남쪽에 둑을 쌓고 나무를 심었던 것이 관방제림이다. 관방제림 아래 담양천변을 따라 자전거가 달리는 모습은 한 폭의 그림이다. 심은 지 300년이 넘는 아름드리나무가 있는 관방제림은 이곳을 찾는 사람들에게 휴식과 희망을 제공한다.

담양 관방제림 – 0.5km – 죽녹원 – 7km – 메타세콰이아길 – 20.7km – 소쇄원

바람은 구름을 몰고

구름은 생각을 몰고

다시 생각은 대숲을 몰고

대숲 아래 내 마음은 낙엽을 몬다.

밤새도록 댓잎에 별빛 어리듯

그슬린 등피에는 네 얼굴이 어리고

밤 깊어 대숲에는 후득이다 가는 밤 소나기 소리

그리고도 간간이 사운대다 가는 밤바람 소리

어제는 보고 싶다 편지 쓰고

어젯밤 꿈엔 너를 만나 쓰러져 울었다.

–나태주, 「대숲 아래서」 부분

신록으로 우거진 전남 담양의 여름은 미치도록 푸른 나무에서 시작된다. 대나무숲

이 우거진 죽녹원을 출발해 천변을 따라 늘어선 관방제림과 하늘을 향해 꼿꼿이 고개를 처들고 서 있는 메타세콰이아 가로수길로 이어지는 담양의 걷기여행은 아름답다 못해 눈부시다.

담양의 숲에는 여느 곳과 다른 매력이 있다. 나무를 따라 걷노라면 머리는 물론 가슴까지 시원해진다. 담양은 대나무의 고장이다. 촉촉이 물오른 나무 길을 따라 죽녹원에 도착할 무렵 관광버스가 줄지어 들어왔다. 천변 주차장에 세운 버스에서는 울산에서 왔다는 수학여행단이 무리 지어 죽녹원에 들어섰다. 발랄한 고등학생들은 활기 넘치는 발걸음과 죽녹원의 쭉쭉 뻗은 대나무가 어우러져 보기 좋은 분위기를 연출했다. 그들을 따라 죽녹원에 들어섰다.

대숲으로 만든 5만여 평의 공원은 그야말로 대나무 천지다. 분죽과 왕대, 맹종죽 등 대나무가 빽빽이 서 있고 사이사이에 길이 이어졌다. 길모퉁이에 세워진 이름도 잘 어울린다. 체험마을 가는 길, 사랑이 변치 않는 길, 운수 대통길, 선비의 길, 철학자의 길, 성인산 오름길, 죽마고우길, 추억의 샛길 등 모두 3.35㎞나 된다. 대숲길을 천천히 걸으면 맑고 서늘해 머릿속까지 상쾌해진다. 바깥보다 기온이 섭씨 4~7도가 낮다. 그래서 죽림욕은 삼림욕보다 더욱 상쾌한 기분이 든다. '쏴! 쏴!' 대숲 바람소리를 듣고 있노라면 비단길을 노닐던 어젯밤 꿈결 같다.

관방제림 둑길을 지나다

죽녹원을 나와 향교다리를 건너면 바로 관방제림 둑길이다. 370년 전 조선 인조 26년(1648) 당시 부사(府使) 성이성(成以性)이 수해를 막기 위해 제방을 쌓고 나무를 심기 시작했다. 그 후 철종 5년(1854)에는 부사 황종림(黃鍾林)이 다시 제방을 축조해 숲을 조성한 것이 오늘날까지 이어진 것이다. 관방제림은 1991년에 천연기념물 366호가 되었다. 사나운 물길을 막기 위해 둑을 따라 한 그루 두 그루 어린 나무를 심기 시작

아름다운 가로수길로 손꼽히는 전남 담양의 메타세쿼이아 가로수길이 여름의 문턱에 들어서면서 짙푸른 녹색으로 뒤덮여 있다. 이 길은 여름에는 녹음터널을 이뤄 연인이나 가족단위 나들이객에게 큰 인기를 끈다.

한 것이 오랜 세월 동안 제자리를 지키다 늙어갔다. 농사를 위해 만들었던 숲은 이제 고단한 삶을 달래주고, 희망을 가슴에 품게 하는 쉼터가 되고 있다. 줄지어 선 나무 가운데 오랜 세월 나무 껍질에 푸른 이끼가 두껍게 내려앉은 팽나무는 큰 그늘을 만들어 사람들을 부른다. 그 옆 곧게 서 있는 느티나무가 보이고, 용의 발톱처럼 세 갈래 뿌리를 땅에 박고 있는 푸조나무, 봄날 화려한 꽃과 한때를 보내고 지금은 푸른 잎으로 온몸을 감싸고 있는 벚나무까지 177그루가 제자리를 지키고 있다.

음나무, 개서어나무, 곰의말채나무, 은단풍나무 등 둘레가 1m 정도에서 5m가 넘도록 자라서 아름다운 숲을 만들었다. 가로 폭은 6~7m여서 오솔길과 하천변에 난 길을 따라 자전거를 타고 가는 청소년들의 모습이 활기차다. 원래는 제방이 영산강 금월교에서 담양군 대전면 태몽리까지 15㎞ 이어져 긴 숲이 있었지만 지금은 남산리 2㎞ 정도만 남아 아쉬움을 갖게 한다. 숲 주변에는 몇 년 전부터 새로운 볼거리가 생겨났다. 제방 경사진 면에 심어놓은 흰 노랑 옥잠화, 붉은 꽃무릇, 보라색 비비추와 맥문동이 초록빛 숲과 어울려 그림 같다.

제방을 건너오다 보면 멀지 않은 곳에 도열한 '살아 있는 화석'으로 불리는 메타세쿼이아를 만나게 된다. 담양 메타세쿼이아 길은 1970년대 초 가로수 조성 시범사업으로 심은 것이다. 국도 24호선 담양읍 남산리에서 전북 순창군 금과면 경계까지 8.5㎞ 길에 메타세쿼이아는 군데군데 남아 있다. 특히 담양골프장~학동마을 앞 1.8㎞ 구간에는 다른 찻길을 내면서 아예 차량이 다니지 않는다. 470그루의 메타세쿼이아가 두 줄로 늘어선 가로수길은 장관을 이룬다. 요즘에도 하루 평균 1000명이 이곳을 찾아온다.

영화 〈화려한 휴가〉, 〈가을로〉, 〈연리지〉, 그리고 드라마 〈푸른 물고기〉 등의 촬영지로도 눈에 익은 곳이다. 메타세쿼이아 가로수길을 두 명이 앞뒤에서 페달을 밟는 자전거와 4명이 함께 탈 수 있는 자전거로 달리는 모습이 정겹다. 고독한 모습으로 뒷짐진

채 느릿느릿 걷는 백발의 노인에서부터 두 손 꼭 잡고 가는 연인들, 어린 딸의 양팔을 잡고 걷는 가족 등 추억을 만들고 사랑을 나누는 곳으로 자리 잡았다. 이 길은 흔히 황금색으로 변하는 가을이 아름답다고 하지만 푸르름이 가득한 지금은 더 황홀하다.

여행정보

• 가는 길

서울에서 승용차를 이용할 때 호남고속도로를 타고 오다 담양JC에서 88고속도로 담양IC로 나오면 된다. 담양 군청에서 1㎞ 남짓 떨어진 곳에 죽녹원과 관방제림, 메타세콰이아 가로수길이 있다.

• 묵을 곳

담양(지역번호 061) 금성면에는 비교적 큰 숙박시설인 담양리조트(380-5000)가 있다. 죽녹원의 죽향문화체험마을(380-2690)은 송강정, 면앙정, 식영정 등 담양의 정자를 재현한 곳으로 숙박할 수 있는 한옥과 체험장을 갖췄다. 창평 삼지천마을에는 매화나무집(010-8602-3000)과 한옥에서(382-3832) 등 한옥 민박이 몇 곳 있다. 추월산관광단지에는 흥부네집펜션(383-1012), 죽마고우펜션(381-5565) 등 독특한 숙박업소가 있다.

• 먹을 곳

담양은 떡갈비와 죽순회, 대통밥이 대표적인 먹을거리다. 떡갈비는 남대문(383-3249), 담양숯불갈비(383-1203), 덕인관(381-7881), 죽순회는 향교죽녹원(381-9596), 죽림원(383-1292), 민속식당(381-2515) 등이 잘 알려져 있다. 담양 천변에 진우네국수(381-5344) 등이 몰려 있는 국수거리도 있다.

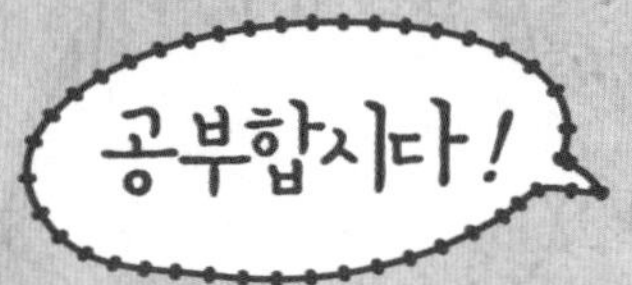

● 왜 면앙정이라 불리게 되었을까?

면앙정이 뭐 하던 곳이에요?

이곳 면앙정은 중종 28년 송순 선생이 관직을 떠나 여생을 보낸 정자란다. 여기서 제자들을 가르치기도 하고 이황, 임제, 윤두수 등의 유명인사들과 시를 짓고 읊는 걸 즐겼다는구나.

풍경이 이렇게 근사하니, 시가 절로 나왔을 거 같아요.

그렇지? 송순(1493~1582) 선생은 조선 중기 때의 문신으로 담양 출생이란다. 호는 면앙정이었고……

아, 그래서 이 정자 이름이 면앙정이 된 거군요!

그래 맞아. 그는 「면앙정삼언가」 등 많은 한시와 국문시가인 「면앙정가」 9수, 시조 20여 수를 지어 조선 가사문학의 선구적인 역할을 하였지. 문집으로는 『면앙집』이 있는데 총 4권 2책으로 구성되어 있어.

가사문학이 뭐예요?

가사는 율문이면서 서정, 서사, 교술의 다양한 성격을 지닌 우리 고유의 문학이란다. 고려 말에 발생하여 조선시대 유행하였지. 조선 전기 가사의 대표 시인은 송순, 정철이었는데, 양반 사대부 계층이었던 이들은 자연과의 조화로운 합일을 추구하는 세계를 작품에 담아냈단다.

정철은 어떤 분이셨어요?

정철(1536~1593)은 조선 중기 문신이자 시인이었으며, 당대 가사문학의 대가였지. 호는 '송강(松江)'이었고, 성산 기슭의 송강 가에서 10여 년 기대승과 같은 이에게 학문을 배웠어. 율곡 이이라고 들어봤지?

 네, 신사임당 아들이 이율곡이잖아요.

 맞아. 그 이율곡 선생과도 교류했다는구나. 함경도 암행어사를 지냈고, 승지에 올랐으나 정치적 공세를 견디지 못하고 낙향하게 된단다. 그러다 1580년 강원도 관찰사, 전라도와 함경도 관찰사를 두루 지내면서 대표작인 「관동별곡」을 완성하였지.

송순과 정철 선생, 두 분 모두 자연 속에서 글 쓰는 걸 즐겼나 보군요!

하하, 그래. 그런 즐김을 풍류라 하지. 이러한 송순이 쓴 「면앙정가」와 정철의 「관동별곡」, 「사미인곡」 등의 가사 작품은 후기에 박인로 같은 시인과 평민, 부녀자층이 작자로 참여하면서 자연보다는 실생활에서 소재를 구하고 교술적 내용을 반영하는 등의 변화를 겪게 된단다. 이후 시간이 흘러 개화기에도 가사가 만들어지게 되는데, 이 시기의 가사를 개화가사라 부르지. 특히 담양은 가사문학의 산실로 불릴 정도로 관련 유산을 많이 간직하고 있단다. 자, 마침 여기 「면앙정가」와 「관동별곡」에 대해 설명한 책이 있으니, 함께 읽어보자꾸나.

*「면앙정가」

「면앙정장가」라고도 한다. 이 가사는 그가 관직에서 물러났을 때 면앙정에서 머물며 그 주변의 아름다운 풍광과 계절의 변화에 대한 소회 등을 146구로 적어 노래한 것이다. 정극인의 「상춘곡」과 더불어 가사문학의 원류로 꼽힌다. 총 6단으로 구성되어 있다.

제1단-무등산 한 줄기가 동쪽에서 뻗어와 제월봉(면앙정이 자리한 곳)을 이뤘음을 노래함.
제2단-칠곡(七曲)의 기묘함 등 면앙정 주변 경치의 수려함에 대한 감상.
제3단-추월산, 용구산, 몽선산 등 면앙정에서 보이는 장관에 대한 감상.
제4단-봄 버드나무숲의 꾀꼬리 울음소리, 여름날 불어오는 바람과 긴 낮잠, 가을에 산을 온통 물들인 단풍, 겨울철 설경의 아름다운 모습에 대한 감상.
제5단-사연 속에서 거문고를 타며 빠져드는 응취를 노래함.
제6단-면앙정에서 강산풍월(江山風月)과 함께하는 삶이 악양루 위 이백(李白)의 생활 못지않다고 밝힘.

*「관동별곡」

그가 선조 13년에 지은 가사로 3월 내금강과 해금강, 그리고 관동팔경을 유람하면서 자연의 경치와 그에 대한 감상을 노래한 작품이다. 이 작품은 4단으로 나눌 수 있다.

제1단-향리에 은거하다 임금의 부름을 받아 강원도 관찰사로 부임하기까지 과정을 노래함.
제2단-금강대, 만폭동, 진헐대, 십이폭포 등 내금강 주변 풍경에 대한 감상.
제3단-의상대, 총석정의 일출과 경포대 죽서루에서 보는 동해의 경치에 대한 감상.
제4단-자신의 풍류를 꿈속에서 신선과 더불어 노니는 것으로 비유하여 노래함.

전남 담양은 조선시대 사림(士林)이 정치 현실을 비판하고, 자신들의 큰 뜻을 이룰 수 없음을 한탄하며 누(樓)와 정자(亭子)를 짓고 살았던 곳으로 유명한 곳이다. 선비들은 이곳에서 빼어난 자연경관을 벗 삼아 시문을 지어 노래하기를 즐겼다. 조선시대 국문으로 시를 제작했는데, 그중에서도 가사문학(歌辭文學)이 크게 발전하며 꽃을 피웠다. 송순의 「면앙정가」, 정철의 「성산별곡」, 정식의 「축산별곡」 등 18편의 가사가 전승되고 있다. 담양은 이 같은 가사문학의 산실이다. 담양에는 1945년 이전에 건립돼 현존하는 정자가 31개소, 이 가운데 10개소를 대표정자로 선정해 보존하고 있다.

식영정, 면앙정, 송강정.

*자연은 살리고 대문은 버리다

담양을 대표하는 원림은 단연 소쇄원이다. 남면 지곡리에 자리 잡은 소쇄원은 보길도의 부용동 원림과 더불어 우리나라의 대표적인 '별서정원(別墅庭園)'으로 꼽힌다. 소쇄원은 자연의 장점을 최대한 이용하고, 자연물을 건드리지 않은 상태에서 만들어진 최고의 휴식처다. 소쇄원의 본래 주인은 지금으로부터 450여 년 전 조선 중종 때 이곳에 살았던 양산보라는 사람이다. 기묘사화가 일어나면서 스승 조광조가 유배길에 오르게 되자 스스로 관직을 버리고 이곳 담양으로 내려와 남은 일생을 마쳤다.

소쇄원의 주건물인 제월당은 집주인의 개인 공간으로 햇빛과 달빛이 잘 드는 산기슭에 자리 잡고 있다. 제월당 아래 계곡 근처에 세워진 광풍각은 소쇄원의 사랑채 역할을 했던 곳이다. 소쇄원의 울타리는 고작 50여m에 이르는 시작도 끝도 없는 흙돌담이 전부다. 집주인은 이 담장에 '애양단'이라는 이름을 붙여놓았다. 이 흙돌담에는 우암 송시열이 쓴 '소쇄처사 양공지려(瀟灑處士 梁公之廬·소쇄처사 양공의 조촐한 집)'라는 글씨가 지금도 선명하게 남아 있다.

담벼락 밑의 매대(梅臺)를 지나면 제월당(霽月堂)이 나온다. 기와지붕을 얹은 이 흙돌담 밑으로는 물이 흐르고 있다. 여기에는 '오곡문'이라는 이름을 붙였다. 소쇄원의 대표적인 특징 가운데 하나는 원림으로 들어가는 대문이 없다는 점이다. 누구라도 쉽게 찾아올 수 있도록 문을 만들지 않았다는 것이다. 원림의 입구 구실을 하는 오솔길 양편에는 울창한 대나무숲이 길게 이어져 있어서 먼길을 찾아온 방문객들의 마음을 한층 맑고 깨끗하게 만들어 준다. 잔잔하게 바람이 불면 대나무숲에 이는 바람소리가 더없이 싱그럽기만 하다.

양산보는 세상을 떠나면서 "이곳을 절대 남에게
팔지 말 것"을 유언으로 남겼다. 그 후 흐른 세
월이 어언 450여 년. 양산보의 후손들은 15대를
이어 내려오는 동안 그의 유언을 받들어 소쇄
원을 가문의 자랑으로 여기면서 지금까지 잘 보
존해 오고 있다.

*400년 정원에서 성산별곡을 읊조리다

담양 일대에는 소쇄원 외에도 식영정, 면앙정,
송강정, 명옥헌 원림 등이 산재해 있다. 그 가운
데서도 소쇄원과 이웃해 있는 식영정은 송강 정
철의 대표작인 「성산별곡」이 탄생한 곳으로 유
명하다. "그림자도 쉬어가는 정자"라는 뜻의 이
름만큼이나 운치가 있다. 성산별곡은 식영정 근
처에 자리 잡고 있는 '별뫼(星山)'의 아름다운 사
계절과 이곳에서 한가롭게 노니는 시인 묵객들
의 풍류를 노래한 것이다. 식영정 주변에는 지
금도 아름드리 노송과 함께 수백 년 된 백일홍
나무 몇 그루가 자리 잡고 있어 운치를 더한다.
봉산면 제월리에 있는 면앙정은 1533년(중종 28
년) 송순이 건립했다. 이황을 비롯하여 후학을
길러내던 곳이다. "내려다보면 땅이, 우러러보면
하늘이, 그 가운데 정자가 있으니 풍월산천 속
에서 한 백 년 살고자 한다"는 곳이다. 건물은
정면 3칸, 측면 2칸의 팔작지붕이며 추녀 끝은 4
개의 활주가 받치고 있다. 정자 안에는 이황·김
인후·임제·임억령 등의 시편들이 판각되어 걸
려 있다.
고서면 산덕리에 있는 명옥헌은 조선 중기 오
희도가 자연을 벗삼아 살던 곳에 아들 오이정
이 정자를 짓고 뒤에는 네모난 연못을 파고 정
원을 꾸몄다. 건물을 오른쪽으로 끼고 돌아 개

소쇄원.

울을 타고 오르면 조그마한 바위 벽면에 송시
열이 쓴 '명옥헌 계축(鳴玉軒癸丑)'이라는 글씨
가 새겨져 있다. 건물 뒤의 연못 주위에는 배롱
나무가 있으며 오른편에는 소나무 군락이 있다.
명옥헌의 물소리도 구슬이 부딪쳐 나는 소리와
같다고 여겨, 지어진 이름이다. 명옥헌의 오른편
에는 인조대왕 계마행(仁祖大王 繫馬杏)이라 불
리는 은행나무가 있다. 300년 이상 된 노거수로
인조가 왕이 되기 전에 오희도를 찾아 이곳에
왔을 때 타고 온 말을 매어둔 곳이라 해서 붙여
졌다.

찬란한 햇살이 어우러진 작은 섬

신안 증도

증도 모실길 상정봉에서 내려다본 우전해수욕장의 '한반도 해송숲'. 우전해수욕장은 맑은 바닷물과 넓고 깨끗한 백사장, 울창한 곰솔숲이 어우러져 이국적인 풍광을 자아낸다. 매년 열리는 증도 갯벌축제에서는 해수욕과 함께 갯벌·천일염 체험과 대형 머드풀, 뻘배 달리기 등을 즐길 수 있다.

눈이 시리도록 푸른 하늘과 쪽빛 바다, 찬란한 햇살이 어우러진 작은 섬. 전남 신안의 증도는 촌스럽다. 도로를 포장하고 페인트칠이 덕지덕지한 여느 섬과는 다른 얼굴이다. 속도와 편리함, 효율성에 목을 맨 현대인들에게 느린 속도로 다가오는 증도는 문명이 비켜간 곳처럼 느껴진다. 그래서 더욱 정겹다. 지친 몸과 상처받는 마음을 다스리는 여름 휴가지로 이만한 곳이 또 있을까? 앞만 보고 달려 온 도시인들에게 잔잔하게 일렁이는 바다는 깊은 위안을 안겨준다.

아시아 최초로 슬로시티로 지정된 증도는 더 이상 녹슨 철부선이 오가는 섬이 아니다. 사옥도를 연결하는 중도대교가 개통된 것이다. 그 전에는 하루에 90여 차례 왕복하는 여객선이 있었다. 슬로시티에는 왕복선이 더 어울린다는 생각에 씁쓸한 마음이 든다. 그래도 연륙교로 더 많은 사람을 방문할 수 있게 됐다는 것은 또 다른 위안이다.

태평염전에 늘어선 소금창고

섬에 들어서면 가장 먼저 국내 최대 규모인 태평염전이 눈앞에 펼쳐진다. 4.6km² (140만 평) 규모의 광활한 염전에서 연간 1만 6000t의 천일염이 생산된다. 태평염전에

늘어선 소금창고는 이국적인 풍광을 연출한다. 60년 전에 세워진 7채의 목재창고는 세월의 흔적을 말해주듯 새까맣게 빛이 바랬다. 우리의 과거를 투영한 TV문학관 소재로 등장하곤 했던 고즈넉한 풍경은 오랜 추억을 떠올리게 한다. 바닷물을 소금밭으로 퍼 올리는 수차는 염부들의 고단한 삶의 흔적을 아로새긴 채 지금은 슬로시티를 대표하는 상징이 되었다.

태평염전 입구 왼쪽에는 소금박물관이 있다. 이 건물은 염전을 조성할 때 발파현장에서 나온 돌로 지은 소금창고. 1980년대 후반 목조 창고들이 생겨나면서 자재 창고로 쓰이다 2007년 새롭게 단장했다. 이곳에선 소금의 역사, 전통 생산방식 등 소금에 관한 것을 한눈에 살필 수 있다. 이 소금박물관은 근대문화유산(등록문화제 제361호)이다.

염전 안에는 염전체험장과 염생식물원도 있다. 염전체험장에선 3월 중순부터 10월 중순까지 하루 두 차례 소금 만들기 체험을 할 수 있다. 이곳에서 여행자들이 반드시 거쳐야 할 코스다. 찜질방같이 꾸며진 소금동굴 힐링센터도 여행객들의 귀중한 체험 현장이다.

태평염전 샛길을 따라가면 길이 4㎞, 폭 100m의 은빛 모래사장이 펼쳐진 우전해수욕장이 있다. 모래가 밀가루처럼 무척이나 곱고 부드러워 밟는 맛이 있다. 바닷가 해수욕장 특유의 끈적거림 대신 폭신폭신한 감촉이 기분 좋게 한다. 보기 드문 짚 파라솔과 선베드가 줄지어 선 모습은 마치 남태평양 유명 휴양지를 연상시킨다.

저녁 무렵 모래사장에는 작은 구멍들의 행렬이 드러난다. 엄지손가락만 한 게들이 저마다 구멍을 뚫어 드나들기를 반복한다. 바닷물이 빠져나가고 더욱 넓어진 모래사장에는 조개며 소라 껍데기로 가득하다.

길게 이어지는 백사장 북쪽 끝에는 422만 4000㎡(128만 평)의 광활한 갯벌이 자리 잡고 있다. 그래서 이곳에선 해수욕과 머드마사지를 동시에 즐길 수 있다. 50년 전 거센 모래바람을 막기 위해 조성한 송림은 우연히도 한반도를 닮았다. 그래서 '한반도

해송 숲'이라는 이름이 붙여졌다. 해송 숲 안에 조성된 '천 년의 숲 삼림욕장'은 증도의 또 다른 명물이다. 숲 속 산책로는 10㎞에 이른다. 90ha에 달하는 광활한 면적의 해송 숲에는 50~60년생 소나무 10만여 그루가 들어서 있다.

우전해수욕장과 중동리 마을을 잇는 470m 길이의 '짱뚱어다리'는 광활한 갯벌과 어우러져 그림 같은 풍경을 만든다. 갯벌에 파일을 박고 상판에 나무 널판을 얹어서 만든 이 예쁜 다리는 다리 아래에서 짱뚱어가 많이 살고 있다고 해서 붙은 이름이다. 갯벌 위로 굽이굽이 새겨진 물골을 따라 느리게 걷는 것이 이곳에서 누리는 호사 가운데 하나다. 다리 중간쯤에는 갯벌로 내려가는 계단이 설치돼 썰물 땐 갯벌체험도 가능하다. 물이 차오르면 바다 위로 가로지르는 낭만적인 다리로 변한다. 이곳에서 맞이하는 해돋이와 해넘이, 그리고 야경은 결코 빼놓을 수 없는 절경이다.

증도는 1975년 '신안 앞바다 해저 유물'이 발견되면서 '보물섬'이란 이름을 얻게 됐다. 방축리 도덕도 앞바다에서 중국 송·원나라 때 도자기와 교역물품을 실은 배가 발견되면서 발굴작업이 이루어져 총 2만 3000여 점의 유물이 세상에 나왔다. 검산 방축마을 해안 언덕에는 '송·원대 해저유물 발굴 기념비'가 세워져 있고 배 모양을 살려 만든 유물관도 있다. 방축리에 있는 배 카페 '700년 전의 약속'에선 보물선 발굴 해역을 한눈에 바라볼 수 있다. 이곳 기암절벽을 따라 펼쳐진 도로는 드라이브 코스로 손색이 없다.

여행정보

● 가는 길

수도권에서는 서해안고속도로를 이용하면 편리하다. 서해안고속도로 함평 분기점 → 무안광주 간고속도로 → 북무안 나들목 → 24번 국도 → 지도 → 805번 지방도 → 증도. 경부고속도로를 이용한다면 천안 분기점 → 천안논산고속도로 → 공주 분기점 → 당진상주간고속도로 → 서공주 분기점 → 공주서천간고속도로 → 동서천 분기점에서 서해안고속도로로 합류하면 된다.

● 묵을 곳

증도 우전리에 엘도라도리조트(문의: 061-260-3300)가 있다. 이 밖에도 펜션, 한옥민박 등 다양한 숙박시설이 있고, 우전해수욕장 인근 솔숲에서 캠핑도 가능하다. 보다 자세한 것은 증도닷컴 홈페이지에서 얻을 수 있다.

● 먹을 곳

여름철에는 병어가 증도의 별미로 통한다. 증도 입구라 할 수 있는 신안군 지도읍 송도수협공판장에서 병어를 구입하면 회로 떠주고, 야채와 초장 값을 내면 항구 파라솔에서 먹을 수 있다. 증도농협 옆 안성식당(061-271-7998)의 짱뚱어탕과 낙지볶음이 유명하다. 고향식당(061-271-7533)의 병어회와 병어찜도 맛있다

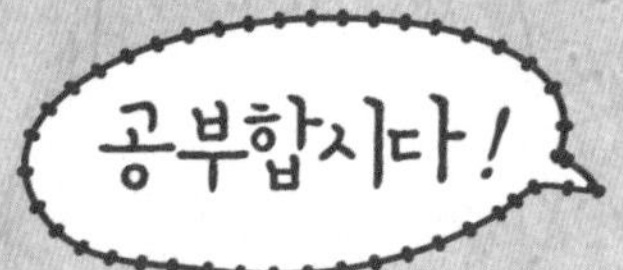

● 천일염이란?

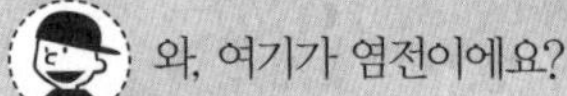 와, 여기가 염전이에요?

그래, 국내 최대 규모의 염전인 태평염전이란다. 염전이 뭐 하는 곳인지는 알지?

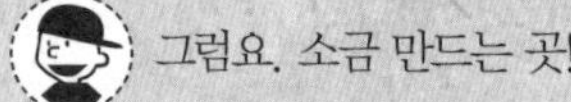 그럼요. 소금 만드는 곳!

응, 맞아. 이곳은 매년 15,000톤의 천일염이 생산되고 있는데 이는 천일염의 국내 총 생산량 5%에 달한다는구나.

천일염이 소금이에요?

바닷물을 햇볕과 바람에 증발시켜 만든 소금을 천일염이라 한단다. 이곳에선 천일제염법을 사용하는데, 여기서 천일제염법이란, 바닷물을 증발지에 끌어들인 뒤 태양이나 바람의 자연력으로 증발시킴으로써 소금을 얻는 방식을 말하는 거야.

그럼, 염전은 바닷가마다 다 만들 수 있는 거예요?

염전이 들어서려면 지형이 평평한 간석지가 요구되고 주위에 산이 없어 통풍이 원활해야 한다는구나. 높은 기온과 적은 강수량도 필수조건이고! 이러한 면에서 우리나라 서해안은 염전이 들어서는 데 꽤 적합한 지역이라 할 수 있지. 천일염의 생산기는 4~10월인데, 그중 5월~6월 경에 연간 생산량의 60% 정도가 생산되며, 염의 수요가 가장 많을 때는 역시 김장을 담그는 초겨울 쯤이야.

아하, 김치 담글 때 소금 많이 들어가죠?

그렇지. 나중에 학교에서 배우겠지만, 우리나라 소금의 역사는 옥저 시대까지 거슬러 올라간단다. 옥저는 당시 강대국이었던 고구려에 공납으로 어물, 소금을 바쳤거든. 이후 제염법의 발전은 거듭되었고, 조선 말기까지는 바닷물을 손수 가마솥에 끓여 소금을 구워내기도 했다는구나.

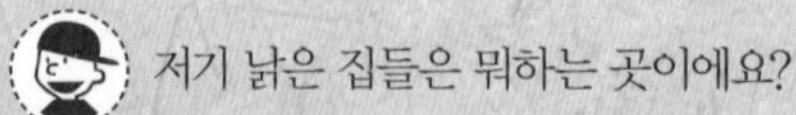 저기 낡은 집들은 뭐하는 곳이에요?

저건 소금창고야. 총 67개 염전에서 생산되는 소금이 컨베이어 벨트에 올려져 바로 저 소금창고로 들어가는 거지. 이 밖에 이곳 태평염전에는 염부들을 위한 목욕탕, 관리사무실, 그리고 소금창고를 탈바꿈시켜 지은 소금박물관 등의 시설이 자리한단다.

● 슬로시티(Slow City) 운동은 어디서 처음 시작되었나?

아빠, 신안 증도가 슬로시티라 들었는데, 슬로시티가 뭐예요?

슬로시티는 한 마디로 느린 삶을 추구하는 도시를 뜻한단다. 빠른 속도를 강요하는 사회에서 벗어나 자연과 인간이 조화를 이루며 여유롭게 살자는 취지로 슬로시티 운동이 시작되었지.

그럼 우리나라에만 슬로시티가 있는 거예요?

아니야. 슬로시티 운동은 처음 이탈리아 중부의 작은 도시 그레베 인 키안티에서 시작되었단다. 그 도시의 인구는 1만여 명 정도에 불과하지만, 와인과 올리브의 도시, 공해 없는 생태휴양도시로 알려져 해마다 많은 관광객들이 찾는다는구나. 1999년 패스트푸드점인 맥도날드가 입점하려 하자 주민들이 반대 운동을 전개하기도 했고… 백화점 같은 자본주의 문명을 대표하는 대형 쇼핑몰을 찾아보기 어려운 곳이야. 또 오직 가내수공업만을 고집하기 때문에 음식에 화학적 첨가물 같은 것을 넣지 않는다는구나. 즉 '슬로푸드(Slow food)'를 지향하는 것이지.

슬로시티와 슬로푸드라… 좋은 운동이네요. 저도 그런 도시에 살고 싶어요!

하하. 그래 앞으로 슬로시티가 많이 늘어나면 좋겠지? 1999년 10월 그레베 인 키안티를 비롯한 이탈리아의 몇몇 도시를 대표하는 시장들이 모여 슬로시티 운동을 전개하자는 데 합의하셨난다. 이후 슬로시티는 느림과 빠름, 전통과 현대, 도시와 농촌, 삶의 양과 질의 조화, 그리고 공동체를 추구하는 세계적인 운동으로 확산되기에 이르렀지.

그럼 우리나라에선 또 어떤 곳이 슬로시티로 지정되었어요?

국내에선 현재 신안 증도를 비롯하여 담양 창평면, 장흥 유치면, 완도 청산도, 하동 악양, 예산 대흥면, 전주 한옥마을, 남양주시 조안면, 청송군 파천면, 상주시 이안면이 슬로시티에 지정되어 있단다. 이 슬로시티 지정은 슬로시티 국제연맹이 그레베 인 키안티에서 총회를 열어 결정한다는구나.

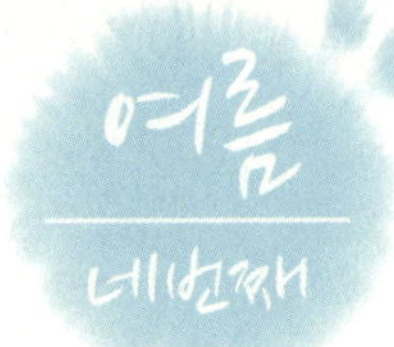

다양한 레포츠를 즐길 수 있는

강원도 평창

금당계곡 — 17.3km — 휘닉스파크 — 8.5km — 효석문화마을

푸른 창공을 새처럼 날고, 거친 물살을 헤치며 강을 따라 오르고, 숲 속 오솔길을 내달리고……. 강원도 평창은 다양한 레포츠를 즐길 수 있는 곳으로 유명하다. 다양한 체험관광을 통해 여행객들에게 한걸음 다가서고 있는 평창은 패러글라이딩과 산악오토바이, 래프팅 등을 즐길 수 있어 레포츠의 본고장으로 자리를 잡았다. 천혜의 자연 속에서 펼쳐지는 레포츠는 가족단위 피서객들에게 더없이 좋은 추억을 안겨다 준다.

패러글라이더에 몸을 맡기고 한 마리 새가 되어 하늘을 나는 기분을 만끽해 보고, 산악오토바이(ATV)를 타고 숲길을 맘껏 내달리고, 고무보트를 타고 좁은 강물을 헤쳐 나가노라면 작열하는 태양도, 푹푹 찌는 더위도 일찌감치 저만치 물러난다.

평창 장암산에 있는 '해피700활공장'은 국내에서 가장 좋은 활공 조건을 갖춘 곳이다. 이륙장이 넓고 비행 장애물이 없어 탁 트인 시야를 확보하고 있기 때문이다. 또 평창 강변 긴 백사장에 마련된 착륙장도 자랑거리다. 패러글라이딩을 안전하게 즐기기 위해서는 일정시간의 교육을 받아야 한다. 이곳에 마련된 '조나단 패러글라이딩 스쿨'은 초보자에게 다양한 교육을 한다.

일반인들은 교관과 함께 타는 2인승 탠덤(tandem)이 적당하다. 교관이 앞자리에

대표적인 여름 휴가지인 강원도 평창은 다양한 레포츠를 즐길 수 있는 곳이다. 천혜의 자연 속에서 즐기는 패러글라이딩과 산악오토바이, 래프팅 같은 레포츠는 피서객들에게 특별한 추억을 안겨준다.

앉아서 비행을 하므로 특별한 기술 없이 패러글라이딩의 매력을 맛볼 수 있다. 패러글라이딩의 참맛을 느껴보려면 일정기간 교육을 받은 뒤 가족이나 부부, 연인이 함께 타면 즐거움은 배가된다. 뺨에 와 닿는 부드러운 바람과 창공에서 산과 들을 내려다보면 가슴이 탁 트이는 느낌을 만끽할 수 있다. 1인용 단독 비행에 도전하려면 기초교육을 수료해야만 한다. 이곳에서는 청소년들의 여름방학을 이용한 패러글라이딩교육 과정도 운영한다.

평창은 산길과 흙길이 많아 산악오토바이를 즐길 수 있는 코스도 많다. 패러글라이딩 활공장 근처 발왕산 중턱에 자리 잡고 있는 '해피700빌리지'는 숲길과 고불고불하고 울퉁불퉁한 고갯길을 질주하는 멋과 스릴을 즐길 수 있다. 두 사람까지 탈 수 있는 산악오토바이는 초등학교 고학년 이상이면 이용할 수 있다.

발왕산 허리로 난 좁은 길을 따라가면 멀리 광활한 대관령이 훤히 내려다보인다. 2~6km에 이르는 오르막과 내리막이 반복되는 산악길을 달리면서 느끼는 스릴은 여느 것과 비교할 수 없다. 이곳에서는 산악오토바이와 함께 활쏘기, 야외승마도 체험할 수 있다. 겨울철에는 개썰매도 가능하다.

사계절 맑은 물이 흐르는 계곡물

여름철 레포츠의 황제는 단연 래프팅이다. 평창은 동강과 평창강의 물줄기를 따라 짜릿한 래프팅을 경험하고 서바이벌 체험까지 할 수 있다. 숲이 울창하고 사계절 맑은 물이 흐르는 평창계곡물은 한여름에도 섭씨 15도를 넘지 않는다. 이곳에서의 래프팅은 시원한 물과 속도가 한데 어우러져 짜릿한 경험을 선사한다. 계곡의 기암괴석

과 강이 어우러진 금당계곡과 오대천, 평창강은 색다른 경험과 큰 즐거움을 주기에 충분하다. 홍정계곡과 금당계곡, 막동·장전계곡 등 기암괴석과 강이 어우러져 아름다움을 선사하는 계곡에서 즐기는 래프팅은 시원한 물과 스릴이 한데 어우러져 짜릿한 경험을 선사한다. 이 지역은 물줄기가 굽이굽이 돌아 흐르면서도 물살이 빠르고 곳곳에 바위 사이로 떨어지는 낙차 큰 폭류와 여울이 나타나는 등 많은 요소들이 래프팅의 재미를 더해준다. 특히 동강의 아름다운 절경을 감상하고 싶다면 진탄나루를 추천한다.

계촌마을은 래프팅과 농촌체험이 가능한 곳이다. 합천소를 출발해 장쾌한 형제바위 급류를 통과하게 되는 계촌마을 래프팅은 마니아들 사이에서는 스릴을 느끼기 좋은 곳으로 잘 알려져 있다. 계곡을 지나면 강물이 잔잔해져 수영도 가능하다. 계촌마을에서는 래프팅과 물놀이 후 감자캐기, 옥수수따기 체험활동도 할 수 있다. 이곳에서는 래프팅뿐만 아니라 고난도 더키, 카약과 육지에서 벌이는 서바이벌 게임, 산악자전거를 이용한 하이킹 등 다양한 레포츠를 동시에 즐길 수 있다.

여행정보

• 가는 길

경부고속도로 판교분기점에서 영동고속도로로 바로 타고 가거나, 중부고속도로에서 광주 곤지암을 경유해 호법분기점에서 영동고속도로로 접어들어 여주, 원주를 지나 장평나들목으로 나가 우회전해서 평창읍 이정표를 따라가면 된다. 평창강 백사장 주변에 조성된 바위공원 인근에 조나단 패러글라이딩 스쿨과 착륙장이 있다.

• 평창군 전통시장

평창(지역번호 033) 5, 10일(330-2601) / 봉평 2, 7일(330-2605) / 대화 4, 9일(330-2604)

• 평창에서 레포츠 만날 수 있는 곳

조나단 패러글라이딩 스쿨(332-2625), 해피700빌리지(334-5600), 계촌정보화마을(070-7781-4847), 동강레포츠(333-6600), 유미레져(332-0099), 쿨레포츠(334-8484)에 문의하면 된다. 이 밖의 정보는 평창문화관광 홈페이지에서 얻을 수 있다.

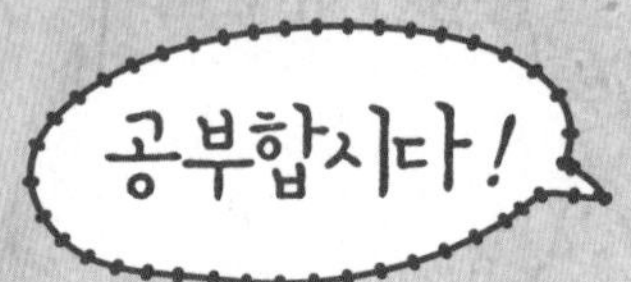

● 「메밀꽃 필 무렵」은 어떤 소설일까?

와, 예쁘다! 저게 무슨 꽃이에요?

메밀꽃이란다.

메밀묵의 그 '메밀'이요?

그래 맞아. 메밀로는 묵뿐만 아니라, 만두나 국수도 만들지. 또 음식 말고도 베개나 혈압강하제인 루틴을 만드는 데 쓰이기도 한단다.

오호, 그렇구나!

메밀은 서늘한 기후 조건에 알맞으며, 건조한 땅에서도 싹이 잘 트는 특징이 있어. 다시 말해 가뭄 같은 불량한 환경에서도 잘 자란다는 거지. 그래서 『향약구급방』에 소개되기도 했고, 예로부터 흉년이나 기근이 심할 때 주식 대신 먹는 구황작물로도 많이 재배해왔단다.

『향약구급방』이요?

응, 우리나라에 현존하는 최고의 의서(醫書)란다. 고종 23년에 간행되었으나 그것은 현재 전해지지 않고, 그 후 간행된 판본이 일본 궁내청서릉부라는 곳에 소장되어 있다는구나. 이 밖에 세종대왕이 편찬한 『구황벽곡방』이란 책에 메밀이 구황작물로 기록되어 있지.

애들아, 「메밀꽃 필 무렵」이란 소설 읽어봤니?

 아니요.

전 읽어봤어요! 근데, 누가 쓴 거였더라…….

소설가 이효석이란다. 이곳 평창 출신의 작가지. 마침 여기 그의 책을 가져왔단다. 이효석은 1928년 〈조선지광〉에 단편 「도시와 유령」을 발표하면서 문단에 데뷔했어. 이상, 정지용 등 1930년대를 풍미한 작가들이 결성한 동인 '구인회'에도 참여한 작가로 알려져 있지.

아, 이효석도 구인회였구나.

그래, 특히 그의 단편소설 「메밀꽃 필 무렵」은 그가 자연과 향토성에 대한 탐구 끝에 나온 작품으로, 지금도 한국 단편문학의 백미라 평가받으며 많은 사람들이 애독하는 작품이란다.

서정적이면서 시적인 문체가 돋보이는 소설이지!

맞아요. 달빛 아래 하얗게 핀 메밀꽃밭과, 그러한 아름다운 배경 속에 흐르는 애틋한 정서가 감동적으로 와 닿더군요. 특히 달밤의 메밀밭 풍경을 묘사한 이 부분… 애들아, 한번 같이 읽어볼까?

 네!

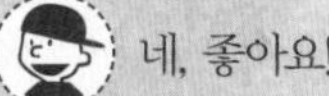 네, 좋아요!

"…이지러는 졌으나 보름을 갓 지난 달은 부드러운 빛을 흔붓이 올리고 있다. 대화까지는 칠십 리의 밤길, 고개를 둘이나 넘고 개울을 하나 건너고, 벌판과 산길을 걸어야 된다. 길은 지금 긴 산허리에 걸려 있다. 밤중을 지난 무렵인지 죽은 듯이 고요한 속에서 짐승 같은 달의 숨소리가 손에 잡힐 듯이 들리며, 콩포기와 옥수수 잎새가 한층 달에 푸르게 젖었다. 산허리는 온통 메밀밭이어서 피기 시작한 꽃이 소금을 뿌린 듯이 흐뭇한 달빛에 숨이 막힐 지경이다."

장터에서 맛보는 메밀음식

강원도 평창의 풍광이 아무리 뛰어나고 아름답다 해도 '식후경'이다. 평창의 먹을거리는 주로 고랭지에서 생산되는 메밀과 감자, 옥수수 등을 이용한 것이 많다. 특히 '메밀의 고장'이라는 말을 들을 만큼 메밀 생산량이 많아 국수와 부꾸미, 부침, 묵 등 다양한 메밀음식이 곳곳에 널려 있다. 요즘에는 평창에 들어서면 메밀과 옥수수 등 추억을 떠올리게 하는 전통음식 말고도 송어와 사슴 등 최고급 웰빙 음식까지 등장해 식도락가를 유혹한다.

평창 전통시장에서는 고랭지에서 생산되는 메밀과 감자, 옥수수 등을 이용한 다양한 전통음식을 맛볼 수 있다. 시장에는 '메밀의 고장'이라는 말이 어울리게 국수와 부꾸미, 묵 등 다양한 메밀음식이 곳곳에 널려 있다.

*올챙이국수와 메밀부꾸미

강원 산간지역 주민들은 모자라는 식량을 보충하기 위해 화전을 일구고 척박한 땅에도 비교적 잘 자라는 옥수수, 감자, 메밀 등을 주로 심었다. 이 같은 구황작물을 많이 재배하다 보니 메밀국수, 메밀전, 메밀부꾸미, 감자떡, 감자옹심이 등 메밀과 감자를 주재료로 한 음식이 발달할 수밖에 없었다.

올챙이국수는 옥수수를 맷돌에 대충 갈아 밥을 짓거나 삶아 먹는 데 진력이 난 주민들이 궁여지책으로 만들어낸 별식이다. 올챙이국수는 국수가 틀에서 나올 때 끈기가 없어 올챙이만하게 똑똑 끊어진 데서 유래한 것이다.

평창에는 고유한 먹을거리들이 많지만 특히 메밀을 이용한 음식이 대표적이다. 이 가운데 메밀부침은 메밀을 맷돌에 갈거나 메밀가루를 묽게 반죽해 신김치나 실파, 산나물 등을 넣어 부치기도 하고 종종 썬 무장아찌와 배추김치를

가운데 푸짐하게 올려 돌돌 말아서 먹기 좋게 잘라 내놓기도 한다. 뜨거울 때 먹어야 제맛이다. 메밀부꾸미와 올챙이국수를 맛보려면 평창읍내에 있는 오일장인 전통시장을 찾아가면 된다. 현대식 건물로 새 단장한 장터에는 메밀과 옥수수 등을 이용한 다양한 '강원도 음식'을 내놓는다. 20여개의 음식점이 옹기종기 모여 있다. 저렴한 가격으로 전통의 맛을 느낄 수 있다. 메밀나라 한임직(70) 할머니는 이곳에서 35년간 메밀과 옥수수, 감자를 재료로 한 전통음식으로 손님을 맞이하고 있다. 평창전통시장 안에 있는 메밀나라(033-332-1446), 봉평메밀전문(033-333-5010), 메밀이야기(033-334-3456) 등이 유명하다.

*송어회

국내에서 송어 양식의 원조는 평창의 원복수산이다. 송어 양식의 역사가 고스란히 흐르는 시

메밀국수, 메밀부꾸미.

대적인 장소이기에 이곳에서 먹는 송어회도 특별한 맛이 있다. 풍부한 지하 용천수를 이용해 양식한 송어는 잡냄새가 없고 쫄깃쫄깃한 육질에 고소한 맛이 일품이다. 냉수성 어류인 송어는 산간 계곡의 맑은 물에 서식하는데 칼슘, 비타민, 단백질 등 각종 영양분이 풍부하고 특히 DHA가 다량 함유되어 있어 성인병과 피부미용, 빈혈 예방 등 건강식으로 잘 알려져 있다. 이 지역에서는 송어회 외에도 송어구이, 송어튀김 등 다양한 요리를 맛볼 수 있다. 평창읍과 미탄면, 동강 가는 길목인 마하천 주변, 계방산 가는 길목인 용평면 노동계곡 등지에 송어횟집이 산재해 있다. 평창읍 평강송어횟집(033-334-8842), 방림송어횟집(033-334-1184), 미탄면 강원수산(033-332-3702), 방림면 광천송어횟집(033-334-1184), 용평면 무지개송어횟집(033-333-1118) 등이 잘 알려져 있다.

*사슴요리

사슴요리를 맛보기 위해서는 평창읍 후평리에 있는 청성애원으로 가야 한다. 16만 5300㎡(5만 여 평)의 거대한 평원에 사슴 500여 마리를 자연방목하고 있다. 국내 사육되는 대부분의 사슴이 엘크종인 것과 달리 이곳은 모두 꽃사슴으로, 각종 한약재와 산야초를 먹여서 기른다. 꽃사슴고기는 노린내가 없고 지방이 적기 때문에 담백하고 육질이 연하다. 각종 비타민과 미네랄을 풍부하게 함유한 100% 알칼리성 건강 음식으로 유럽에서는 오래전부터 미식가들로부터 사랑받고 있다. 쇠고기에 비해 지방과 칼로리는 20~50%에 불과하지만 단백질은 두 배 가까이 높아 여성들의 다이어트나 남성의 스태미나에 좋고 혈액순환을 원활하게 해주는 효능이 있어 보양식으로 좋은 음식으로 알려져 있다. 청성애원에서는 사슴육회, 사슴전골, 사슴육계상, 사슴불고기, 사슴곰탕 등이 있다. 〈청성애원 미락식당: 033-333-6031〉

사슴육회, 사슴전골.

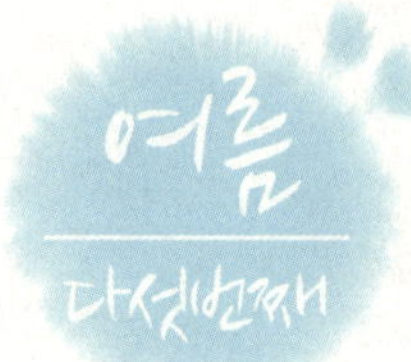

여름
다섯번째

하늘과 맞닿은 '바람의 언덕'
정선

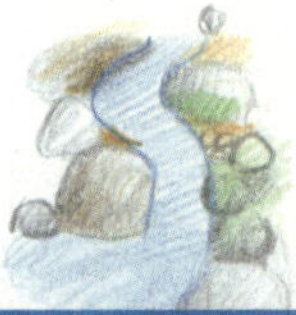

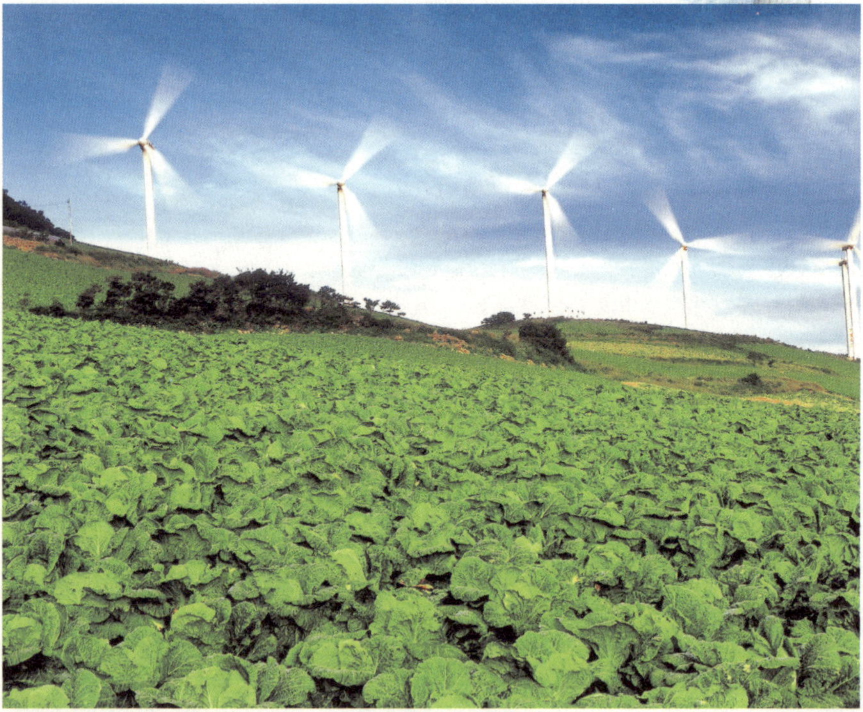

©태백시

태백 매봉산 바람의 언덕은 해발 1304m에 이르는 산 정상에 위치한다. 이곳에서 부는 바람은 상쾌하고 신선해 최고의 피서지가 되기도 한다. 파란 하늘과 하얀 풍력발전기, 광활한 고랭지 배추밭이 어우러져 한 폭의 그림을 연출한다.

길이 꽉꽉 막히는 여름 휴가철, 그렇다고 막힌 도로를 핑계로 일 년 동안 기다려온 바캉스를 결코 포기할 수는 없다. 길이 막히고 운전 부담도 없는 휴가라면 어떨까? 휴가지로 향하면서 편한 자세로 잠을 자거나, 다운받은 영화를 보면서, 또는 그동안 못 읽었던 책을 가지고 가면서 독서 삼매경에 빠져들 수 있는 방법이 있다. 기차여행은 온 가족에게 여유를 안겨 준다. 지형적으로 국내에서 가장 높은 곳에 위치해 삼복더위에도 시원하다 못해 한기를 느끼게 하는 곳. 강원도 정선과 태백으로 기차를 타고 떠나는 여름휴가를 권한다. 기차역에서 목적지까지 걸어서 가거나, 버스를 한두 번만 갈아타면 접근이 가능하다. 가족여행으로 짐이 많다면 현지에서 택시를 이용해도 된다.

정선에는 기차역에서 멀지 않은 곳에 깊은 계곡과 울창한 산림, 이색적인 풍광이 기다리고 있다. 청량리역에서 무궁화호를 타고 민둥산역으로 가면 정선지역 관광지와 쉽게 연결된다. 2009년 민둥산역으로 개명됐지만 이 지역 주민들은 아직도 '증산역'으로 기억하고 있다. 태백선과 정선선이 나뉘는 민둥산역은 이 지역에서 대중교통이 가장 편리한 곳이다. 억새로 유명한 민둥산과 사시사철 차가운 물이 흐르는 고병계곡은 가까워 걸어서 갈 수 있다. 역에서는 정선과 태백지역을 산과 계곡으로 가는 버스가 운

행된다. 정선터미널로 가면 정선선의 종착역인 구절리에서 아우라지역까지 가는 레일
바이크도 탈 수 있다. 또 화암동굴, 개미들마을로 가는 버스도 있다.

멀지 않은 곳에 깊은 계곡과 울창한 산림

정선역에는 전통민속장이 열리는 2일, 7일에만 청량리까지 연결되는 무궁화호 열차
가 있다. 여유롭게 정선으로 여행을 하려면 서울에서 제천역까지 간 뒤 '꼬마열차'를
이용하면 좋다. 오래된 새마을호 두 량으로 만들어졌다고 해서 꼬마열차라 불린다. 정
선 별어곡역과 선평, 나진, 아우라지역이 있지만 모두 제천에서 꼬마열차를 타야 한다.
제천역에서 매일 오전 7시 10분 출발하면 정선역에 9시쯤에 도착한다. 오전 10시 5분
에 출발하는 꼬마열차는 아우라지역에 오후 12시 6분에 도착한다.

역 주변에는 정선 소금강폭포와 계곡이 일품이다. 버스를 이용하면 시원하다 못해
냉기를 느낄 수 있는 '가리왕산휴양림'도 갈 수 있다. 강과 호수 동굴이 어울리는 화암
동굴로도 연결된다. 정선선에는 특별한 의미로 와 닫는 별어곡역도 있다.

"두 임금 섬길 수 없다는 연군지정, 거칠현동 사람들 별어곡역에는 눈물이 탄다."

시인 박해수가 '별어곡역'에서 이렇게 노래한 이곳에는 하루 두 차례 무궁화호 열차
가 선다. 조선 개국에 반대한 고려 선비들이 숨어 살았다는 별어곡은 오늘도 적막함
과 쓸쓸함이 묻어난다. 사북역에 내리면 하이원리조트와 하늘길로 가기가 쉽다. 하늘
길은 옛 탄광이 있던 자리로 '운탄길'로 불리었다. 지금은 옛 정취가 고스란히 남아 있
는 트레킹 코스로 유명하다.

고한역에서는 자장법사가 '금밥과 은밥을 훔쳐 갈 것을 우려해 육안에는 보이지 않
도록 비장했다'는 전설이 내려오는 정암사로 통하는 길이 있다. 우리나라에서 여섯 번
째로 높은 함백산(1572.9m)도 이곳에서 연결된다. '하늘정원'으로 불리는 함백산 만항
재에서는 여름철이면 70종이 넘는 형형색색의 들꽃이 넘실거린다.

검룡소로 가는 길은 울창한 침엽수림

태백역은 50년 전 문을 연 황지역의 새 이름이다. 태백역에서 걸어서 낙동강의 발원지인 황지연못까지 갈 수 있다. 버스를 한 번만 갈아타면 한강의 발원지로 알려진 검룡소에 도달한다. 검룡소로 가는 길은 울창한 침엽수림이 펼쳐져 있어 한적하게 거닐기에 좋은 곳이다.

하늘과 맞닿은 매봉산 '바람의 언덕'은 해발 1304m의 매봉산 정상에 있어서인지 태백 시내 어디서나 보인다. 파란 하늘과 하얀 풍력발전기, 광활한 고랭지 배추밭이 어우러져 한 폭의 그림을 연출한다. 이곳에는 132m²의 고랭지 배추밭을 배경으로 지름 52m 크기의 풍력발전기 8기가 돌아가고 있다. 한여름에도 시원하고 백두대간과 낙동정맥을 동시에 탐방할 수 있어 피서지로도 그만이다. 올 여름에는 삼수령 주차장에서 셔틀버스가 운행된다.

철암역에서는 구원자연휴양림에 가기가 좋고 태백산에 가는 길도 멀지 않다. 오투리조트, 태백레이싱파크, 용연동굴, 석탄박물관 접근도 가능하다. 추전역은 우리나라에서 가장 높은 곳에 위치한 기차역이다. 해발 855m 고지에 있어 연평균 기온이 남한의 기차역 가운데 가장 낮고 적설량도 가장 많다. 한여름에도 선풍기가 필요 없을 정도다. 기차는 서지 않는다. 기차가 서지 않으면서 이곳에 찾아오는 사람들은 오히려 많아졌다.

여행정보

● 가는 길

열차시간은 코레일 홈페이지에서 찾거나 전국 대표전화(1544-7788)로 문의하면 된다. 정선 민둥산역(033-591-1069)과 태백역(033-552-2401)에 직접 문의해도 된다. 시외버스운행정보는 정선터미널(033-563-9265)과 태백터미널(033-552-31000)에서 안내해 준다.

● 묵을 곳

정선에는 하이원리조트(1588-7789)와 메이힐스(033-590-1000), 태백에는 오투리조트(033-580-7000) 등 대형 숙박시설이 있다. 태백시 문화관광과(033-550-2085)와 정선군 관광문화과(033-560-2365)에서 안내를 받을 수도 있다.

● 먹을 곳

태백은 한우가 유명한데 태성실비식당(033-552-5287), 태백한우골(033-554-4599) 등이 맛있다. 정선 고한의 정선회관(033-591-3501)과 윤가네한우마을(033-592-2920)도 잘 알려져 있다.

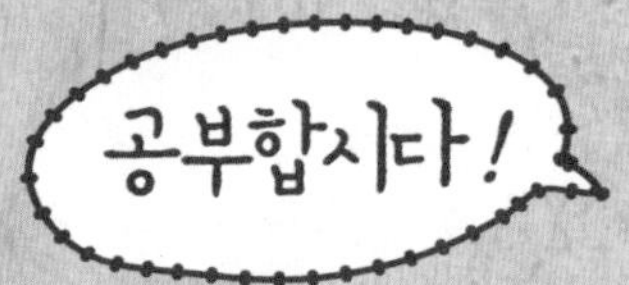

● 우리나라 최대 야생화 군락지는?

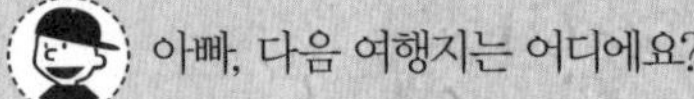

아빠, 다음 여행지는 어디에요?

우린 지금 만항재를 향해 가고 있단다.

만항재요?

만항재는 고개 이름이야.

아하, 만항재는 어디에 있는 거예요?

정선과 영월, 그리고 태백이 만나는 지점에 위치해 있단다. 거긴 우리나라에서 차가 다닐 수 있는 포장도로가 놓인 고개들 가운데 가장 높은 지점인 해발 1,330m이기도 하고……

우와!

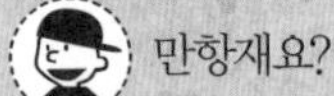

그런데 태백과 정선을 잇는 두문동재에 터널이 뚫리면서 만항재를 넘는 차량은 점차 줄어들게 되었다는구나. 이곳 만항재 주변은 우리나라 최대 야생화 군락지이기도 하단다. 특히 저기 함백산으로 가는 길은 야생화를 감상하면서 오를 수 있는 등산 코스로, 특히 여름에는 청량한 시원함을 만끽할 수 있지.

아빠, 여긴 무슨 마을이에요? 집벽마다 꽃 그림이 그려져 있네요!

여긴 만항마을이라 불러. 1980년대 후반까지만 해도 대표적인 탄광촌으로 알려져 있었지. 그러나 2001년 무연탄을 생산하는 삼척탄좌 정암광업소가 문을 닫게 되자 주민들은 하나둘 마을을 떠나기 시작했단다.

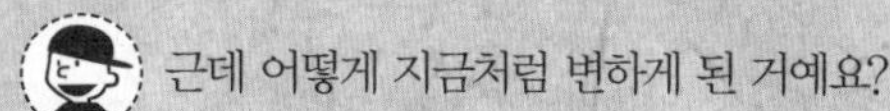

근데 어떻게 지금처럼 변하게 된 거예요?

그러다 만항마을은 2007년부터 열리기 시작한 함백산 야생화 축제가 성공을 거두면서, 야생화 마을로 거듭나게 되었다는구나. 보는 것처럼 벽화도 그려놓고… 2010년에는 환경부가 지정하는 자연생태 우수마을로 선정되기도 했고, 빼어난 경관과 야생화뿐만 아니라 열목어, 정암사 등으로도 유명하단다.

● 장자못 전설이란?

여기가 황지연못이란다.

황지연못이요? 뭔가 특별한 연못인가 봐요?

응, 이 황지연못이 바로 낙동강의 발원지거든. 그러니까 여기가 낙동강의 물줄기가 처음 시작되는 곳이야. 예전에는 '하늘못'의 의미인 '천황(天潢)'이라 부르기도 했다는구나. 이 연못의 물은 태백시를 에워싼 태백산과 함백산 등의 산 밑에 스며든 물이 모여 이루어진 거란다. 또 황지연못은 장자못 전설의 근원지로도 잘 알려져 있지.

장자못 전설이 뭐예요?

장자못 전설은 우리나라 전역에서 전승된 것으로 대표적인 지명설화란다. 내용을 잠깐 얘기하자면, 어느 날 한 노승이 시주를 받으러 왔는데, 부자는 시주 대신 쇠똥을 퍼주었다는 거야. 그것을 본 며느리는 당황하여 얼른 쌀 한 바가지를 시주했고, 노승은 "이 집에 큰 변고가 있을 것이니, 살려거든 날 따라오되 절대로 뒤를 돌아보지는 마시오." 하고 당부하였다는구나. 그러나 며느리는 산을 오르던 중 참지 못하고 결국 뒤를 돌아봐 돌이 되었고, 부자의 집은 땅속으로 폭삭 내려앉아 큰 연못이 되었다는 얘기란다.

재밌어요!

이렇게 장자못 전설은 인색한 부자의 집이 못 속에 잠긴다는 이야기와, 며느리가 노승이 제시한 금기를 어겨 돌이 된다는 두 가지 이야기로 이루어져 있어. 특히 앞의 부자를 다룬 이야기는 고대소설 『옹고집전』의 근원실화이기노 하단다.

선비 문화가 꽃피운 고장
경남 함양

함양 화림동 계곡의 암반 위에 세워진 거연정은 이 지역 정자 가운데 백미로 꼽힌다.

SUMMER | 푸르른 싱그러움이 가득한 여름 여행

예나 지금이나 시린 계곡물에 발을 담그는 것이 삼복더위를 날리는 최고의 피서법
이다. 경남 함양의 화림동 계곡은 등골에 냉기가 서릴 정도로 시원하다. 조선시대 많
은 한양 선비들은 고산준령의 험한 백두대간을 넘어 함양까지 내려와 노년을 보냈다.
물 맑고 경치 좋은 계곡에 정자를 짓고 문학을 논하고 나라를 걱정했다. 그래서 함양
은 '좌안동 우함양'이란 말을 들을 정도로 선비 문화가 꽃피운 고장이다.

해발 1507m 남덕유산에서 발원한 남천(남강의 상류)은 백두대간 아래 첫 마을인
함양의 서상면과 서하면 60리를 흐르며 계곡에 여러 모양의 기암괴석을 만들었다. 투
명하다 못해 초록빛을 띤 계곡물은 비단결 같은 매끄러운 화강암 반석 위를 흐르다
곳곳에 도자기를 빚듯 소를 만들었다. 너른 반석에 들어앉은 정자는 자연과 하나 돼
세월을 벗하며 나그네를 반긴다. 정자문화로 유명한 함양에서도 계곡이 절정을 이루
는 곳은 난연 화림농(花林洞)이다. 화림동 계곡은 본래 팔담팔정(八潭八亭)이라고 해서
여덟 개의 소와 여덟 개의 정자로 유명한 곳이다. 오래전 네 개는 사라지고 거연정, 군
자정, 동호정, 농월정이 전해오다가 2003년 농월정마저도 소실됐다.

엣 선비의 발자취를 따라 기암괴석 사이에 수수한 정자가 자리한 계곡길을 걷는 것
만으로도 더위는 저만치 달아난다. 화림동 계곡을 따라 나무와 돌로 2006년 오솔길을

놓았다. 6㎞가 넘는 이 길은 '선비문화탐방로'로 명명됐다. 계곡을 왼쪽으로 끼고 걸어가면 물소리에 취하고 경치에 흠뻑 빠진다. 신선이 노닐던 무릉도원이 아닐까 생각이 들 정도로 아름답다. 계곡에서 탁족(濯足)이라도 하려 치면 삼복더위는 사라지고 옛 선비의 숨결은 나그네를 따라온다.

단청으로 화려하게 장식한 동호정은 질박한 아름다움을 드러낸다.

화림동 계곡에서 맨 처음 만나게 되는 거연정(居然亭)은 이 지역 정자 가운데 백미로 통한다. 두서없이 놓인 시루떡 모양의 돌무더기 위에 우뚝 솟은 거연정은 화림교라는 아치형 구름다리를 건너야 다다를 수 있다. 중추부사를 지낸 전시숙이 소요하던 곳으로, 후손 전재학 등이 1872년에 정면 3칸에 측면 2칸으로 지었다. 수령 300년이 넘는 팽나무와 물푸레나무로 둘러싸인 정자는 청잣빛 계곡물과 백옥같이 흰 바위가 어우러져 입을 쉽게 다물지 못하게 한다.

탐방로를 걷다 보면 멀지 않은 곳에 군자정(君子亭)이 모습을 드러낸다. 굽이치는 계곡에서 한 발치 물러나 너럭바위 '영귀대' 위에 덩그러니 자리 잡았다. 자연 속에 묻힌 정자에서 한나절을 보내면 아웅다웅 세파에 시달린 시름이 물 흐르듯 사라질 것만 같다. 조선의 5현으로 꼽히는 일두 정여창 선생이 안의현감으로 있을 때 이곳에서 벗들을 불러 시를 짓고 담소를 나눴다고 한다. 후세에 전세걸이라는 선비가 정여창 선생을 군자라 칭하며 정자를 세웠다.

수백 평 크기 차일암서 선비들 풍류 즐겨

잘 가꾸어진 탐방로를 따라가노라면 뜻하지 않은 곳에서 작은 섬처럼 생긴 반들거리는 바위가 눈에 띈다. 해를 가릴 정도로 넓은 바위라는 뜻의 차일암(遮日岩)이다. 김차흡은 이 바위를 보고 "넓은 반석에는 천 명이나 앉을 수 있고, 큰 바위엔 악기를 백 개나 매달 수 있네"라고 읊조렸다. 차일암 옆에는 노래 부르는 장소인 '영가대', 악기를 연주하는 곳인 '금적암'이 자리하고 있다. 수백 평 크기의 널찍한 차일암은 옛 선비들이 술을 마시고 거문고를 청해 들었던 곳이다.

바지를 걷어올리고 홀쩍홀쩍 뛰어 바위를 건너면 화려한 단청으로 치장한 동호정(東湖亭)과 조우한다. 임진왜란 때 의주 몽진 길에 선조 임금을 등에 업고 수십 리를 달렸던 동호 장만리 선생의 호에서 따온 이름이다. 동호정은 장만리 선생의 후손이 1890년에 건립했다고 전한다. 이 정자는 기둥부터가 특이하다. 땅과 맞닿은 기둥은 뒤틀린 통나무를 마름질하지 않은 채 그대로 살렸다. 누대에 오르는 계단도 통나무를 반으로 잘라 도끼로 찍어 만든 모습 그대로다. 계단 두 쪽이 꾸밈 없는 질박한 아름다움을 드러낸다.

화림동 계곡의 끝에 있던 농월정(弄月亭)은 지금은 볼 수 없다. 월연암(月淵岩)이라는 넓은 너럭바위에 흔적만 남아 있다. 관찰사와 예조참판을 지내고 임진왜란 때 의병을 일으켰던 지족당 박명부가 1637년에 처음 세웠다고 전한다. 너럭바위에는 '지족당이 지팡이 짚고 신을 끌던 곳'이라는 뜻의 지족당장구지소(知足堂杖鏃之所)라는 글씨가 음각되어 있다.

농월정은 '달을 희롱한다'는 뜻으로 선비들의 풍류와 멋을 함축하고 있다. 이곳 화림동 계곡을 흐르는 시린 물에 발을 담그고 달과 마주하면 누구나 풍류를 아는 선비가 된다.

여행정보

● 가는 길

경부고속도로에서 대전–진주 간 고속도로로 갈아타고 함양분기점에서 우회전하여 88고속도로 함양나들목에서 빠져 나간다. 광주나 대구에서 갈 때는 88고속도로 함양나들목으로 나가면 된다. 동서울터미널에서 함양행 고속버스가 하루 10차례 있다.

● 묵을 곳

함양(지역번호 055)에는 읍내 시외버스터미널 쪽과 상림 쪽에 코모도모텔(962–1166), 엘도라도모텔(963–9449) 등 현대식 숙박시설이 있다. 용추계곡과 백무동계곡 주변에는 펜션이 즐비하다. 함양 문화관광 홈페이지에서 자세한 정보를 얻을 수 있다.

● 먹을 곳

함양은 흑돼지와 안의갈비찜이 유명하다. 마천면의 월산식육식당(962–5025), 함양읍 삼일식당(963–2820), 오륙도식당(963–3649) 등이 잘 알려져 있다. 함양읍 상림 근처 대장금식당(964–9000)은 이 지역에선 보기 드물게 한정식을 내놓는다. 안의면에는 원조할매갈비식당(962–0065), 안의원조갈비(962–0666)도 유명하다.

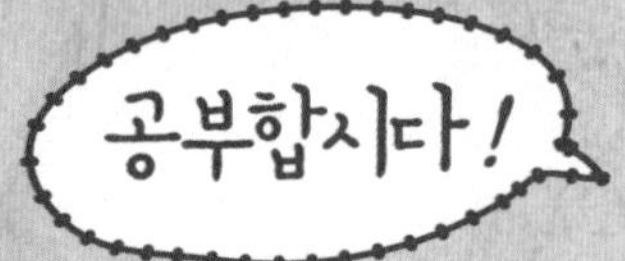

● 「토황소격문」이란?

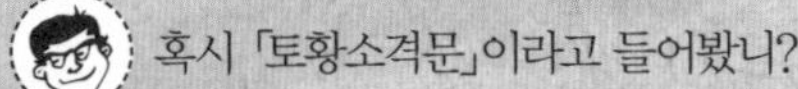

혹시 「토황소격문」이라고 들어봤니?

아뇨. 책 제목인가요?

「토황소격문」은 황소의 난을 제지하기 위해 최치원이 쓴 글이란다.

아, 최치원이라는 이름은 책에서 본 것 같아요. 근데 황소의 난이 뭐예요?

황소의 난은 중국 당나라 때 일어난 농민반란을 말하는 거야. 당나라가 멸망하는 계기가 될 정도로 엄청난 규모의 난이었단다. 황소라는 이는 원래 소금 밀매업자들의 우두머리였는데, 난을 일으켜 하나둘 마을을 점령해 가더니 나중엔 장안에 스스로 정권을 세울 정도의 무시할 수 없는 세력이 돼버렸지.

그런데 최치원은 신라 사람이었는데 어쩌다 「토황소격문」을 쓰게 된 거죠?

음, 당시 최치원은 당나라에서 유학 중이었어. 우여곡절 끝에 거기서 관직에 오르게 된 그는 격문 등의 문서를 작성하는 일을 맡았는데, 이때 바로 「토황소격문」을 쓰게 된 거란다. 황소가 이것을 읽다가 너무 놀라선 침상 아래로 떨어졌다는 일화가 전해질 정도로 실감나는 명문으로 알려져 있지.

그렇군요. 대체 어떤 내용이었길래…….

이 글에서 최치원은 난을 일으킨 황소에게 "나는 이 글을 써서 너의 거꾸로 매달린 위급함을 풀어주고 싶은 것이니, 미련한 짓을 하지 말고 좋은 방책을 세워 잘못을 고치도록 하라."라는 식으로 회유했다는구나. 이 글은 황소가 장악한 전 지역에 뿌려졌고, 결국 황소의 난이 진압된 뒤 그는 공로를 인정받아 황제가 하사하는 자금어대를 받기도 했단다. 자금어대란 당시 정5품 이상에게 하사하는 붉은 주머니였지.

대단하네요! 최치원은 당나라 사람도 아닌, 신라인이었잖아요.

그렇지? 훗날 최치원은 신라에 다시 돌아왔고, 함양 등에서 태수를 지내게 된단다. 그러다 당시 어려운 재정으로 내란을 겪는 등 혼란스러운 나라를 바로잡고자 진성여왕에게 시무책 10여 조를 제시하지. 진성여왕은 그를 6두품으로서 오를 수 있는 최고 관직인 아찬(阿飡)으로 임명했어. 그러나 6두품이라는 신분적인 한계로 인해 그는 제대로 개혁 의지를 펼칠 수 없었지. 결국 중앙 귀족들의 반대에 부딪혔고 그의 개혁안은 받아들여지지 않았단다.

● 정여창의 호 '일두'의 의미는?

이 일두고택이 바로 정여창 선생의 생가란다.

선생은 어떤 분이셨어요?

조선 전기의 문신이자 성리학 학자였어. 이곳 함양에서 태어났고 실천을 위한 독서를 강조한 분이란다. 그는 지리산에 들어가 오경(五經)과 성리학을 연구하다가 성리학자이면서 영남학파인 김종직 선생 밑에서 공부하게 되었지. 또 그곳에서 김굉필이라는 사람을 만나 교우하게 되는데, 이 김굉필은 후에 무오사화가 일어나자 평안도 희천에 유배된 뒤, 그곳에서 조광조를 만나 학문을 전수한 인물이란다.

근데 전, 모두 처음 듣는 이름들이에요.

음, 나중에 학교에서 다 배울 내용이란다. 미리 예습한다고 생각하렴. 이러한 김굉필과 함께 정여창은 이(理)와 기(氣)를 통해 우주와 사물의 생성 및 유기적인 관계를 설명하는, 즉 이기론의 토대를 마련하게 되지. 이러한 토대로 싹튼 이기론은 이황과 율곡에 이르러 활짝 꽃을 피었고……

아, 이황과 율곡은 누군지 알고 있어요!

그래, 정여창은 조선시대 5현, 즉 다섯 현자의 한 사람이라는 평가를 받을 정도로 그 명망이 드높았지만, 정작 그는 학문을 좋아했을 뿐, 벼슬에는 별로 뜻이 없었다는구나. 스스로를 '한 마리의 벌레'처럼 여겨서 짓게 된 '일두(一蠹)'라는 호만 봐도, 그가 얼마나 욕심이 없고 겸손한 인물이었는지 알 수 있지.

선비의 고장 경남 함양에는 잘 알려지지 않은 명소가 유난히 많다. 우리나라에서 가장 오래된 인공림인 상림을 비롯해 유서 깊은 향교와 서원, 누각, 정자 등이 곳곳에 널려 있다. 그런가 하면 국립공원 지리산과 덕유산이 만들어낸 깊은 계곡과 기암절벽은 여느 곳에서는 찾아볼 수 없는 명소를 만들어 냈다. 시내 곳곳에는 저마다 사연을 간직한 수백 년 된 거목들이 숲을 이루고 고색창연한 문화유적이 즐비하다.

함양읍에 있는 최초의 인공림인 상림은 숲 안과 밖을 거닐 수 있는 길이 잘 단장돼 있다. 상림 밖으로 난 '최치원 산책로' 주변에 도라지가 활짝 피어 운치를 더해 준다.

*가장 오래된 인공림 상림(上林)

천년 숲 상림은 함양의 자랑이자 우리 민족의 자부심이다. 상림공원은 1100년 전에 최치원(崔致遠) 선생이 조성한 우리나라에서 가장 오래된 호안림이자 인공림으로 '애민사상'이 깃든 곳이다. 애초 이름은 대관림(大館林)으로, '대자연의 쉴 만한 숲'을 의미한다. 최 선생이 해마다 겪는 물난리로 시름겨워 하는 백성을 위해 둑을 쌓고 나무를 심은 것이 오늘날까지 유지되고 있다. 상림은 학술적 가치와 보존 가치가 있어 1962년 천연기념물로 지정됐다. 전국 20여 개의 천연 기념물로 지정된 숲 가운데 유일한 낙엽활엽수림이다. 상림 안에는 '사운정', '함화루', '최치원신도비' 등 다양한 문화유적도 있다.

*일두고택과 한옥마을

지곡면 개평 한옥마을에 위치한 일두고택은 양반가의 정갈한 기품이 느껴지는 곳이다. 조선시대 5현의 한 사람인 문헌공 일두 정여창(鄭汝昌) 선생의 생가로 후손들에 의해 몇 차례 중건되었다. 삼남 지역의 대표적인 양반가옥으로, 9900㎡(3000평)의 대지에 12동의 건물이 남아 있고 솟을대문 위에는 5개의 정려비가 걸려 있다. 사랑채가 가장 멋진 건물로 꼽힌다. 사랑채 누마루 앞에 비스듬히 누운 듯 서 있는 멋스러운 소나무는 '명품송'으로 불릴 만하다. 드라마 〈토지〉의 촬영장소가 된 이후 탐방객의 발길이 끊이지 않는다. 개평 한옥마을에는 일두고택 외에도 50여 채의 한옥과 돌담길이 남아 있어 운치가 그만이다.

*유서 깊은 남계서원

수동면 원평리에 있는 남계서원은 명종 7년(1552) 지방 유생들이 정여창 선생을 기리고 후학을 기르기 위해 백운동서원 다음으로 전국에서 두 번째로 창건했다. 대원군의 서원철폐령에도 살아남은 47개 서원 중 하나이다. 서원 입구에는 하마비가 있어 누구라도 말에서 내려야 했다. 청

지곡면 개평마을 일두고택.

계서원은 문민공 김일손(金馹孫)을, 송호서원은 고은 이지활(李智活)을 모시고 있다. 남아 있는 누각으로는 학사루(學士樓), 광풍루(光風樓), 함화루(咸化樓)가 대표적이다. 군청 앞에 있는 학사루는 본래 함양초등학교(옛날에 객사로 사용)에 있었던 것을 1979년 현 위치로 이전했다. 창건 연대는 알 수 없으나 최치원이 이 지방 태수로 재직할 때 자주 이 누각에 올라 시를 읊었다 하여 신라시대에 창건한 것으로 보고 있다.

100~200년은 앞선 것으로 추정된다"는 설명이다. 또 용문사 은행나무보다 오래됐다는 주장을 하는 이유로 높이 40m, 둘레 13m로 둘레가 2m 더 크고, 용문사 은행나무와 달리 이미 300여 년 전 생식 능력을 상실한 고목이라는 점 등을 제시했다.

서하면 운곡리 은행나무.

*두 번째로 오래된 은행나무

아름다운 고목이 많기로 유명한 함양에서도 숨겨진 은행나무가 있다. 서하면 운곡리의 은행나무는 거대한 풍채가 보는 이를 압도한다. '천년나무'로 불리는 이 은행나무가 있어 마을 이름도 은행마을이 됐다. 천연기념물(406호)로 지정된 이 은행나무는 주변의 돌남과 소화를 이룬다. 마을 주민들은 이 은행나무가 국내에서 가장 오래된 것이라고 주장한다. "이 은행나무가 100~200년 전부터 '천년나무'로 불리고 있어 1100년 전 신라 마지막 왕 경순왕의 세자 마의 태자가 심었다는 양평군 용문사 은행나무보다

여름
일곱번째

파로호 산소길을 자전거로 달리다

강원 화천

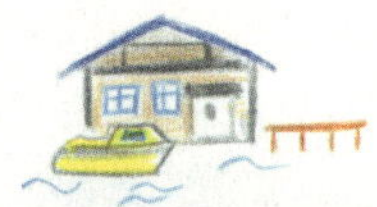

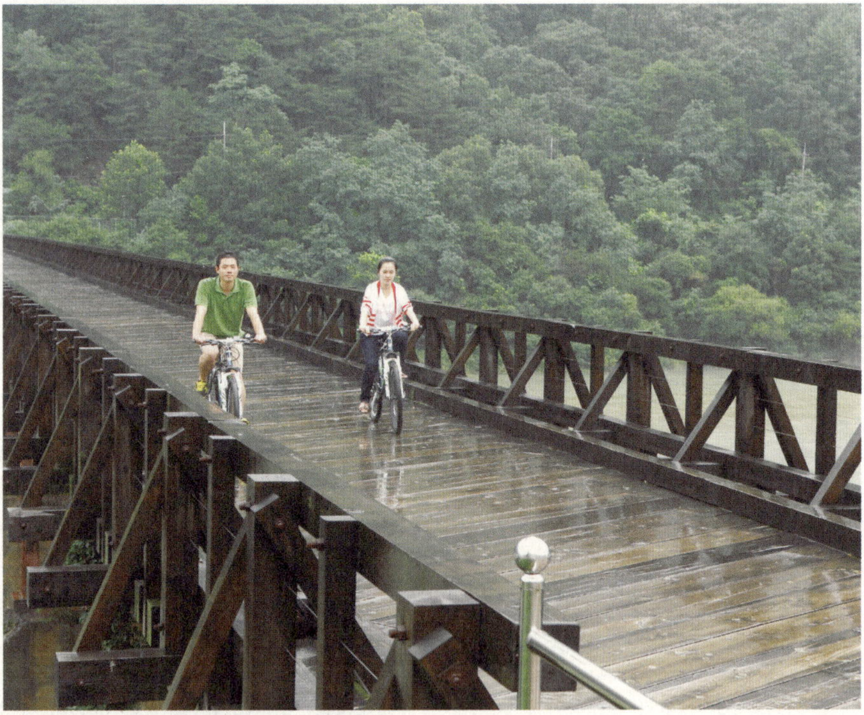

1945년 만들어진 '꺼먹다리'는 한국전쟁 당시 격전지로 남북 분단의 아픔을 간직한 상징물이다. 교각에는 전쟁 당시의 포탄과 총알의 흔적이 남아 있다.

'물의 나라' 강원 화천은 산자수명(山紫水明)이라는 말이 잘 어울리는 곳이다. 화천(華川)은 이름대로 화려한 강물이 흐른다. 강과 계곡, 호수에는 시원하고 맑은 물이 가득하기에 여름 피서지로 그만이다. 아침이면 물안개가 자욱이 피어나고, 해가 머리 위에 오르면 청명한 물빛의 호반엔 거대한 산자락이 투영된다. 얼마 전 노르웨이에서 피오르를 경험한 탓에 여간해선 계곡과 호수가 만들어낸 경치에는 놀라지 않을 것만 같았다. 하지만 화천의 높은 산과 계곡, 호수가 빚어낸 협곡은 신선이 사는 선계가 바로 이곳이 아닐까 하는 착각에 빠질 정도다.

여름에 더위를 피해 화천여행을 선택했다면 가장 먼저 북한강변으로 가야 한다. 강을 따라 달리는 자전거도로인 '파로호 100리 산소길'(42.2㎞)은 이곳이 아니면 도저히 만날 수 없는 아름다움을 지닌 곳이다. 이름만 들어도 청명하고 상쾌하다. 자전거 길은 남쪽으로는 하남면 서오지리 연꽃단지에서 북으로는 화천댐까지 3시간가량 걸린다. '100리 길을 완주하고 100세까지 장수하라'는 의미가 담겨 있다는 이 길은 원시림을 관통해 가는 흙길과 강물 위로 지나가는 강상(江上)길로 나뉜다. 원시림을 관통해 가는 숲속길(1km)과 북한강 위로 지나가는 수상길(1km), 물안개와 저녁노을을 감상할 수 있는 수변길(2km), 연꽃길, 야생화길 등 볼 거리 즐길 거리가 넘쳐난다. 나룻배 체험

화천 '파로호 산소 100리길'의 백미인 물 위에 만들어진 폰툰(pontoon) 길. 이곳에서 자전거 페달을 밟으면 출렁거리는 다리와 찰랑거리는 강물의 흔들림이 몸에 전해져 묘한 매력을 느낄 수 있다. 북한강은 이른 아침이나 비가 내리는 날이면 물안개가 자욱해 수묵화처럼 아늑하고 아름답다.

길과 원시림의 숲속산소길도 있다. 숲속 길은 포장되지 않은 원시림 산길로 난이도가 높다.

이곳에는 자전거를 가지고 가지 않아도 된다. 붕어섬 입구에 있는 관광안내소에서 신분증과 5000원을 내면 최신형 자전거와 안전모를 빌려준다. 5000원은 반납할 때 화천군 내에서 사용할 수 있는 상품권으로 돌려주니 무료나 다름없다. 안내소를 나와 본격적인 자전거 여행을 위해 북쪽으로 방향을 잡았다. 이른 아침 북한강은 물안개가 자욱해 한 폭의 수묵화를 보는 듯하다. 이마에 땀방울이 송골송골 맺힐 때쯤 산천어

축제장을 지나 '가난한 선비가 바위 앞에서 정성을 들여 장원급제했다'는 전설이 내려오는 미륵바위에 당도한다.

수많은 사연이 깃든 '꺼먹다리'

머지않아 꺼먹다리가 나왔다. 수많은 사연이 깃든 낡은 다리 앞에선 왠지 자전거에서 내려 걸어가야만 할 것 같았다. 1945년 만들어진 다리 상판에 검은색 타르를 칠하면서 이 같은 이름을 얻었다. 이 다리는 한국전쟁 당시 격전지로 남북 분단의 아픔을 간직한 상징물이다. 교각에는 전쟁 당시 포탄과 총알에 의한 흔적이 남아 있다. 〈전우〉 등 전쟁 영화와 드라마 배경으로 자주 등장한 곳이기도 하다. 꺼먹다리를 지나면 '딴산'이다. 산이라기보다는 물가에 자리한 조그만 동산이다. 섬처럼 물 위에 두둥실 떠 있는 모습이 아주 인상적이다. '울산에 있던 바위가 금강산으로 가다가 이곳에서 걸음을 멈췄다'는 재미있는 이야기가 내려온다. 장엄하게 쏟아지는 인공폭포와 물놀이장으로 인기 만점이다. 오르막으로 이어지는 길에 올라서면 화천댐이 앞을 가로막아 선다. 이 댐이 품고 있는 물이 '산속의 바다'라 불리는 38.88㎢ 규모의 파로호다.

화천강의 물고기를 파로호로 이동시키기 위해 조성한 '물고기 하늘길'을 지나면 '이구가 고개'라는 푯말이 보인다. 언덕의 경사가 심해 자전거를 타고 가지 못하고 머리에 이고(이구) 가야 한다고 해서 붙여진 이름이다. 고개를 지나면 드디어 산소길의 백미인 물 위에 만들어진 폰툰(pontoon·부교) 길이다. '숲으로 다리'라 불리는 총 연장 1km, 폭은 2.5m의 수상 자전거길은 세계 어디에도 없는 화천의 명물이다.

페달을 밟을 때마다 출렁거리는 다리와 찰랑거리는 강물의 흔들림이 발과 다리에 전해지면서 묘한 매력이 느껴진다. 수상길을 지나 원시림 숲 속을 빠져나오면 연꽃단지인 서오지리에 다다른다. 야생화가 지천에 핀 동구래마을도 지척이다. 100리 산소길은 강과 산과 꽃이 어우러진 아름다움에 빠져 힘든지 모르고 달리게 된다.

화천에서 파로호 '물빛누리호'를 타고 50년간 유지된 원시림과 만나는 것도 색다른 즐거움이다. 물빛누리호는 파로호 선착장인 구만리선착장을 출발해 간동면 방천리(수달연구센터)와 동촌리 지둔지, 법성치, 비수구미, 세계 평화의 종 공원으로 이어지는 물길 24㎞를 1시간 20분 달린다. 6월부터 10월까지는 하루 두 차례, 나머지 기간은 하루 한 차례 운항한다. '비밀의 숲속 아름다운 아홉 물줄기가 흘러나온다'는 의미를 지닌, 오지 중 오지 '비수구미'는 원시림을 그대로 간직하고 있다. 오직 세 가구만 살고 있는 비수구미마을에서 화전민 후손들이 내놓는 나물밥과 청국장, 토종닭 요리는 가히 일미다. 더위를 느낄 수조차 없는 비수구미는 밤이 되면 더 신비스럽다.

여행정보

● 가는 길

경춘고속도로를 이용해 춘천IC를 나와 시내를 통과해 5번 국도와 407번 지방도를 따라 가면 화천이다. 동서울 고속버스터미널과 강남고속버스터미널에서 오전 6시부터 오후 10시대까지 화천행 시외버스가 운행된다.

● 묵을 곳

군부대가 많은 화천군(지역번호 033)에는 읍내 터미널 주변에 깨끗한 모텔이 많다. 광덕계곡 유원지와 백운계곡 등에 펜션이 즐비하다. 화천군(440-2542)에 문의하면 숙소를 소개해주며, 화천군 관광정보 홈페이지에서 더 많은 정보를 얻을 수 있다.

● 먹을 곳

파로호 가는 길목인 간동면 화천어죽탕(442-5544)은 잡고기를 갈아 야채와 끓여내는데 깊은 맛을 풍긴다. 대이리의 콩사랑(442-2114)은 콩요리 정식과 모둠 보쌈이, 화천읍에 있는 산채골(442-4880)은 산채정식이 맛깔스럽다.

화천군 관광정보
http://tour.ihc.go.kr

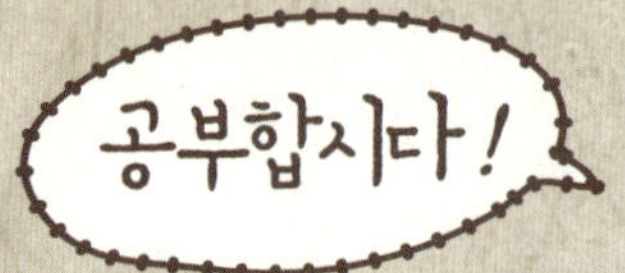

● 왜 파로호라 불리게 되었을까?

와, 호수가 엄청 넓어요!

그렇지? 여기가 바로 파로호란다.

저 안에 물고기도 많이 살아요?

그럼. 이곳은 1944년 화천댐을 건설하며 생겨난 인공호수란다. 월명봉 등의 산과 함께 조화를 이루는데 붕어나 메기, 산천어 등 물고기가 많이 잡혀 낚시터로도 유명하지.

와, 여기가 인공호수였군요!

그래. 화천이 이렇게 '물의 나라'로 인식된 건 1944년 화천댐이 완공된 뒤부터였다는구나. 그로 인해 우리나라에서 가장 오래된 인공호수인 파로호가 생겼거든. 하지만 화천군은 산 면적이 86%에 달할 정도로 예부터 산으로 유명한 지역이었단다. 고려 명종 때 학자인 김극기는 "푸른 산이 사방의 이웃이로구나"라 하였고, 고려말 유학자인 이지직은 "구름이 가까워 옷이 젖을 정도"라 했지. 또 매월당 김시습과 곡운 김수증은 이 화천의 '곡운구곡(谷雲九曲)'을 두고선, 이백의 시구를 빌려 '별유천지비인간(別有天地非人間)', 즉 인간세계가 아닌 다른 세상이다, 라고 평했다는구나.

재밌네요!

또 이런 얘기가 있어. 한국전쟁 때 화천 수력발전소를 사이에 두고 아군과 적군이 격전을 벌였는데, 결국 섬멸된 북한군, 중공군 수만 명이 이곳에 수장되었지. 이를 두고 이승만 대통령이 '파로호'라 명명하였고, 그래서 이후 파로호라 부르게 되었다는구나.

저게 바로 화천 수력발전소란다.

와, 쏟아지는 저 물살을 좀 보세요!

일제강점기 전원개발을 위해 착공되었고, 여기 자료를 참고하면, 총 설비용량 10만 8000kW, 총 저수량 10억 2000만㎥의 댐수로식 발전소라는구나. 근데 수력발전소의 발전 원리를 알고 있니?

헤헤. 아니요.

높은 곳에서 물을 떨어뜨리면 그 높이만큼의 위치에너지가 발생하게 되겠지? 수력발전소는 이 위치에너지를 운동에너지로 바꾼 뒤, 이것을 다시 전기에너지로 만드는 원리로 돌아가는 거란다.

아하!

그리고 수력발전소의 발전방식엔 댐식, 댐수로식, 수로식, 양수식 등이 있어. 화천 수력발전소는 댐수로식 발전소라, 댐과 수로를 모두 사용하여 발전을 일으키지. 댐식 수력발전소에는 청평, 춘천 수력발전소 등이 있고… 수력발전소는 건설 비용이 많이 든다는 단점이 있지만, 연료가 필요 없고 홍수나 가뭄 조절에 유용하기 때문에 계속해서 준공이 장려되고 있다는구나.

너희들 알고 있니, 이곳 화천에선 해마다 축제가 열린다는 걸!

무슨 축제요?

산천어축제!

산천어는 물고기라 들었는데, 어떻게 생겼어요?

산천어는 연어과에 속한 민물고기로, 등에 작은 흑점들이 나 있는 것이 특징이야. 2000년부터 개최된 '낭천얼음축제'를, 2003년부터는 산천어와 묶어 '산천어축제'라 명칭을 변경해 열리기 시작했단다. 이 축제에선 온 가족이 함께 산천어 얼음낚시를 즐길 수 있을 뿐 아니라, 얼음썰매 타기, 눈사람 만들기 대회, 얼음축구 대회, 창작썰매 콘테스트 같은 다양한 행사도 마련돼 있어. 또 얼음낚시로 낚은 산천어는 입구의 상점에 가져가면 회를 떠주는데, 구이나 찌개용으로도 그 맛이 아주 일품이라는구나!

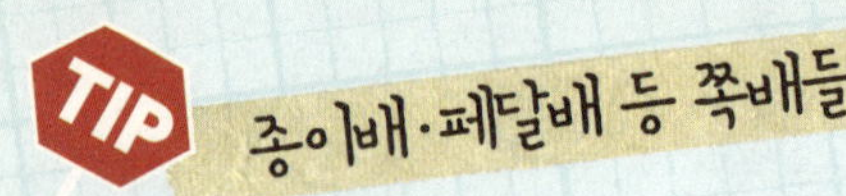

강원 화천은 북한강과 파로호, 수많은 계곡으로 둘러싸여 있다. 풍부한 물은 여름마다 관광객을 끌어들이는 효자 노릇을 톡톡히 하고 있다. 특히 쪽배축제는 가족이나 동호회, 군인들이 직접 만든 기상천외의 작은 배를 띄워보고, 수상 레저도 즐기는 체험형 축제로 매년 겨울 이곳에서 열리는 산천어축제와 함께 화천의 자랑거리로 자리 잡았다.

©화천군

*시린 물속에서 보내는 여름휴가

종이배, 페달배 등 기상천외한 아이디어로 만들어진 쪽배들이 시원한 물 위에 가득 뜨고, 재미난 체험거리가 즐비한 내륙 최고 '물의 도시'에서 즐거운 피서 여행이 가능하다. 시원한 청정 지대에서 야영까지 즐길 수 있어 캠핑족들의 눈길을 끈다. 샤워장과 급수대, 화장실, 개인물품 보관소까지 갖춘 캠핑촌에선 4~5인용 텐트를 대여해준다. 아무런 준비 없이 떠나도 걱정이 없어서 좋다. 수상자전거, 용선(드래곤보트), 카약 등 수상레포츠와 함께 야외 수영장 등 물놀

이 시설이 갖춰져 있다. 온 가족이 시원한 물에서 보람찬 휴가를 보낼 수 있다는 사실이 알려지면서 매년 만원 사례를 이루고 있다. 캠핑촌 대여비용도 부담이 없다. 텐트 1박 대여 비용은 3만 원이지만 텐트를 대여하면 지역화폐인 화천사랑상품권 2만 원을 돌려받는다. 따라서 실제 비용은 1만 원인 셈이다. 상품권은 화천군 관내의 주유소, 식당, 편의점 등 모든 상점에서 돈처럼 쓸 수 있다.

축제기간 동안 화천의 농·산촌마을에서는 물놀이를 즐기면서 농촌체험을 할 수 있는 여름

마을 계곡소풍 프로그램이 운
영된다. 마당극 낭천별곡, 은하
수 별빛 콘서트, 여름마을 계곡
소풍 등 풍성한 행사가 즐거움
을 더해준다.

*기상천외한아이디어로
   쪽배만들기

화천 '쪽배축제' 일환으로 열리는 '창작 쪽배 콘테스트'에는 유쾌한 상
상력이 총동원된 기상천외한 무동력 창작선이 등장한다.

쪽배축제의 하이라이드는 단연
'창작 쪽배 콘테스트'. 종이배, 페달배 등 기상천
외한 아이디어로 만들어진 쪽배로 경연을 벌이
는 이색 이벤트로 가족, 친구, 연인끼리 배를 만
들며 색다른 추억을 안겨준다. 더욱이 참가자에
게는 두둑한 상금까지 걸려 있어 매년 30여 개
팀이 참여할 만큼 인기를 끌고 있다.
쪽배는 사람의 힘으로 움직이는 무동력 창작선

으로 동력은 '노'를 포함해서 사람의 힘으로 조
작하는 것은 뭐든지 가능하다. 쪽배 콘테스트에
는 공장에서 제작해 판매하는 배나 동력은 사
용할 수 없고, 선체에 스티로폼을 사용하면 참
가가 불가능하다. 매년 가족단위의 참가자들이
행사장 인근에서 합숙하면서 배를 만드는 장면
은 어떤 축제에서도 볼 수 없는 진풍경이다.

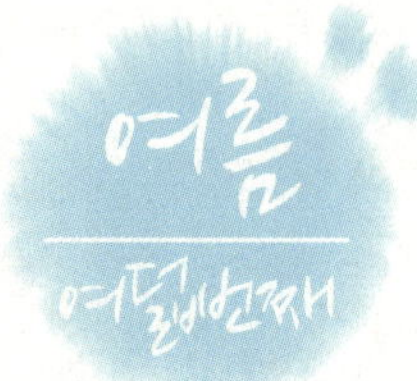

금빛 모래사장 펼쳐진 섬 해수욕장
당진 대난지도

'섬 속의 해수욕장'으로 불리는 충남 당진 대난지도는 수도권에서 가까워 접근하기 좋은 데다 맑은 바닷물과 금빛 백사장 등을 고루 갖춰 명품 피서지로 떠오르고 있다. 하늘에서 내려다본 대난지도는 짙푸른 바다와 넓은 해수욕장, 우거진 송림, 옹기종기 모여 있는 마을이 조화를 이뤄 아름다운 풍경을 자아낸다.

극심한 정체로 피서지에 다다르기도 전에 몸과 마음은 지치고 만다. 힘들이지 않고 오붓하게 가족과 즐길 수 있는 해변이나 섬에 갈 수 있다면 더욱더 좋지 않을까? 이런 면에서 서울에서 멀지 않은 곳에 자리한 충남 당진의 작은 섬과 바닷가는 최고의 피서지가 될 수 있다.

당진의 바닷가와 해수욕장을 찾아 나섰다. 서해안고속도로 송악IC를 나와 석문방조제와 대호방조제를 거쳐 도비도항에 도착했다. 서해안고속도로가 초입부터 막히긴 했지만 불과 2시간 남짓 만에 푸른 바다를 만났다. 당진의 유일한 해수욕장인 난지도에 가는 길은 그다지 어려움이 없었다. 도비도 선착장에는 매시간 떠나는 여객선이 기다리고 있다. 도비도는 원래 섬이었으나, 대호방조제를 축조하면서 육지로 변한 곳이다. 도비도에는 숙박시설과 해수탕 등의 편의시설이 잘 마련돼 있다. '서해의 숨겨진 보물', '섬 속의 해수욕장'으로 불리는 난지도로 향하는 여객선은 이곳에서 타야 한다. 도비도를 떠난 여객선은 대조도와 소조도, 비경도, 우무도를 돌아 대난지도로 향했다. 난초와 지초가 많아 불리게 됐다는 난지도(蘭芝島)는 소난지도와 대난지도가 나란히 자리하고 있다.

여객선이 지나는 서해안 경관은 기대 이상으로 아름답다. 난지도로 가는 뱃길에는

어김없이 갈매기가 동행한다. 언제부터인가 섬으로 가는 뱃길에는 '새우깡'을 기다리는 갈매기가 무리를 지어 따라다닌다. 배 안에서 새우깡 한 봉지를 사서 던져주는 것도 좋은 추억이 된다.

서해안 뱃길에서 만나는 작은 섬들은 시루떡을 쌓아 놓은 듯한 황갈색 퇴적암 위에 해풍을 오랫동안 버텨온 소나무가 숲을 이룬다. 리아스식 해안에 떠 있는 일본의 3대 절경이라는 마쓰시마(松島)가 전혀 부럽지 않은 풍경이다. 기암괴석의 절벽 아래에는 강태공이 줄지어 낚싯대를 드리우고 있다. 이 지역은 우럭과 놀래기가 잘 잡히는 갯바위 낚시의 포인트인 셈이다.

대난지도의 금빛 백사장을 만나다

새끼 섬 소난지도를 지나면 호젓하고 조용한 대난지도 선착장에 다다른다. 불과 30분도 안 되는 거리의 육지와는 전혀 다른 분위기를 느낄 수 있다. 100년은 족히 넘어 보이는 소나무와 해당화 숲으로 둘러싸인 어촌마을 앞에는 긴 금빛 백사장이 자리하고 있다. 대난지도 해수욕장은 섬을 찾은 사람들에게 편편한 모습으로 자리를 내주고 있다. 이처럼 바다와 어울려 작열하는 태양을 피해 시원한 여름을 보낼 피서객을 기다리고 있는 것이다. 폭 500m, 길이 2.5㎞의 백사장에는 편의시설이 잘 갖춰져 있고, 모래는 가지런히 정리돼 있다. 맑은 바닷물과 질 좋은 하얀 모래, 따뜻한 수온이 대난지도해수욕장의 자랑이다. 여기에 다른 해수욕장과 달리 수중에는 100m 이상 완만하게 연결되는 모래가 깔려 있다. 그래서 어린이를 동반한 가족단위 피서객들에게 안성맞춤이다.

해수욕장에 들어서면 바닥에 쌀가루처럼 고운 모래가 발가락을 간지럽힌다. 돌멩이와 조개껍데기가 없으니 신발을 신지 않아도 전혀 문제될 게 없다. 해수욕장 뒤편에는 청소년수련관이 자리하고 있다. 이곳에선 갯벌체험과 해양래프팅 프로그램을 즐길 수 있다. 해수욕장 북서쪽에는 바다낚시터도 있다.

총총한 별빛 아래에서 하룻밤을 보내고 나면 대난지도가 '우리나라 명품섬 베스트 10'에 들 정도로 청정한 곳이라는 것을 제대로 실감할 수 있다. 가족만의 오붓한 시간을 보내려면 마을을 지나 좁은 언덕길을 넘으면 나오는 작은 해수욕장으로 가면 된다. 뉘엿뉘엿 해가 바다로 기울면 100m 남짓 늘어선 소나무 숲 아래를 걸어보는 것도 좋다. 멀리서 들려오는 파도소리와 더불어 솔향기가 그윽하게 풍기는 산책로는 잊을 수 없는 특별한 추억을 안겨준다.

당진에는 또 하나의 명품 바닷가가 있다. 일출과 일몰을 한곳에서 볼 수 있는 왜목마을이다. 당진군 석문면 교로리 왜목마을은 서해안에 위치해 있으면서도 독특한 지형의 영향으로 바다에서 떠오르는 '일출·월출'로 유명해 매년 해돋이축제가 개최되는 곳이다. 접근성이 뛰어나 최근에는 여름 피서지로 뜨는 곳이다. 또 왜목마을 인근의 실치와 뱅어포로 유명한 장고항과 석문방조제·대호방조제에서도 상큼하고 시원한 바람을 만끽할 수 있다. 대형상륙함과 구축함에 해군과 해병대의 역사와 문화를 직접 체험할 수 있는 전시관이 설치돼 있는 삽교호 함상공원에 마련된 놀이공간과 함상카페, 함상공원테마과학관도 자녀들과 함께 둘러볼 만하다.

그리고 당진 송악면 부곡리에는 필경사가 있다. 이 집은 항일시인이자 소설가인 심훈 선생이 거처하던 곳이다. 그의 대표작인 『상록수』도 바로 여기서 쓰여졌다. 필경사 앞에는 그의 문학을 기념하고자 건립된 상록수 문화관이 있으며, 작가의 글향기가 가득해 고즈넉함을 물씬 느낄 수 있는 곳이다.

여행정보

• 가는 길

수도권을 기준으로 서해안고속도로를 타고 가다 송학IC에서 나와 38번 국도를 타고 석문방조제와 대호방조제를 거쳐 도비도항으로 간다. 이곳에서 여객선을 타고 30분만 가면 대난지도선착장에 도착할 수 있다.

• 묵을 곳

당진(지역번호 041) 대난지도 안에는 로그비치 펜션(354-3940)과 대난지도민박(352-3077), 초가횟집(352-1286), 해변가든 민박(353-3894) 등이 있다. 인근 소난지도에도 바다의 꿈(352-7348), 해나루(353-8120), 풍차마을(010-5648-2356) 펜션 등이 있다.

• 먹을 곳

대난지도민박식당(352-3077), 대호회관(353-4311), 만나식당(354-1128), 청정회관(357-4577) 등에서는 직접 그물을 놓아 잡은 자연산 활어를 내놓는다. 도비도항에는 이 지역의 특산물인 간재미와 키조개, 반지락을 이용한 요리와 실치회를 내놓는 식당이 즐비하다.

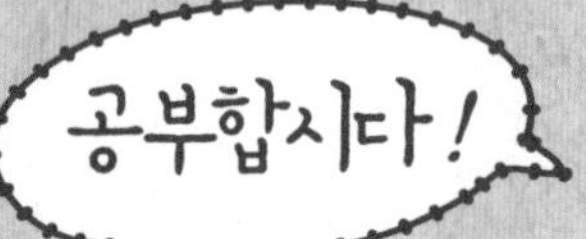

● 화력발전소는 어떤 원리로 전기를 생산할까?

저기 보이는 게 당진 화력발전소란다.

화력이 무슨 뜻이에요? 혹시 '화'가 불화(火) 자인가……

그래 맞아. '력'은 힘력(力)… 그러니까, 불이 탈 때 내는 열의 힘을 뜻하지. 자세히 설명하자면, 화력발전소는 석탄이나 천연가스를 태워 얻은 열로 고온의 증기를 만든 뒤, 증기 터빈을 회전시키는 힘으로 발전기를 돌려 전기를 생산하는 곳이란다. 다시 말해, 연료에너지를 회전의 기계 에너지로 바꾼 뒤 전기 에너지를 얻는 방식을 사용하는 발전소지.

증기 터빈이 뭐예요?

증기 터빈은 고압증기를 회전날개에 부딪치게 해서 축을 돌리는 구동기야. 또 화력발전은 열원(熱源)과 원동기 종류에 따라 기력 발전, 내연력 발전, 특수화력 발전으로 나뉘어 진단다. 여기서 기력 발전은 석탄이나 석유 등의 화석 연료를 연소시켜 만든 증기, 또 내연력 발전은 기체 혹은 액체 연료를 기화시켜 폭발될 때 얻는 가스를 통해 전기를 얻게 돼. 그리고 특수화력발전은 그 방식에 따라 폐열이용 발전, 열공급 발전, 가스터빈발전 등 다양한 종류가 있지.

복잡하네요.

자, 여기 관련 책을 가져왔으니 한번 봐라. 사진을 보면 이해가 더 쉬울 테니.

네. …가스 터빈이 이렇게 생겼군요.

그래. 천연가스는 가스 터빈을 사용하여 전기를 일으키기도 하는데, 이 가스 터빈에서 나오는 폐열은 복합 화력발전소의 효율성을 극대화하는 데 일조하였단다. 도시 근처에 준공된 열병합발전소는, 전기 또는 발전 도중에 나오는 폐열을 이용하여 지역 난방을 제공하는 것이지.

그렇구나. 열병합 발전소는 들어봤어요.

우리나라의 화력발전은 1972년 급속한 경제 발전으로 그 이용률이 정점에 달했으나, 이후 원자력발전 등의 도입으로 점차 이용률이 줄게 되었어. 저 당진 화력발전소는 1999년 1호기가 준공된 뒤로 지금까지 총 8호기가 준공되어 가동 중에 있다는구나.

● 브나로드란?

여기가 바로 필경사란다. 항일 시인이자 소설가인 심훈 선생이 거처하던 곳이지.

어떤 소설을 쓰셨는데요?

농촌계몽소설인 『상록수』라고……

아, 들어봤어요! 아직 읽어보진 못했지만, 힛.

『상록수』는 당시 시대 풍조였던 브나로드 운동을 펼치는 채영신과 박동혁이라는 인물의 사랑을 다룬 작품이야.

브나로드 운동이 뭐예요?

브나로드란, 일제강점기 동아일보사가 주축이 되어 벌인 농촌계몽운동을 뜻하지. 본래는 '민중 속으로'라는 러시아 말이야. 1874년 러시아 학생들이 농촌으로 가서 계몽운동을 벌인 것에서 비롯되었단다.

아, 그렇구나…….

그는 1901년 서울 노량진에서 태어났어. 지금의 경기고등학교인 경성제일고등보통학교에 입학하였지만, 3·1운동에 참여한 뒤 퇴학을 당하게 되었다는구나. 이후 동아일보사에 입사하여 기자 생활을 하며 시와 소설을 썼어. 그는 1930년 3월 1일 기미독립선언일을 기념하여 쓴 저항시 「그날이 오면」을 쓴 시인으로도 잘 알려져 있단다. 엄마가 한번 읽어줄게.

그날이 오면 그날이 오면은
산가산이 일어나 더덩실 춤이라도 추고
한강물이 뒤집혀 용솟음칠 그날이,
이 목숨이 끊기기 전에 와주기만 할 양이면,
나는 밤하늘에 날으는 까마귀같이
종로의 인경을 머리로 들이받아 울리오리다.
두개골은 깨어져 산산조각 나도
기뻐서 죽사오매 오히려 무슨 한이 남으오리까.

(…)

여름
아홉번째

기암괴석과 어우러진 빼어난 절경

경남 합천 홍류동

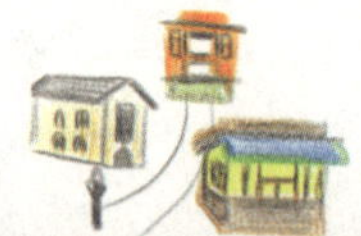

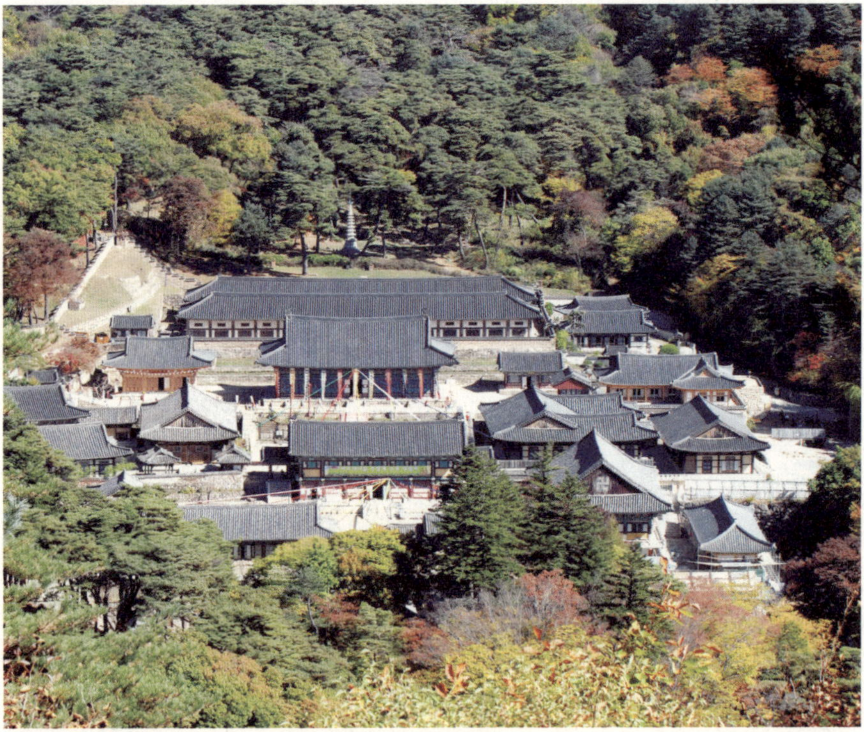

팔만대장경을 천 년간 간직해 온 법보종찰 해인사는 큰 배의 형상이다.

　산이 높으면 골짜기도 깊은 법. 가야산(1430m) 마루에서 내린 물줄기는 굽이굽이 휘돌아 장쾌한 폭포와 우람한 계곡을 빚어놓았다. 시원한 물줄기는 사방을 둘러싼 기암괴석과 어우러져 빼어난 절경을 빚어낸다. 경남 합천 홍류동 계곡은 계절마다 경관을 달리한다. 가을 단풍이 너무 붉어서 흐르는 물조차 붉게 보인다 하여 붙여진 홍류동(紅流洞). 여름에는 금강산의 옥류천처럼 맑다고 해서 옥류동으로도 불린다.

　이 계곡 곳곳에는 신라시대의 대학자 고운 최치원(崔致遠)의 발자취가 또렷이 남아 있다. 당나라에서 돌아온 최치원이 첩첩산중인 이곳까지 오게 된 연유가 궁금해진다. 성골과 진골의 권세 다툼에 실망한 육두품 출신 최치원이 '개혁'이라는 화두를 던지고 홀연히 떠나 천하를 주유하다 찾아든 곳이 가야산 계곡이다. 그래서 이곳은 '최치원이 노년을 지내다 갓과 신발만 남겨 둔 채 홀연히 신선이 되어 사라졌다'는 이야기가 전해지는 곳이다.

　홍류동 계곡에 들어서면 하고 많은 수려한 산수를 마다하고 최치원은 왜 이곳에서 발걸음을 멈춰야 했는지 어렵지 않게 알 수 있다. 천년의 고고한 세월을 담은 오솔길은 오늘날 '마음의 길'이라는 이름으로 다시 태어나 세파에 시달린 여행객을 자연의 품속으로 안내한다. 유독 늦더위가 기승을 부리지만 홍류동 계곡 초입에 들어서면서

부터 서늘한 기운이 감돈다. '홍류동 마음의 길'을 걷기 위해 대장경천년문화축전 주행사장 입구에서 성보박물관과 홍제암을 지나 가야산 대피소까지 걸었다. 돌아오는 길에는 학사대와 일주문, 백련암을 거쳐 내려오는 데 장장 16㎞나 된다. 어른 걸음걸이로 5시간가량 소요되는 길이다.

해인사 가는 길

잘 닦여진 마음의 길을 따라 걷기 시작하면 가장 먼저 청아한 계곡물 소리가 따라나선다. 계곡은 지척에서 걷고 있는 옆사람의 목소리조차 들리지 않을 정도로 큰 소리로 변했다가 이내 아름드리 천년 소나무와 어울려 솔바람처럼 잦아들기를 수없이 반복한다. 그래서 마음을 씻어내고 깊은 사색을 하기에 더없이 좋다.

이 길은 창건된 지 1200년이 지난 해인사로 통한다. 해인사 초입 갱맥원과 정상 우비정 사이에 명소 열아홉 곳이 있다. 주위의 천년 노송과 함께 제3경 무릉교에서 제17경 학사대에 이르기까지 수많은 절경이 십리 길에 널려 있다. 이처럼 홍류동 계곡은 천년 세월의 무게가 녹아 있는 합천8경 중 하나인 동시에 가야산 19경 가운데 16경까지를 모두 만날 수 있을 정도로 절경을 자랑한다. 그 밖에도 가야산에는 무릉교, 홍필

암, 음풍뢰, 공재암, 광풍뢰, 제월담, 낙화담, 첩석대 등의 명소가 있다.

한참을 걷다 보면 바위와 절벽 곳곳에 새겨진 글자들이 눈길을 끈다. 필시 농산정(籠山亭)에서는 발걸음을 멈추게 된다. 이곳이 홍류동 계곡 가운데 풍치가 가장 빼어난 곳이다. 최치원은 이곳의 풍광에 빠져 만년에 글을 읽고 바둑을 두었다는 전설이 전해지고 있다. 농산정 건너편에는 탈속의 소회를 읊은 둔세시(遁世詩)「題伽倻山讀書堂(제가야산독서당)」이라는 칠언질구가 석벽에 음각되어 있다.

狂奔疊石吼重巒(광분첩석후중만)

人語難分咫尺間(인어난분지척간)

常恐是非聲到耳(상공시비성도이)

故教流水盡籠山(고교류수진롱산)

해인사에 가려면 반드시 지나가게 되는 '홍류동 계곡길'에는 천년의 고고한 세월이 배어 있다. 세차게 흐르는 계곡물과 사방을 둘러싼 기암괴석이 고즈넉한 정취를 선사하는 '홍류동 마음의 길'은 "천혜의 자연 품 속을 따라 해인사로 가는 길에 자신의 마음이 가는 길도 살펴보라"는 의미를 담고 있다.

첩첩한 산을 호령하며 미친 듯이 쏟아지는 물소리에

사람의 소리는 지척 사이에도 분간하기 어렵네

시비하는 소리 귀에 들릴까 두려워

흐르는 물소리로 산을 모두 귀먹게 했구나

천 년의 시간이 흐르는 동안 석벽에는 푸른 이끼가 끼어 흔적은 묘연해졌지만 그의 시는 지금 읽어도 의미가 생생히 전해지는 듯하다. 석벽 가까운 곳에는 그를 기리는 사당도 자리하고 있다.

홍류동 물소리가 잦아질 때쯤이면 해인사 일주문에 발을 들여 놓게 된다. 세 개의 산문을 통과해야 큰 배와 같은 형태의 해인사 경내를 둘러볼 수 있다. 팔만대장경을 만나고 돌아 나오면 해인사 북서쪽 학사대에서 또 한 번 최치원의 체취를 만날 수 있다. 그 아래 옛 해인초등학교 터에 자리한 성보박물관에는 얼굴에 주름진 모습을 한 '목조희랑조사상'이 있다. 우리나라에 전해오는 유일한 목조진영(眞影)인 동시에 등신대에 가깝고 얼굴이 사실적으로 표현되어 눈길을 끈다. '홍치4년명(1491년) 동종'에는 팔괘가 새겨져 유교와 불교의 만남을 엿볼 수 있다.

'산은 산이요, 물은 물이로다'라는 법어를 남긴 성철 큰스님이 머물다 입적한 백련암 (白蓮庵)은 해인사가 가야산 자락에 거느린 14개 암자 가운데 가장 높은 곳에 자리하고 있다. 수많은 돌계단을 올라 암자 마당에 당도하면 합천이 한눈에 들어와 가슴이 탁 트이는 듯하다.

여행정보

● 가는 길

경부고속도로와 중부내륙고속도로를 타고 가다 성주IC에서 합천·고령 방면으로 나와, 우측방향 33번 국도를 타고 가면 해인사 이정표가 나온다. 열차나 고속버스 등 대중교통을 이용하려면, 대구 서부정류장(053-656-2824~5)에서 해인사행이나 백운동행 버스를 이용하면 된다. 해인사행 직행버스는 하루 40회 운행한다.

● 묵을 곳

합천(지역번호 055) 해인사 관광단지에는 장급 여관이 30개 넘게 있다. 시설이 비교적 깨끗한 곳이 청운장여관(932-7555), 금강여관(932-0036), 해인사관광호텔(933-2000) 등이다.

● 먹을 곳

해인사 주변의 대부분 음식점이 산채백반을 전문으로 하는데 청결하고 맛깔지다. '2011 대장경 천년 세계문화축전'을 앞두고 가야산 일원에서 생산되는 청정농산물을 이용한 '대장경 밥상'을 내놓는 곳이 생겼다. 도토리비빔밥, 채식나물 밥상, 대장경 한정식으로 구성된 대장경 밥상의 지정식당은 백운장식당(932-7393), 해인사해인식당(933-1117), 삼성식당(932-7276) 등이다.

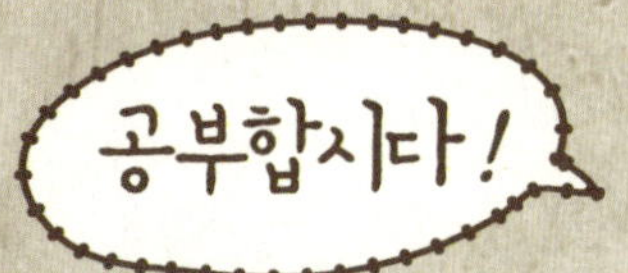

● 왜 팔만대장경이라 불리게 되었을까?

아빠, 여기가 해인사 맞죠?

그래, 맞다. 이 해인사는 팔만대장경을 보관하고 있는 곳으로 유명하지. 팔만대장경이라고 들어봤지?

네. 근데 팔만대장경이 뭔지 정확히 모르겠어요.

대장경이란 불교 경전을 포괄하는 용어야. '경전들을 담은 3개의 큰 그릇'이라는 의미를 담고 있지. 이때 3개의 큰 그릇이라 함은 경장, 율장, 논장을 이르는데, 경장에는 부처님의 설법이, 율장에는 부처님이 가르친 실천규범과 계율이, 그리고 논장에는 경과 율을 연구한 내용이 들어간단다.

근데 왜 팔만대장경이라 부르게 된 거예요?

응, 8만여 판에, 8만 4000 번뇌에 속하는 법문이 실려 있어 팔만대장경이라 부르게 되었지. 거란이 침입했을 때 고려는 불력으로 물리치고자 초조대장경을 만들었고, 몽골군 침입 때 다시 또 호국, 즉 나라를 지키고자 이 팔만대장경을 조조했단다.

아하, 나라를 지키고 싶은 마음을 담았던 거구나.

그리고 불법의 보급과 국태안민(國太安民) 등을 기원하는 의미도 지니고 있었어. 팔만대장경은 국보 제32호로 지정되어 있고, 1995년 해인사 장경판전이 유네스코 세계문화유산으로, 그리고 해인사 고려대 장경판과 제경판이 세계기록유산으로 등재되기도 했지. 또 합천군에서는 매년 4월에 불교문화행사인 '팔만대장경축제'를 개최하고 있다는구나. 팔만대장경 필사, 판각 체험 등 직접 참여할 수 있는 프로그램과, 그 밖에 영화 상영, 뒷풀이 한마당, 타악기 공연 등이 열린다니 그때 이곳을 방문했더라면 더 좋았겠지?

● '돈오점수'와 '돈오돈수'란?

성철 스님은 어떤 분이셨어요?

성철 스님(1912~1993)은 작은 암자에 살며 늘 청빈을 실천하셨던 분이란다. 제자들에게 잠을 적게 자고, 말을 하지 말 것 등을 강조하였다는구나. 파계사라는 절에선 무려 8년간이나 장좌불와(長坐不臥)를 행한 적이 있었고… 평생 수행을 통해 불교계의 모범이 되신 분이란다.

장좌불와가 뭐예요?

누워 잠들지 않고 앉아서 잠들며 행하는 수행을 뜻하는 말이야. 성철 스님(1912~1993)은 경남 산청 출신이고, 1935년 지리산의 대원사에 가서 수행하다가 출가하였지. 해인사 백련암에서 계속 구도에 정진하다가, 전두환 정권 때 조계종의 종정, 즉 종파의 제일 높은 지위에 오르게 돼. 이때 그는 취임식에 참여하는 대신, 우리에게 잘 알려진 법어인 '산은 산이요, 물은 물이다'를 발표하였단다.

앗, 우리집 서가에 그 비슷한 제목의 책이 꽂혀 있잖아요!

성철스님의 법어집을 말하는 거구나. 불자들에게 전하는 말씀이 담긴 책이란다. 그는 지눌의 돈오점수(頓悟漸修)보다는 돈오돈수(頓悟頓修)를 설파했지.

돈오점수, 돈오돈수가 무슨 뜻이에요?

네가 이해하기엔 좀 어렵겠구나. 돈오점수는 진리를 깨친 뒤 번뇌를 점차 소멸시켜가는 것, 그리고 돈오돈수는 일시에 깨치고 더 닦을 게 없이 공행(功行)을 이룬나는 것을 의미하지. 지눌은 마음이란 본래 깨끗한 것이라 부처와 조금도 다르지 않다 했어. 이것을 '돈오'라 하지. 허나 번뇌의 습기를 갑작스레 소멸시키기는 어려우므로, 이 습기를 서서히 없애는 '점수'를 행하여야 한다 하였지. 쉽게 얘기하자면, 얼음이 물이라는 것을 아는 게 돈오이고, 그 얼음을 녹이는 것이 점수라는 것. 반면 성철 스님은 "깨달은 순간에 번뇌망상이 다 떨어지지 않았다면 깨달았다는 말도 하지 말라"고 할 정도로, 깨달은 그 순간에 모든 얼음을 바쉬 녹여버릴 수 있는 수행 정신을 강조하였다는 거야.

경상남도 합천은 산(山)과 절(寺), 그리고 호수(湖)가 어우러진 사계절 관광지로 자리 잡았다. 봄이면 황매산 철쭉, 여름엔 홍류동 계곡, 가을엔 가야산 단풍, 겨울에는 안개 자욱한 합천호가 일품이다. 국내 3대 사찰로 꼽히는 해인사를 품고 있는 명산 가야산은 합천의 가장 큰 자랑이다. 합천을 병풍처럼 북쪽으로 안고 있는 이 산은 닭볏 모양 혹은 불꽃을 닮은 화산 (火山)으로서 파란 하늘과 어우러져 그림 같은 풍광을 연출한다. 여기에 신비롭고 그윽한 선경의 합천호, 국내에서 가장 많은 영화와 드라마를 촬영하는 영상테마파크도 합천의 새로운 자랑거리가 되고 있다.

낙동강 지류인 황강을 막아 만든 합천댐 주변의 도로는 맑은 호수와 수려한 주변 경관으로 자동차 여행의 새로운 명소로 각광받고 있다. 호수 주변 100리 길은 봄에는 벚꽃, 가을엔 단풍으로 유명하다.

*영남의 작은 금강산, 황매산

황매산은 가야산과 함께 합천의 명산으로 꼽힌다. 매년 봄이면 전국 최대 규모의 철쭉군락지인 황매산의 철쭉꽃은 '산상화원'을 만들어 오랫동안 기억된다. 황매산에는 전국 제일의 등산코스로 알려진 모산재를 중심으로 기암괴석이 병풍처럼 감싸고 있는 고찰인 영암사지가 자리하고 있다. 황매산은 태백산맥의 마지막 준봉으로, 조선 건국을 도운 무학대사가 수도를 행한 장소라 전해진다. 작은 금강산이라 불릴 만큼 아름다운 이곳 정상에 오르면 발 아래 합천호와 지리산, 덕유산, 가야산 등이 손에 잡힐 듯 한눈에 들어온다. 〈합천군청 관광개발사업단: 055-930-3751〉

*국내 최고·최대의 영상테마파크

합천영상테마파크는 볼거리와 흥미가 공존하는 지역명소다. 용주면 가호리 8만 2500㎡에 영상테마파크가 지리를 잡은 것은 2004년. 1930~40년대 서울 시가지 모습이 그대로 재현되고, 조선총독부와 헌병대 건물이 들어서 있다. 또 서울역과 반도호텔, 세브란스병원, 파고다극장 등도 보인다. 특히 일제강점기 서울의 옛모습을 떠올리기에 충분한 일본식 주택, 인형가게, 헌책방 등은 당시의 모습을 한눈에 보여줘 드라마 속으로 들어온 듯한 착각을 불러일으킬 정도다. 국내에서 최고·최대 시대물 영상테마파크로 이름난 이곳에서는 〈태극기 휘날리며〉와 〈모던보이〉를 비롯해 드라마 〈서울 1945〉, 〈경성스캔들〉,

<에덴의 동쪽> 등 60여 편의 영화와 드라마 등이 촬영됐다. 2011년 스크린을 강타한 영화 <고지전>과 <최종병기 활>, <써니> 등도 이곳에서 촬영됐다. <합천영상테마파크: 055-930-3751>

*물안개와 운해로 몽환적인 합천호

낙동강과 황강의 물을 잡아둔 합천호는 1988년 12월 합천댐을 만들면서 생긴 인공호수로 산허리를 끼고 도로를 달리는 드라이브코스로도 잘 알려져 있다. 피어오르는 물안개와 구름바다가 뒤섞인 몽환적 풍경을 자랑한다. 합천호의 물안개와 절묘한 조화를 이루던 미인송은 수년 전 생명을 다했고, 새로 옮겨 심은 소나무가 자리하고 있다. 이른 아침 합천호의 물안개와 산자락이 부딪치며 몸을 섞는 산안개의 장관은 직접 보지 않고서는 말과 글로 설명하기가 어려울 정도다. 붕어와 잉어, 메기 등 어종이 많아 강태공들이 즐겨 찾는 곳이기도 하다. 특히, 봄이면 물안개가 동서로 길게 황강을 끼고 병풍처럼 이어진 그림 같은 능선과 합천 호반이 이루어진 백리 벚꽃길은 전국 최고를 자랑하며, 주변의 유명한 고가들과 함께 무릉도원을 연상케 한다.

남부형 탈춤의 발상지로 알려진 합천 덕곡면 율지리에서는 매년 여름 '밤마리오광대탈춤축제'가 열린다.

국내 최고·최대 시대물 영상테마파크로 60여 편의 영화와 드라마가 촬영된 합천영상테마파크.

<합천댐 관리사무소: 055-930-3542>

*남부형 탈춤의 발상지 덕곡 밤마리

합천군 덕곡면 율지리(밤마리)는 남부형 탈춤의 발상지로서, 해마다 여름이면 '밤마리오광대탈춤축제'가 열린다. 축제는 서낭제를 시작으로 전통무용, 농악, 민요공연과 지역의 화합과 안녕을 비는 제1과장 오방신장무, 오광대 공연의 하이라이트인 양반과장, 인생의 무상함을 풀어내는 제5과장 할미영감과장 등을 시연한다. 오광대놀이는 다섯 명의 광대가 탈을 쓰고 한바탕 흥을 돋우는 전통연희.

낙동강과 면해 있는 율지리는 조선 중기부터 낙동강의 물류 중심지로, 전국 각지의 놀이패들이 흘러들어왔다. 이곳을 근거지로 일파가 형성되어 고성, 진주 등 경남 지역 전체로 퍼져나갔다. 탈놀음의 첫 과장이 다섯 광대로 시작되면서 오광대라고 불리게 됐다. 마을에는 탈장승공원과 탈체험전시관도 있어 오광대의 다양한 면모를 즐길 수 있다. 전국문화원연합회가 문화역사마을로 선정한 마을 입구에는 나룻배 모양의 탈춤조형물이 설치돼 있다. 공연장에 밤마리오광대에 관한 자료가 있고 탈 제작 체험 등이 가능하다. <합천밤마리 오광대보존회: 055-932-0333>

만물상을 닮은 천혜의 절경
서귀포 주상절리대

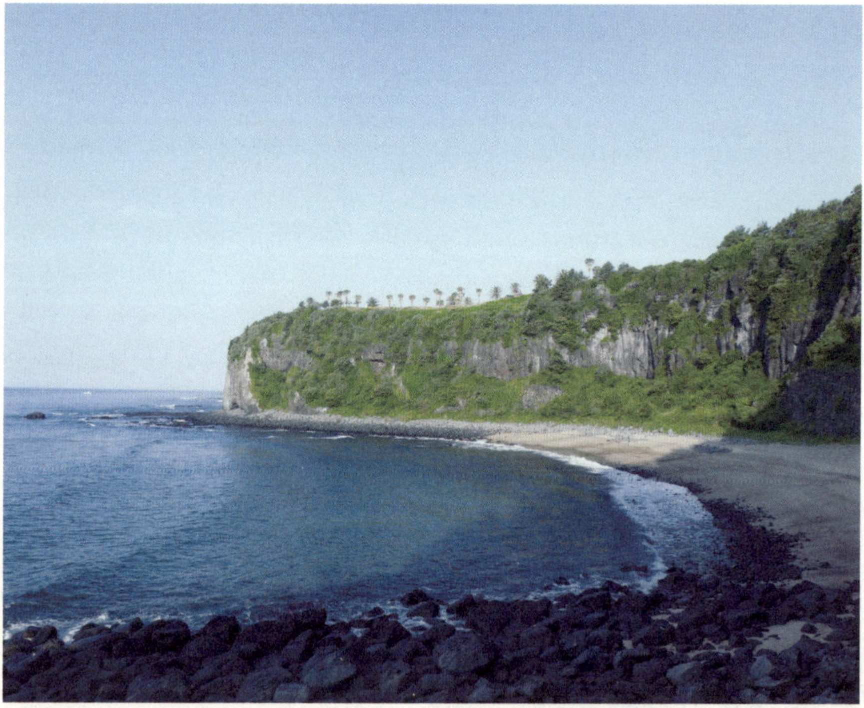

제주 서귀포시 색달동 중문 하얏트호텔과 갯깍주상절리대 사이는 잘 알려지지 않은 숨은 비경으로 통한다. 국내 최대 규모의 주상절리대가 작은 백사장인 '조근모살'과 어울려 장관을 연출한다.

제주는 언제 가도 신비스럽다. 도저히 감을 잡을 수 없는 지명이 그렇고 이국적인 풍경 또한 그렇다. 갯깍, 조근모살, 근모살, 드르, 신산오름… 서귀포 해변에서 만나는 지명들이다. 제주여행은 이처럼 낯선 지명과 풍광이 오히려 다정하게 느껴져서 더욱 매력적으로 다가온다.

제주공항을 나서자 화창한 날씨가 반겼다. 하지만 서귀포로 넘어가는 사이 비가 부슬부슬 내리고, 한라산은 지척에서도 보이지 않을 만큼 검은 구름으로 뒤덮였다. 높은 한라산이 구름을 막아 서귀포에 비를 뿌리는 날이 많아졌다.

비를 맞으며 제주의 숨겨진 비경을 찾아 나섰다. 월평마을에서 대평포구까지 바닷가로 연결된 '올레길 8코스'로 향했다. 해안선을 따라 길이 연결된다고 해서 '전형적인 바당(바다) 올레 코스'로 불리는 곳이다.

중문해수욕장은 흐린 날씨에도 아랑곳없이 뒤늦은 피서에 나선 관광객으로 만원이었다. 제주를 대표하는 천제연 계곡의 끝이 바다와 만나는 곳으로 긴 백사장을 뜻하는 진모살이라 불린다. 하지만 백사장의 길이는 500m에 불과하다. 해수욕장은 흰색과 검은색, 그리고 회색과 붉은색 모래로 뒤섞여 있다. 앞에는 짙푸른 바다가 펼쳐져 있고, 뒤에는 깎아 세운 듯한 낭떠러지가 갈색 옷을 입고 병풍처럼 버티고 서 있다.

'진모살'이라 불리는 중문해수욕장의 긴 백사장에는 흰색과 검은색, 회색과 붉은색 모래가 뒤섞여 있다.

    길을 따라 발걸음을 조금만 옮기면 제주 토박이들조차 모른다는 숨은 비경을 만나게 된다. 하얏트호텔과 예래동 '갯깍 주상절리대' 사이가 그곳이다. 언뜻 보기에도 신비스런 모습이 그대로 드러난다. 중문해수욕장이 넓은 모래밭을 뜻하는 '진모살'인 데 비해 이곳은 작은 모래톱이라 해서 '조근모살'이라 불린다.

    바다로 난 산책로를 따라 가는 길에는 작은 대나무가 터널을 이룬다. 계단을 다 내려서기도 전에 작은 폭포가 제법 큰 소리를 내며 바다로 물을 흘러보낸다. 무지개를 만드는 '개다리폭포'와 기묘한 형상의 바위가 잘 어울려 한 폭의 동양화를 보는 듯하다. 곧이어 바다로 향하는 급한 경사에 가지런히 자리한 나무계단을 타고 내려서면 영겁의 시간 파도에 시달려 모서리가 마모돼 둥글둥글한 몽돌이 쫙 펼쳐져 있다.

'진모살'이라 불리는 중문해수욕장의 긴 백사장에는 흰색과 검은색, 회색과 붉은색 모래가 뒤섞여 있다.

산책하거나 맨발로 걸어다니기

동굴로 향하는 곳에는 아주 작은 모래톱이 나온다. 유(U)자형 협곡 가운데 백사장이 있는 셈이다. 조용히 산책을 하거나 맨발로 걸어 다니기에 좋은 곳이다. 서귀포 앞바다에서 밀려오는 파도의 물거품까지 더해지면 이곳은 말글로는 형언키 어려운 풍광이 눈앞에 펼쳐진다.

백사장 옆에는 또다시 정교하게 겹겹이 쌓인 검붉은 사각, 육각꼴의 돌무더기와 하늘을 향해 수직으로 뻗은 육각 돌기둥이 해안을 호위하고 있다. 둘러싼 병풍바위 주상절리대는 만물상을 닮은 천혜의 절경이다. 흡사 돌로 쌓아 올린 성곽의 모습을 하고 있는 갯깍 주상절리대이다. 최대 높이에 40m, 폭이 1km에 달한다.

인근 대포해안 주상절리대와 더불어 국내 최대 규모를 자랑한다. 주상절리는 거대한 용암의 흐름이 바다와 만나 급속히 식으면서 용암덩어리가 사각, 오각, 육각 기둥으로 쪼개진 것이다. 주상절리대는 바다와 만나 침식하면 용암 기둥이 밑부분부터 떨어져 나가 거대한 동굴이 탄생한다. 이곳에 있는 '색달동 해식동굴'이 바로 그런 곳이다. 아치형 육각기둥이 떠받친 20여m 높이의 동굴에 들어서면 자연의 위대함에 절로 고개가 숙여진다.

이제 주상절리와 흐드러진 억새가 어울려 절묘한 풍경을 만들어내는 '지삿개 주상절리대'로 갈 차례다. '대포 주상절리'라고도 하는데, 지삿개는 대포동의 옛 지명이다. 중문관광단지 민속박물관 입구와 대포동 마을에서 서남쪽으로 5~6분 거리에 있다.

해안을 병풍처럼 감싸고 있는 지삿개 주상절리대에 파도가 치면 하얀 물거품으로 흘러내리는 모습은 보기 힘든 절경이다.

지삿개 주상절리대는 약 25만 년에서 14만 년 전 사이에 '녹하지악(鹿下旨岳)' 분화구에서 흘러나온 용암이 식으면서 형성됐다. 석공이 공들여 다듬은 듯한 느낌이 들 정도로 정교하다. 거센 파도가 30~40m에 이르는 돌기둥을 타고 오르다 하얀 물거품으로 흘러내리기를 반복하는 모습은 다른 곳에선 보기 힘든 절경이다.

해병대의 도움을 받아 해녀들만 다니던 바윗길을 새로 연 해병대 길을 지나는 맛도 일품이다. 자연과 어우러진 여유로움과 편안함으로 가득한 작은 마을 대평리가 이 올레길의 종점이다. 안덕계곡 끝자락에 바다가 멀리 뻗어나간 너른 들(드르)이라 하여 '난드르'라고 불리는 마을이다. 마을을 감싸는 '군산(신산오름)'은 동해 용왕 아들이 스승의 은혜에 보답하기 위해 만들었다는 아름다운 전설이 전해진다.

여행정보

- - - - - - - - - - - - - - -

● 묵을 곳

제주(지역번호 064) 서귀포 중문에는 특급호텔과 콘도, 여관, 펜션 등 다양한 숙소가 있다. 가족 단위 여행객에게 적합한 한국콘도(738–9101)와 해변에 위치한 여행스케치(738–8250), 트윈성펜션(738–8558), 골드비치펜션(738–7511), 큰머들민박(738–5933) 등도 있다.

● 먹을 곳

제주의 대표 음식으로는 말고기, 제주 토종 흑돼지, 갈치, 옥돔, 전복죽 등이 있다. 중문에 있는 신라원(739–3395)에서는 말고기 등 제주의 특산음식을 내놓는다. 퍼시픽랜드 안에 있는 비치카오카오(1544–2988)는 뷔페 음식점으로 각종 해산물과 바비큐 요리 전문점이다. 제주미향(738–8588)은 갈치 요리를, 덤장중문점(738–2550)에서는 전통고기잡이 방식인 덤장으로 건져 올린 생선을 내놓는다. '중문어촌계 해녀의 집'(738–9557)은 해녀들이 잡은 해산물을 즉석에서 조리해준다.

제주 올레
https://www.jejuolle.org

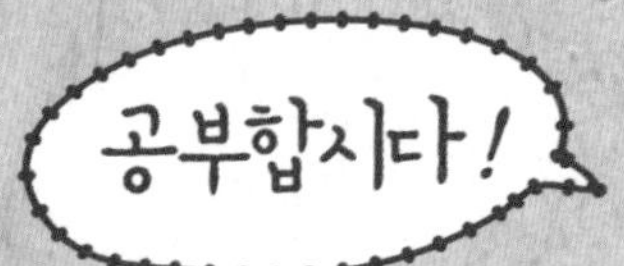

● '올레'가 무슨 뜻일까?

여기가 바로 올레길 8코스란다.

엄마, '올레'가 무슨 뜻이에요?

'올레'는 아주 좁은 골목을 이르는 제주어란다. 고어로는 오라, 오래라고도 하지. 여기서 문을 의미하는 '오래'가 변하여 올레가 된 거야.

그럼 지리산 둘레길도 올레길 같은 산책길이에요?

응, 올레길을 본따서 지리산 둘레길, 무등산옛길, 남한산성길 등이 만들어지게 되었지.

아, 그렇구나!

자, 이 자료를 읽어 보니, 올레길은 처음에 제주 출신의 언론인 서명숙 씨라는 분이 스페인 '산티아고 가는 길'에서의 경험을 통해 창안해 냈다고 하는구나. 2011년 9월까지 총 19코스가 개발되었고, 각 코스는 길이가 15km 이내로 평균 5~6시간이 소요된다 하네. 그리고 서명숙 씨를 중심으로 구성된 사단법인 제주올레는 계속해서 코스를 개발하고 있다는구나. 길을 먼저 탐사해 본 뒤, 걷기 좋은 길들을 연결하여 코스를 만드는 식이란다.

거기 써 있는 간세는 뭐예요?

아, 그건 아빠가 얘기해줄게. 간세는 제주올레의 상징인 조랑말 이름을 가리키는 거야. '게으름'의 제주 방언으로, 느릿느릿한 게으름뱅이라는 뜻의 제주어 '간세다리'에서 따온 말이지. 여기 봐라, 이게 간세란다. 간세는 이 올레길의 마스코트로서 길을 안내하는 표지판 역할을 하고 있어.

와, 귀여워요!

그렇지? 특히 이 간세는 친환경적인 면을 고려해, 옥수수에서 추출한 당분을 발효시켜 만든 천연 플라스틱으로 이뤄져 있다는구나. 이 플라스틱은 한국 식양청

뿐 아니라, 미국이나 유럽 등 관련 기관으로부터 인체 및 환경에 무해한 원료로 승인받은 천연식물합성수지야. 따라서 폐기하게 되면 땅속에서 일정 시간이 지난 뒤 자연 분해되므로 토양 오염을 걱정할 필요가 없지. 그리고 올레길의 각 코스를 안내하는 표지는 제주를 대표하는 돌인 현무암을, 또 나뭇가지에 매달린 리본 사인은 면 소재로 만들어졌다는구나. 이러한 자연 친화적인 배려 덕분에 우리 같은 방문객들도 자연 속에서 온전한 휴식의 즐거움을 만끽할 수 있는 거란다.

그렇구나… 앞으로 이런 길이 많이 생겼으면 좋겠어요.

저는 제주도 하면, 돌하르방이 떠오르는데!

그래, 여전히 제주도의 상징은 돌하르방이지. 아니, 제주를 넘어 한국을 대표하는 문화 이미지로 세계인들에게 각인되어 있어. 내가 듣기론, 2002년 제주시가 중국에 기증한 돌하르방 2기가 라이저우시 광장에 세워져 있고, 미국 캘리포니아주 샌타로사시 청사 앞에도 돌하르방이 자리하고 있다는구나.

근데, 돌하르방은 왜 만들어진 거예요?

돌하르방은 제주도에 산재하는 총 45기(基)의 제주 특유의 석상이란다. 육지의 장승처럼 주술적이고 수호신적인 역할을 했던 걸로 알려져 있어. 석상들이 만들어진 시기는 정확히 알 수 없지만, 『탐라지』에 영조 때인 1754년 김몽규가 창건했다는 기록이 남아 있다는구나. 또 중국 진시황 때 흉노족을 물리친 거인 장사 완옹중의 석상을 수호신처럼 제주의 성문 앞에 세웠다고 전해지고……

아하, 장승 같은 역할을 했던 거군요!

돌하르방은 원래 우석목, 무성목, 돌영감, 수문장, 벅수머리 등 다양한 이름으로 불렸다는구나. 그러다 그 생김새가 할아버지를 닮았다 해서 '돌할아버지'를 뜻하는 제주어 '돌하르방'이라 불리게 된 거야.

큭, 돌할아버지라… 재밌네요.

일제강점기 초 돌하르방은 제주목 동·서·남의 삼문과 북수구문 밖에 28기가 있었다 해. 근데, 도시 개발 등으로 인해 모두 원래 위치에서 이전되었다 하는구나. 그래서 지금은 그 소재지를 정확히 파악할 수 없는 상황이라니, 안타까운 일이지……

호젓한 정취를 만끽하는
가을 여행

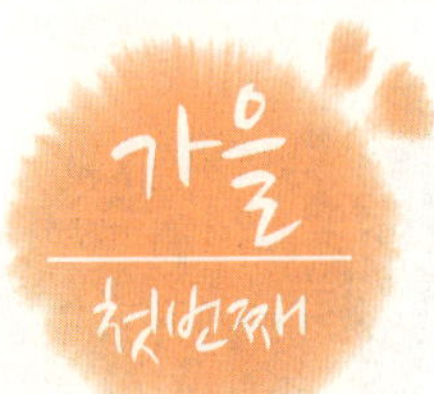

호젓한 갯벌을 만끽하다
강화도

강화도는 서울에서 1시간 남짓이면 닿는 짧은 거리에 아름다운 해변이 있고 생태체험을 할 수 있는 광활한 갯벌이 있어서 가을 여행지로 인기가 좋다. 갯벌체험은 즐겁고 신나는 동시에 생명체의 소중함을 느끼고 환경의 중요함을 깨닫게 한다.

가을이 오는 길목에서 호젓함을 만끽하려면 강화도 여행이 제격이다. 강화도는 행정구역상 인천광역시에 속한 섬이다. 서울에서 자동차를 타고 강화도로 가려면 김포를 통과해야 하는데 김포는 행정구역상 경기도에 속한다. 한데 강화도는 인천광역시 강화군이라는 사실이 늘 의아하다.

강화군은 전체가 크고 작은 섬으로 이뤄져 있다. 강화도가 제일 큰 섬이다. 김포시에서 강화도로 이어지는 다리는 강화대교와 강화초지대교 두 곳이 있다. 섬이면서도 육지와 연결된 곳이어서 쉽게 접근할 수 있는 강화도는 바다의 정취를 느끼기 위해 서울에서 갈 수 있는 가장 접근성이 뛰어난 곳이다. 강화도는 서울에서 2시간이면 닿는 짧은 거리에 아름다운 해변이 있고 생태체험을 할 수 있는 광활한 갯벌이 있어서 인기가 좋다. 해변에 간다 해도 여름 더위가 가시고 신선한 가을을 맞이하게 된다는 의미를 지닌 절기 처서(處暑)가 열흘쯤 지나고 나니 바닷물에 들어가는 것은 엄두가 나지 않는다. 하지만 해변에 텐트를 치고 가족끼리 오순도순 이야기꽃을 피우고, 상쾌한 바람을 맞아보기엔 가을처럼 좋은 계절이 없다.

그래서일까. 가을 주말이면 바다와 일몰을 구경하려는 많은 사람이 강화도 해변으로 달려온다. 강화도에서 가을바다의 정취를 느끼기엔 동막해변만 한 곳도 없다. 해변을 따라 방풍림으로 조성된 소나무 숲은 낮에는 따가운 햇빛을 막아주고, 밤이면 잔잔한 솔향기를 뿜어내 더없이 좋다. 강화도 본섬의 유일한 해수욕장인 동막해변은 길이는 200m에 불과하다. 밀물 때는 10m의 좁은 백사장이지만 물이 빠지면 직선거리 4km로 59.5㎢나 되는 갯벌이 드러난대.

즐거운 갯벌체험

천혜의 갯벌을 품고 있는 동막해변에서 여하리, 동검리로 이어지는 강화도 남단은 유럽 북해 연안, 캐나다 동부 해안, 미국 동부 조지아 해안, 남미 아마존 강 하구 해안과 더불어 세계 5대 갯벌로 꼽힌다. 강화도 갯벌은 천연기념물 419호로 지정됐다. 여기에 인근 교동도와 석모도, 주문도, 아차도, 볼음도 등 작은 섬들 사이에도 갯벌 천지다. 여의도 면적 52.7배 크기의 갯벌이 강화도를 둘러싸고 있다. 세계적 희귀종인 저어새(천연기념물 205호)가 이곳 갯벌에서 서식한다.

바닷물이 빠지기 시작하면서 참게, 농게, 쇠스랑게 등 14종의 게가 분주하게 돌아다닌다. 또 조개나 고둥 등 연체동물, 갯지렁이와 같은 환형동물도 발견된다.

펄을 조금만 파헤치면 게와 조개를 어렵지 않게 잡을 수 있다. 갯벌체험은 어른이나 아이들에게 소중한 경험이다. 갯벌체험은 즐겁고 신나는 동시에 생명체의 소중함을 느끼고, 환경의 중요함을 깨닫게 한다. 저녁 무렵 하늘과 바다 그리고 갯벌을 붉게 물들이는 석양은 환상이다. 갯벌의 광활하고 웅대한 모습을 보려면 동막리를 비롯한 주변이 드높게 펼쳐지는 본오리돈대로 가야 한다.

갯벌에 대해 자세한 설명을 해주는 곳도 있다. 강화갯벌센터는 1층에는 갯벌 생태에 관한 전시, 2층에 철새들에 대한 전시를 하고, 매월 색다른 생태식물을 특별전시도 한다. 특히 1층 전시장에는 '오감전시'라 하여 전시물을 보고, 만지고, 냄새를 맡아볼 수 있어 아이들을 동반한 가족들의 필수 코스가 되고 있다.

강화군 화도면에 있는 강화갯벌센터.

동막해변과 갯벌체험관이 있는 화도면 여차리까지의 2차선 포장도로 주변에는 독특한 건축물들이 눈길을 끈다. 바다가 보이는 이곳 펜션들은 미술관과 음식점을 겸하고 있는 경우가 많아 특별한 경험도 가능하다.

마니산 정상에 참성단

이 지역을 여행지로 삼았다면 기원전 2333년 단군왕검이 세운 고조선의 흔적을 만나야 한다. 우리나라 최초로 세워진 나라인 고조선 유적이 아직도 남아있는 곳이 강화도 남쪽 끝에 위치한 마니산 정상이다. 백두산 천지와 한라산 백록담 중간에 위치해 민족의 정기가 집결한 곳으로 알려진 마니산 정상에는 단군이 하늘에 제사를 지내던 제단인 참성단이 있다. 제단은 원래 네모꼴의 돌을 쌓아 놓은 형태였으나 여러 차례의 수축(修築)으로 오늘날 그 원형을 알아볼 수 없게 됐다. 길상면에 있는 삼랑성(三郞城)과 함께 단군 관계 유적으로도 중요하다. 참성단에서는 지금도 매년 전국체육대회의 상징인 성화를 채화하고 있다.

마니산에는 천년고찰 전등사가 있다. 372년 소수림왕 때 세운 전등사는 몽골족의 침략을 막고자 노력한 고려왕실의 절이다. 전등사에서 마니산 정상까지 등반은 두 시간가량이 소요된다. 마니산은 해발 472m로 그리 높지 않지만 해수면 가까이에 있어 육지의 보통 산으로 따지면 700m 정도 되는 산행길이다. 가을철 해무가 낮게 끼거나 주변에 억새가 피어나면 마니산 주변은 신비감을 더해 아름답기 그지없다.

강화 마니산 정상에 있는 참성단은 시조 단군(檀君)의 신화가 서려 있는 곳이다. 전국체육대회의 상징인 성화 채화가 이곳에서 이뤄진다.

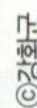

여행정보

● 가는 길

서울에서 가려면 올림픽대로 또는 강변북로를 타고 가다 48번 국도(김포) → 352번 지방도로 → 초지대교 → 전등사 → 동막해수욕장으로 가면 된다. 대중교통을 이용하려면 신촌에서 버스를 타면 된다. 신촌~강화여객 터미널 1시간 소요.

● 묵을 곳

강화군(지역번호 032) 화도면 동막리와 사기리, 여차리 바닷가에 시설 좋은 펜션이 여럿 있다. 초록별펜션(937-7858), 일마레펜션(010-5456-1242), 마리펜션(937-9975), 씨씨하우스(937-3453), 바닷가펜션(937-8499), 갈릴리펜션(937-0063), 구름위산책(937-0037), 하늘바라기(010-3322-9368), 별빛바다(937-1970), 쁘띠펜션(937-8251).

● 먹을 곳

강화는 밴댕이, 장어, 순무를 이용한 김치와 정과 등이 유명하다. 잘 알려진 음식점으로는 편가네된장(937-6479)의 한식, 사회적 기업인 콩세알농민식당(933-9685)의 백반, 충남서산집(933-8403)의 꽃게탕, 버들회집(937-3472)의 왕새우 소금구이 등이 있다.

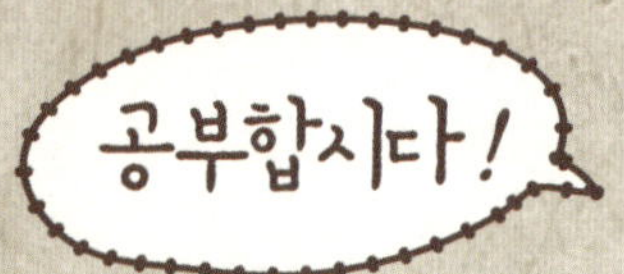

● 외규장각 도서의 반환은 어떤 과정을 통해 이뤄졌을까?

뉴스에서 외규장각 도서를 프랑스에서 돌려받았다고 하던데, 외규장각 도서가 뭐예요?

응, 외규장각에 있던 도서들을 말하는 거야. 외규장각은 1782년에 조선 임금이었던 정조가 왕실에 관련된 서적들을 보관하려고 강화도에 세운 도서관이란다. 규장각이라고 하는 국가 도서관의 분소라 할 수 있지.

어떤 책들이 있었는데요?

의궤를 비롯해 천여 종의 책들이 권수로는 5천 67권이나 소장되어 있었단다. 그런데 이중 359권을 프랑스인들이 약탈해 가버렸단다.

프랑스인들이 우리나라 책들을 어떻게 가져간 거예요?

그걸 알려면 병인양요라는 역사적 사건부터 설명해야겠구나. 1866년 프랑스군이 조선을 침입한 사건이란다. 당시 조선을 실질적으로 통치하고 있던 사람은 흥선대원군이었어. 흥선대원군은 쇄국정책으로 유명한 인물인데, 그 일환으로 1866년 천주교 금압령을 내리고 프랑스 선교사 9명을 포함해 한국인 천주교도 8천여 명을 처형했단다. 이에 프랑스는 군사적 응징을 계획하고, 로즈 제독의 지휘하에 군함 7척과 600명의 해군을 이끌고 와서 강화성을 점거해 버렸지. 사태가 심각하다는 걸 깨달은 조선의 조정은 대응에 나섰어. 순무영을 설치하고 이경하를 대장으로 임명해 전투에 나섰단다. 하지만 칼과 창으로 무장한 조선 군인들이 총으로 무장한 프랑스군을 당해내긴 어려웠지. 그러던 중 양헌수라는 장수가 프랑스군을 이기기 위해서는 기병을 활용해야 한다는 묘안을 냈어. 그리고 심야에 대군을 이끌고 프랑스군 몰래 강화해협을 건너 정족산성을 수복한단다. 프랑스군은 정족산성을 공략하려고 했지만 양헌수가 이끄는 군대에 참패를 당하고는 마침내 철수를 결정하게 되지. 근데, 그냥 빈손으로는 돌아갈 수 없다고 판단한 것인지 철수할 때 외규장각 도서와 은괴 19상자 등 우리 문화재를 잔뜩 들고 가버렸단다.

 어떻게 외규장각 도서를 되돌려 받을 수 있었던 거예요?

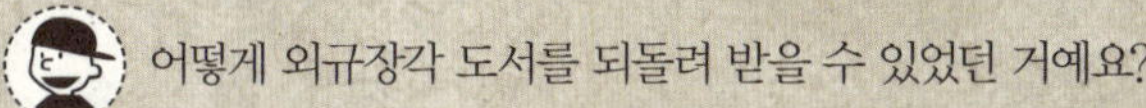 쉬운 일이 아니었단다. 반환의 출발점은 프랑스국립도서관에서 사서로 일하던 박병선 씨가 외규장각 도서를 발견하는 데서 시작돼. 그녀는 우리의 소중한 문화유산을 되찾기 위해 발 벗고 나섰지. 우리 정부와 시민단체들도 적극 협력했고… 그런 줄기찬 노력의 결실로, 1993년 9월 당시 김영삼 대통령과 프랑스의 미테랑 대통령 간의 정상회담에서 교환 기본원칙이 합의되었어. 하지만 우리는 원래 우리 것이었으니 무조건 반환을 주장했는데, 프랑스는 외규장각 도서를 반환하는 대신, 우리 문화재 중 비슷한 가치를 지니는 걸 내달라며 조건을 걸면서 결국 합의는 무산되었단다. 이후 프랑스의 소극적 태도로 어려움을 겪어오다가 2010년 11월 G20 정상회의에서 양국의 대통령이 논의를 거쳐 5년 단위 갱신이 가능한 임대형식으로 대여하는 데 합의하기에 이르렀단다. 원래 우리 것인데 프랑스에서 우리에게 빌려주겠다는 거지. 갱신은 아주 특별한 경우가 아니라면 자동적으로 이루어지기 때문에 반환된 것이나 마찬가지이지만, 그래도 임대형식이라는 건 참 안타까운 일이지. 아무튼 그런 부당한 조건에서나마 2011년 6월 마침내 외규장각 도서의 반환이 이루어졌단다.

많은 사람의 노력 덕분에 우리의 소중한 문화유산을 되찾았네요. 항상 역사에 관심을 가지고 우리의 소중한 문화 자산을 아껴야겠어요.

'작은 역사교과서'로 불리는 강화도

육지 같은 섬 강화도는 작은 역사교과서로 불린다. 섬 전체에 문화재가 널려 있고, 풍부하고 다양한 볼거리들이 지천으로 깔려 있다. 청동기시대의 고인돌이 있고, 몽골이 고려를 짓밟는 그 순간 고려 왕실은 강화도에 천도해 우리에게 고려 왕궁터를 남겼으며, 조선 후기에는 정제두가 양명학을 연구한 곳이기도 하다. 근대에는 프랑스, 미국과 전투를 벌였던 전쟁의 흔적을 만날 수 있는 섬이다. 그리고 일본과는 최초로 근대적 불평등 조약인 강화도조약을 맺은 현장이기도 하다. 강화도는 이처럼 우리 민족의 숨결이 서려 있는 곳으로 우리 역사를 선사시대에서 근·현대까지 모두 만날 수 있는 곳이다. 그런가 하면 천혜의 자연적 경치가 곳곳에 펼쳐져 있다. 강화도는 우리나라에서 다섯 번째로 큰 섬이다. 강화도 본도와 교동도·석모도 등 주민이 살고 있는 섬 11개와 무인도 18개로 이루어져 있다.

*강화조약이 체결된 연미정

자연경관이 아름다워 풍류를 즐기거나 학문을 공부하던 정자이다. 한강과 임진강의 합해진 물

석모도의 일몰.

줄기가 하나는 서해로, 또 하나는 강화해협으로 흐르는데, 이 모양이 마치 제비꼬리 같다고 해서 정자 이름을 연미정이라 지었다고 한다.

고려 고종이 사립교육기관인 구재(九齋)의 학생들을 이곳에 모아놓고 공부하게 했다는 기록이 전해온다. 또한 조선 중종 5년(1510년) 삼포왜란 때 큰 공을 세운 황형에게 이 정자를 주었다고 한다. 인조 5년(1627년) 정묘호란 때에는 강화조약을 체결한 곳이기도 하다.

*조선시대 대포가 있는 갑곶돈대

강화읍 갑곶리 1020에 있다. 이 돈대는 고려 고종 19년(1232년)부터 원종 11년(1270년)까지 도읍을 강화도로 옮긴 후 몽고와 싸울 때의 외성으로 강화해협을 지키던 중요한 요새였다. 조선 인조 22년(1644년)에 설치된 제물진(갑곶진)에 소속된 이 돈대는 숙종 5년(1679년)에 축조됐다. 고종 3년(1866년) 9월 7일 병인양요가 일어났다. 프랑스 극동함대가 600명의 병력을 이끌고 이곳으로 상륙하여 강화산성, 문수산성 등을 점령했다. 같은 해 10월13일 프랑스군은 삼랑성(정족산성) 전투에서 양헌수 장군의 부대에 패주했다. 이때 강화성 내에 있던 강화 동종을 가져가려다 여의치 않자 성내에 있던 외규장각 도서 등을 약탈하고 조선궁전 건물은 불을 질러 소실됐다. 돈대 내에는 조선시대의 대포가 전시되어 있다.

*바다를 지키는 요새 초지진

해상으로부터 침입하는 외적을 막기 위하여 조선 효종 7년(1656년)에 구축한 요새이다. 고종 3년(1866년) 10월 천주교 탄압을 구실로 침입한 프랑스군 극동함대 및 고종 8년(1871년) 4월에

초지진.

통상을 강요하며 내침한 미국 로저스의 아세아함대, 고종 12년(1875년) 8월 침공한 일본군함 운양호와 치열한 전투를 벌인 격전지이다. 당시 프랑스와 미국, 일본의 함대는 우수한 근대식 무기를 가진 데 비해 우리 군은 사거리도 짧고 정조준도 안 되는 열세한 무기로 외세에 대항해 싸웠다. 특히 일본 군함 운양호의 침공은 고종 13년(1876)에 강압에 의한 강화도수호조약(병자수호조약)을 맺어 인천, 원산, 부산항을 개항하게 되고 또한 우리나라의 주권을 상실하게 되는 계기가 됐다. 이곳은 민족 시련의 역사적 현장으로 애국애족 및 호국정신의 교육장으로 활용되고 있다.

*슬프고 아픈 역사의 현장, 광성보

광성보는 조선 효종 9년(1658년)에 설치되었으며, 숙종 5년(1679년)에 용두돈대, 오두돈대, 화도돈대, 광성돈대 등 소속 돈대가 축조되었다. 영조 21년(1745년) 성을 개축하면서 성문을 건립하고 안해루(按海樓)라는 현판을 달았다. 고종 3년(1866년) 프랑스의 극동함대와 치열한 격전(병인양요)을 치렀으며, 고종 8년(1871년) 미국의 아세아함대(신미양요)가 이 성을 유린하여 우리 수비군은 탄환 및 화살이 떨어지자 어재연 장군 이하 전 장병이 백병전으로 맞서 용감히 싸우다 전원이 장렬히 순국한 곳이다. 광성보 내에는 신미양요 시 순국한 순무천총 어재연, 동생 어재순의 쌍충비와 무명용사들의 합장묘인 신미순의 총 그리고 1977년 전적지를 보수하고 세운 강화 전적지 보수 정화비 등이 있다.

백제의 숨결이 흐르는
충남 부여

연못·조경 문화의 원형으로 알려진 부여 궁남지.

AUTUMN | 호젓한 정취를 만끽하는 가을 여행

백제 성왕이 서기 538년 도읍을 옮긴 뒤, 123년 동안 융숭한 문화를 꽃피웠던 곳이 부여(사비)다. 백제의 마지막 왕도답게 옛 흔적이 그나마 진하게 남아 있는 땅이다.

부여 여행의 출발지는 부소산이지만 먼저 둘러본 곳은 궁남지(宮南池). 궁남지 주변 10만 평 공간에는 연꽃과 수련, 가시연, 물양귀비 등 화려한 꽃들이 향연을 이루곤 한다.

이곳에선 해마다 7월이면 부여서동연꽃축제와 백제정원축제가 열린다. 연꽃들도 마치 화려했던 백제문화가 어느 순간 사라진 것처럼 자취를 감추었다. 여름을 빛냈던 꽃의 향연이 끝난 궁남지에는 높고 파란 가을 하늘이 내려앉았다.

궁남지는 이 땅 최초의 인공연못이다. 신라 경주의 안압지보다 40년이 빠르다. 삼국사기에는 "백제 무왕 35년(서기 634년)에 궁의 남쪽에 못을 파고 물을 20리 떨어진 곳에서 끌어와 인공섬을 만들고 주변에 버드나무를 심었다"는 기록이 전해진다.

'마래방죽'이라고도 하는데, "못 가운데에 섬을 만들어 방장선산(方杖仙山)을 모방했다"는 기록도 남아 있다. 다른 문화와 마찬가지로 백제의 조경기술도 일본에 전해졌다. 정원과 조경 기술은 일본 아스카 문화의 든든한 축이 됐다.

서동과 선화공주의 사랑이야기

연못에 사랑 이야기를 빼놓으면 아쉽다. 궁남지 주변을 거닐면서 백제 무왕이었던 서동과 선화공주의 사랑이야기를 떠올려 본다. 궁남지는 훗날 백제 무왕으로 등극한 서동의 탄생설화가 깃든 곳이다. 믿기 어렵지만 전하는 내용은 이렇다. 법왕의 시녀였던 여인이 연못가에서 살다가 용신과 사랑해 아들을 얻게 됐다. 그가 바로 신라 진평왕의 셋째딸 선화공주와 결혼한 서동이다. 평화로운 시기였다면 서동과 선화 두 연인은 이곳저곳을 뛰어다니며 사랑을 속삭였을 것이다. 그래서 궁남지는 서동공원으로도 불린다.

세월은 흘렀지만 궁남지는 옛 추억을 전하려는 듯 오래된 연못의 모습이다. 1400년이 흐른 뒤에도 연못 안의 작은 섬을 오가는 이들이 정겨워 보인다. 작은 섬에는 정자인 포룡정이 있어 잠시 동안이나마 복잡한 생각에서 벗어날 수 있다.

백제의 숨결을 느끼기에는 백마강과 부소산성만 한 곳도 없다. 백마강(白馬江)은 한강·영산강·낙동강과 함께 국토의 4대강인 금강의 다른 이름이다. 부여군 규암면 호암리에서 세도면 반조원리에 이르는 약 16㎞ 구간이다. 천정대에서 낙화암, 구드래나루, 규암나루를 거치는 구간이기도 하다. 삼국사기에는 백강, 일본서기에는 백촌강으로 기록된 백마강은 당나라, 일본, 신라, 서역과 문물교류를 한 주요

정림사지 5층석탑.

통로였다. 도읍지가 공주(웅진)에서 부여로 옮겨온 후 그 기능이 배가됐다.

황포돛배에 올라 백마강을 오르내리니

　백마강 명칭에는 실은 가슴 시린 역사적 배경이 있다는 게 문화관광해설사의 설명이다. 백제가 멸망할 때 당나라 장수 소정방이 백마의 머리를 미끼삼아 용으로 변신한 의자왕을 낚았다고 해서 사비수와 사간수 등으로 불린 강의 이름이 백마강으로 바뀌었다고 한다. 명칭 자체에 슬픈 역사를 가득 담고 있는 셈이다. 하지만 또 다른 문화관광해설사는 백마(白馬)는 '큰 나라'라는 뜻으로, 백마강은 '큰 나라가 있는 강'을 의미한다고 슬픈 감정에 빠진 여행자를 위로한다.

　정림사지 5층석탑을 둘러본 뒤 구드래나루에서 황토돛배 유람선을 탔다. 구드래는 '큰 나라'라는 뜻을 가진 말. 황포돛배에 올라 백마강을 오르내리니, 백제의 내부로 들어서는 느낌이다. 백마강 주변에 자리한 최고의 볼거리는 부소산성. 부소산(106m)은 백제 왕궁의 산성이면서 정원이다. 평상시에는 정원이었지만, 전란 중에는 최후 방어성으로 역할을 다했다. 낮은 산이지만 전망이 뛰어나고 낙화암, 고란사, 사자루 등 백제인의 충절과 혼이 서린 명소가 많다. 산에 오르기는 어렵지 않다. 등산이라고 할 수도 없다. 쉬엄쉬엄 걷다가 간혹 언덕을 올라가는 기분이다. 산성을 걷다 보면 역사와 조우하게 된다.

낙화암 정상.

백제 여인의 슬픈 사연이 전해지는 낙화암 정상에서 바라보는 백마강의 물결이 잔잔하다.

역사 의식을 다지기에 제격인 곳은 아무래도 삼충사. 송림이 울창한 산책로를 따라 가니 백제의 충신인 성충·흥수·계백을 모신 사당이 나온다. 백마강변 절벽에 자리한 고란사는 낙화암에서 꽃잎처럼 떨어져 숨진 백제 여인들의 원혼을 달래기 위해 고려 시대에 세운 사찰이다. 그런 때문인지 부소산 맨 뒤쪽에 자리한 낙화암에서는 각별한 감정을 갖게 된다.

『삼국유사』는 "백제 여인들이 나라가 무너지던 날 충절과 절개를 지키기 위해 백마 강에 몸을 던진 곳"이라고 기록하고 있다. 절벽이 붉은 빛깔을 띠는데, 백제 여인들의 피가 물들었기 때문이라는 전설이 전해진다. 하지만 삼천 궁녀가 떨어져 숨졌다는 것은 조선시대 이후 '만들어진 이야기'라는 게 대체적인 견해다. 백제 땅, 백마강을 바라보면 한강이나 낙동강에서 느끼지 못했던 처연한 기분에 빠져드는 까닭은 무엇일까. 화려하고 치열했던 백제인의 삶과 정신이 오늘 우리의 몸속에 이어지고 있기 때문일지도 모른다.

여행정보

• 가는 길

서울에서 가려면 경부고속도로를 타고 가다 천안JCT → 천안논산간고속도로 → 남공주JCT → 대전당진간고속도로 → 서공주JCT → 공주서천간고속도로 → 부여IC → 부여로 가면 된다. 대중교통을 이용하려면 기차는 KTX를 타고 논산역에 내려 부여행 버스를 이용하거나(약 2시간 소요) 남부시외버스터미널 또는 동부시외버스터미널에서 버스를 타면 된다(약 2시간 20분 소요).

• 묵을 곳

부여(지역번호 041)에는 벽제관광호텔(835-0870)과 롯데부여리조트(939-1000), 그리고 전통한옥 민박집인 백제관(832-2721) 등이 있다. 이 밖에 정보는 부여문화관광 홈페이지에서 얻을 수 있다.

• 먹을 곳

부여는 연잎밥이 유명하다. 백제향(837-0110), 백세의 집(834-1212) 등에서 연잎밥을 파는데, 연잎에 싸서 지은 영양찰밥은 향긋하고 담백한 맛이 일품이다.

부여문화관광
www.buyeotour.net

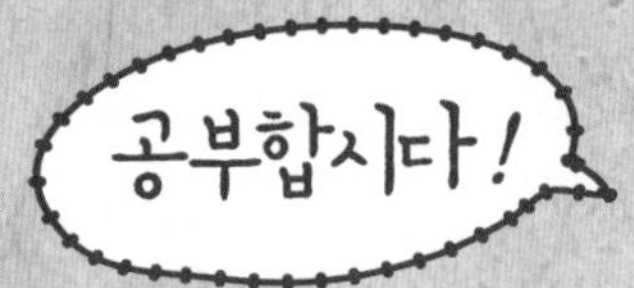

● 향가란?

부여에도 왔으니, 백제시대 무왕이 지은 노래 하나 읊어볼까?

선화공주님은
남 몰래 정을 통하고
서동 도련님을
밤에 몰래 안고 간다네.

善花公主主隱(선화공주주은)
他密只嫁良置古(타밀지가랑치고)
薯童房乙(서동방을)
夜矣卯乙抱遣去如(야의묘을포견거여)

아빠, 그건 무슨 시에요?

시가 아니라 향가리 부른단다. 이 향가는 서동이라 불렸던 백제 무왕이 지었다는 「서동요」야. 여기엔 아주 재미있고 낭만적인 이야기가 숨어 있지.

어떤 이야기요? 어서, 들려주세요.

서동은 어릴 적부터 신라의 선화공주를 사모했단다. 어떻게 하면 선화공주와 연인이 될 수 있을까 고민하다가, 서동이 꾀를 낸 거야. 그는 선화공주가 밤마다 서동의 방을 찾아간다는 내용의 노래인 이 「서동요」를 지은 다음, 그것을 성안의 아이들이 따라 부르게 했지. 노래가 퍼져나가니까, 임금이 화가 나서 선화공주를 귀양 보내버렸단다. 서동은 귀양길에 오른 공주를 데리고 백제로 돌아가 임금이 되었고, 선화공주는 임금이 된 무왕의 아내가 되었지. 이건 아빠가 지어낸 게 아니라, 삼국유사라는 책에 나오는 설화란다. 설화란 전설처럼 전해지는 이야기라 이 이야기의 사실성은 명확하지 않단다.

근데 아까 향가라고 하셨죠? 그게 뭐예요?

향가란 삼국시대에 발생해서 고려 초까지 유행했던 한국 고유의 정형 시가를 말
한단다. 당시 신라에 널리 퍼져 있던 토속적인 주술 신앙과 불교 사상을 담고 있
고, 내용과 주제도 다양했다고 하는구나. 형식은 4구체, 8구체, 10구체, 세 가지 형식이 있
는데, 앞서 아빠가 읊은 「서동요」는 네 개의 구로 이루어진 4구체 향가란다. 향가는 삼국
시대부터 널리 유행했기 때문에 실제로는 많이 있었겠지만, 현재까지 전해지는 건 『삼국
유사』에 14수, 『균여전』에 11수, 총 25수뿐이야. 신라 말기 진성여왕 시대에 위홍과 대구
화상이라는 사람이 향가를 모아 『삼대목』이라는 책을 펴냈는데, 아쉽게도 유실되고 말았
단다. 『삼대목』이 잘 보존되어 전해졌더라면 우리는 더 많은 향가를 만날 수 있었을 텐데
말이야. 또 향가는 당대의 언어와 문화를 이해할 수 있는 소중한 자료이기 때문에 더더욱
아쉬운 마음이 드는구나.

서동요의 주인공인 무왕에 대해서 좀 더 알려주세요.

어릴 적 이름이 서동이었던 무왕은 그 외에도 장, 무강, 헌병이라는 이름도 가지
고 있었단다. 혜왕과 법왕이라는 전임 왕들이 왕위에 오른 지 2년 만에 죽는 바람
에, 왕실 권위도 많이 약화되었고 내외정세도 그다지 좋은 상황이 아니었을 때, 백제 제30
대 왕으로 즉위했지. 600년에 즉위해 41년간 백제를 다스렸단다. 재임 초기에 무왕은 무척
훌륭했어. 신라 서쪽을 빈번하게 진공하면서 왕권이 안정과 나라의 번영을 꾀하고, 수나
라에 조공을 바치고 협력해 고구려의 남진도 견제했지. 또 무왕의 시기에 일본에 백제의
우수한 문화와 불교를 많이 전파했단다. 하지만 말년에는 유흥에 빠져 국사를 태만히 하
고 나라의 위세를 많이 갉아먹고 말았지. 이 무왕의 아들이 바로 백제의 마지막 왕인 의
자왕이란다.

은빛 구름바다 아래
황금빛 들녘

무주 덕유산

덕유산 설천봉 정상에 마련된 쉼터는 어른들에게는 잠시 숨을 고르는 곳이지만, 아이에게는 또 다른 세상을 향한 창문이다. 난간 틈에 얼굴을 내밀고 구름 아래 고봉들과 무주의 황금 들녘을 굽어보는 어린아이의 뒷모습이 경외롭기까지 하다.

무주리조트(곤돌라) - 설천봉 - 향적봉 - 덕유평전 - 구천동 계곡

덕유산을 둘러보고 왔다. 덕유산 최고봉 향적봉(1614m)에 올랐다. 국내에서 네 번째로 높은 산이지만, 향적봉 등정은 생각보다 어렵지 않다. 그 아래 봉우리인 설천봉(1525m)까지 무주리조트의 곤돌라를 이용하면 쉽게 오를 수 있어서다. 설천봉에서 향적봉, 덕유평전을 지나 구천동 계곡까지 약 10㎞ 구간은 무주의 자랑을 넘어서 호남의 자랑이다.

무주에 다녀왔다는 말은 호남의 깊은 산속을 접하고 왔다는 말과도 치환될 수 있다. 덕유산은 전북 무주와 장수, 경남 거창과 함양에 산자락을 둔 산이지만, 무주에서 갖는 의미는 생각 이상이다. 전라도 지방을 언급할 때 곧잘 인용하는 '무주구천동에서 홍도까지'라는 표현만 해도 그렇다.

당장 곤돌라에 올라 15분 정도 편하게 사방을 살펴보면 고공비행하는 '나'를 접하게 된다. 순식간에 주변의 건물과 식물, 사람의 모습이 작아지면 좀 더 대범해야 할 '나'의 내면을 생각하게 된다.

지상에서는 한없이 경사지고 굴곡이 심해 보였던 찻길마저 오히려 평온해 보인다. 마음의 여유를 되찾을 즈음에 곤돌라는 어느새 끝 지점인 설천봉에 접근한다. 산에서 장관을 접하고 싶지만 등산이 어려운 노약자나 아이에게는 곤돌라가 주는 기쁨이

클 것이다.

물론 덕유산이 가장 빛나는 계절은 겨울이다. 은빛 설경과 상고대를 배경으로 펼쳐지는 일출과 일몰은 장관이다. 이 매력을 알기에 많은 등산객이 겨울이면 덕유산에 오른다. 겨울이 아니더라도 덕유산의 매력은 여전하다. 설천봉의 정자인 상제루가 주는 은은함은 가을에 더 짙어진다. 사계절 내내 눈길을 사로잡는 게 설천봉에서 내려다보는 무주리조트와 들녘이다.

다른 명산들처럼 시간별로 날씨가 수시로 변하지만, 이곳을 찾는 이라면 기대해도 좋은 게 있다. 비가 내리거나 한겨울 눈발에 휘날리지 않는다면 덕유산에서는 곧잘 '구름의 바다'를 접하게 된다.

여인의 곡선미처럼 부드러운 덕유산의 능선에서 맞이하는 운해(運海)는 등산객의 마음마저 푸근하게 한다. 덕이 있고 넉넉하다는 덕유산이 구름과 만들어내는 협연이 고마울 뿐이다. 덕유산 위를 때론 바람처럼 날렵하게 때론 바닷물보다 느리게 움직이는 구름을 보면서 삶을 다시 생각한다. 덕유산을 보듬었을 구름이라면 남쪽의 지리산 천황봉, 북쪽의 계룡산과 대둔산, 동쪽의 가야산과 황매산의 골골을 어루만졌을 것이다.

황금 들녘을 감상하다

추수 직전의 황금 들녘을 내려다보는 재미도 쏠쏠하다. '구름 바다' 밑으로 덕유산의 봉우리들이 얼굴과 가슴을 반쯤 내보이는 곳에서는 단풍보다 보름쯤 먼저 가을을 알리는 게 들녘이다. 들녘에서 농부들의 바쁜 손놀림이 끝나고 보름 이상 지나면, 덕유산 정상에서부터 늦가을의 시작을 알리는 단풍이 찾아든다.

녹음이 점차 여러 빛깔의 색감을 내는 게 가을 단풍의 매력이다. 설천봉에서 바라보는 게 덕유산의 드넓은 가을 느낌이라면, 설천호수는 연인과 밀어를 속사일 낭만의

자연미와 조형미가 으뜸인 덕유산 설천봉의 상제루에 올라 가을을 느끼는 것도 운치가 있다.

공간이다. 2km에 이르는 호수의 산책길을 걷다 보면 소나무, 잣나무, 산죽나무 등 자연에서 나고 자란 식물의 아름다운 결을 만날 수 있다.

그 결을 따라 가족과 연인을 향한 사랑의 마음도 키울 수 있다. 여유가 있는 이라면 '호텔 티롤'에 머물며 알프스풍 분위기에 빠져도 좋을 듯하다.

무주를 찾는 이라면 꼭 들르는 곳이 청정계곡 무주구천동이다. 덕유산 국립공원 북쪽 70리에 걸쳐 흐르는 계곡을 찾는 이들은 여름철에 몰리지만, 가을에도 매력은 여전하다.

계곡의 입구인 나제통문을 비롯해 은구암·와룡담·학소대·수심대·구천폭포 등 구천동의 33경 명소가 사람을 불러들인다. 33경 중 제32경이라는 천년고찰 백련사 절집에 들러 돌배나무를 쳐다보며 세월을 이야기하는 등산객들도 제법 눈에 띈다.

여행정보

● 가는 길

서울에서 가려면 경부고속도로를 타고 가다 비룡분기점(남부순환고속도로) → 대전통영간고속도로 → 무주IC 좌회전 → 19번 국도 → 49번 지방도 → 무주리조트로 가면 된다. 대중교통을 이용하려면 기차를 타고 대전역에 내린 뒤 대전동부시외버스터미널에서 구천동행 버스를 타거나, 남부터미널에서 버스를 타고 무주터미널에 도착하여 구천동행 버스를 타면 된다.

● 묵을 곳

무주(지역번호 063)에는 무주리조트(322-9000)를 비롯해 오케이콘도(322-2213), 아일랜드펜션(323-7700), 허커펜션(322-8008) 등 많은 숙소들이 운집해 있다. 이 밖의 정보는 무주투어 홈페이지에서 얻을 수 있다.

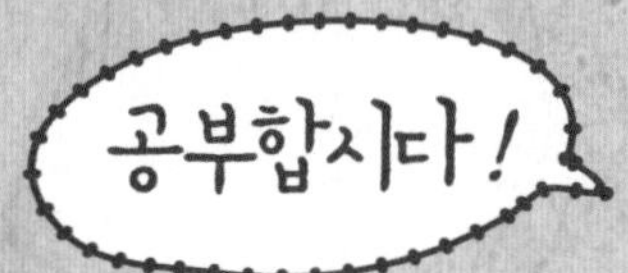

● '구천동 33경'이란?

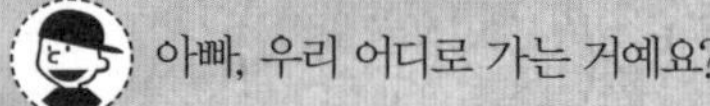

아빠, 우리 어디로 가는 거예요?

응, 구천동 계곡을 따라 백련사까지 오를 거란다. 구천동 계곡은 나제통문에서 백련사까지 28㎞에 이르는 계곡이지.

나제통문이 뭐예요?

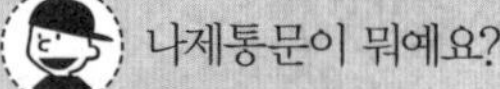

구천동 제1경인 나제통문은 석굴문으로, 옛날 신라와 백제를 경계를 이루던 곳의 암벽을 뚫어 만든 문으로 알려져 있어. 그 옛날 신라와 백제의 경계를 이룬 산이 석견산이었는데, 그 바위 능선으로 나제통도(羅濟通道)라는 고갯길이 있었단다. 이 길의 동쪽은 신라 땅, 서쪽의 무주읍은 백제 땅이었지. 이후 일제가 우마차가 다닐수 있는 통로 개발을 위해 석견산에 굴을 뚫었다고 해. 재밌는 점은, 지금도 여전히 양쪽 지역은 언어와 풍습이 다르다는 거야.

나제통문이 제1경이면, 제2경도 있겠네요?

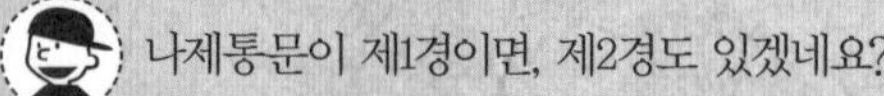

제2경뿐 아니라, 제33경까지 있단다. 이 구천동의 아름다운 곳 33군데를 가리켜 '구천동 33경'이라 부르지. 또 제1경인 나제통문에서 제14경인 수경대까지는 37번 국도로 이어지는데, 여기를 '외구천동' 그리고 월하탄에서 백련사를 지나 33경인 향적봉 정상까지 이어지는 길을 '내구천동'이라 부른다는구나. 그런데 최근에 나제통문은 일제강점기 때 뚫린 것이라는 주장이 제기되었어.

어째서요?

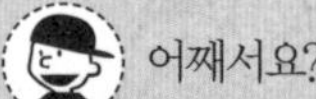

일제강점기 때 무주 근처에 금광이 있었는데, 거기서 채굴된 금을 빠르고 원활히 실어나르기 위해 신작로를 내야 했다는 거야. 그래서 거기 굴을 뚫었던 것인데… 당시엔 '기니미굴'이라는 일본어로 불렸지만, 후에 무주가 관광지로 개발되고 또 구천동 33경을 선정하면서 신라와 백제에 얽힌 역사를 고려해 '나제통문'이라 이름을 짓게 되었다는구나.

역사적으로 사연이 많은 곳이네요. 나제통문에 한번 가 보고 싶어졌어요.

그래 다음엔 나제통문도 꼭 들러보자꾸나. 오늘은 여기 삼공리 주차장에서 출발해 백련사까지 오를 계획이란다.

와, 폭포다!

물소리가 참 시원하지? 여긴 구천동 33경 중 제15경인 월하탄이야. 저기 안내판을 한번 읽어보렴.

선녀들이 하얀 날개를 펼치며 춤을 추듯이 두 가닥 물줄기가 폭포처럼 쏟아져 푸른 담소를 이루는 구천동 제15경……

제15경이 맞지?

네. 폭포가 정말 하얀 날개를 펼친 듯해요!

하하, 그래. (…) 여긴 구천동 제16경인 인월담이란다. 신라 시대 인월화상이 인월보사를 창건하고 수도한 곳이라는구나. 저 다리를 건너면 숲속에 인월정이 있지. (…) 이곳은 제31경인 이속대야. 사바세계를 떠나는 중생들이 속세와의 연을 끊는 곳이라 하여 이속대라 한다지.

저기 절이 있어요. 혹시 저기가 백련사?

그래 맞아. 우리의 목적지인 백련사야. 구천동 계곡의 끄트머리인 해발 900여m 부근에 자리하고 있어 우리나라에서 가장 높은 곳에 있는 사찰 기운데 하나라는구나. 신문왕 때 백련이 암자에서 수도하던 중에 흰 연꽃을 보고 이 백련사를 창건하게 되었다고 선해진단다. 한국 전쟁 때 불타 모두 소실되었다가, 이후 복원되었지.

아, 그렇구나.

백련사 계단은 전라북도 기념물 제24호로 지정되어 있는데, 돌 기단 위에 높이 2m, 둘레 4m의 탑신을 올려놓고 있어. 이 밖에 각각 전북유형문화재 제43호, 제102호인 매월당부도와 정관당부도 등의 문화재 그리고 대웅전, 성수당, 문향헌 등의 건물이 있단다.

청마의 시심에 절로 젖는 예향

통영

미륵산에서 바라본 통영 앞바다. 파랗고 맑은 바다를 가르며 남긴 배의 자취가 유독 통영에서 잘 어울린다.

미륵산(케이블카) - 달아공원 - 해저터널 - 강구안(벽화마을, 중앙시장) - 이순신공원 - 소매물도

*기타 명소들: 통영운하(야경 감상), 청마문학관, 남망산 공원, 연화도 용머리, 사량도 옥녀봉, 다랭이마을

통영으로 가는 길, 대전통영 고속도로의 맨 남쪽 나들목인 통영 나들목을 빠져나와 통영시청 앞을 지나자 차가 제법 밀린다. 자연스럽게 옛 도심의 문화를 살린 여느 지방의 도시처럼 구불구불한 시내 도로들이 정겹다. 통영을 찾는 이들이 손으로 꼽는 '통영 8경'에는 바다와 섬이 다수 포함된다. 미륵산에서 바라본 한려수도가 첫손에 꼽히고 통영운하 야경, 소매물도에서 바라본 등대섬, 달아공원에서 바라본 석양, 제승당 앞바다, 남망산 공원, 사량도 옥녀봉, 연화도 용머리가 8경에 속한다.

통영운하와 산양관광도로를 거쳐 '통영 ES리조트'에 올랐다. 고지대에 있는 통영수산과학관을 지나 리조트에서 바라보자 통영의 8경 중 5경이 눈에 들어왔다. 바다가 360도로 펼쳐지는 산꼭대기에 들어선 리조트의 장점일 것이다. 거리 때문에 실루엣처럼 흐릿한 곳도 있지만, 동행자에게 손가락으로 특정 지역을 지목할 수는 있었다. 가깝게는 달아공원이 보이고, 멀리 사량도와 제승당 앞바다, 연화도 용머리가 보인다. 그보다 멀리는 소매물도와 등대섬이 흐릿하게 다가온다.

통영 앞바다와 섬들은 이름만으로도 감수성을 자극한다. 욕지도와 사량도, 비진도는 그 이름의 배경을 궁금하게 하는 섬이다. 해금강, 매물도, 연화도 등이 주는 이미지는 또한 어떤가. 3개 면이 바다로 둘러싸인 통영에서 공식적으로 언급되는 섬은 151

통영 ES리조트에서 바라본 통영 8경의 한 곳인 제승당 앞바다.

개. 사람이 사는 유인도는 41개, 무인도는 110개다. 사람은 살지 않을지라도 무인도들은 갈매기 같은 바닷새의 고향으로 넉넉한 역할을 다하고 있을 것이다. 간혹 드넓은 남쪽 바다를 지나던 바람과 구름이 잠시 한눈을 팔게 했을 곳이다. 때로는 사람이 알지 못하는 영감과 혼을 주었을지 누가 알겠는가.

예술가의 고장, 통영

통영은 세계적인 음악가 윤이상과 『토지』의 작가인 소설가 박경리, 생명파 시인인 청마 유치환을 낳고 기른 땅이다. 통영 앞바다는 윤이상의 음악에 영감을 주었고, 유치환의 시 「깃발」과 박경리의 소설 『김약국의 딸』의 배경이 돼 문학작품에서도 복원된 땅이다. 이들 예술가에 견줄 시인 김춘수와 시조가 김상옥, 극작가 유치진, 소설가 김용익, 화가 전혁림이 태어나 자란 곳이 또한 통영이다. 어느 시인은 "나를 기른 건 8할이 바람"이라고 했지만, 통영 출신의 예술가는 "나를 기른 건 8할이 통영 앞바다"라고 고백했을지도 모른다. 이들만이 아니다. 시인 정지용과 화가 이중섭이 통영에 들러 명작을 남기기도 했다.

음악과 시와 소설에서 한국의 정서를 깊게 담았던 예술가의 고장은 마냥 파란 빛깔은 아니었을 것이다. 그들이 원고지와 오선지, 캔버스에 그린 통영은 역사를 가득 담고 있는 도시이기도 했다. 파도 소리와 파란 바다를 눈망울에 담은 예술가들은 '평화'의 마음을 가슴에 담았을지 모른다. 평화의 간절한 마음은 통영에 있던 삼도수군통제영의 객사인 세병관(洗兵館)이 말해준다. 서울 경회루, 여수 진남관과 함께 조선시대 3

푸른 빛깔이 가득했던 사량도 앞바다가 붉은 낙조에 공간을 내주고 있다.

대 목조건물인 세병관의 현판은 두보의 시 「만하세병(挽河洗兵)」에서 이름을 따왔다. 은하수를 끌어와 병기를 씻어 다시는 전쟁이 일어나지 않기를 바라는 염원을 담은 것이다. 통영이 예술의 고장으로 거듭나게 된 데에는 이런 염원과 함께 역사도 힘으로 작용했다. 충무공 이순신 장군의 우수영이 들어서자 8도 쟁이바치(예술가)들이 모여든 것. 대목장과 소목장, 나전장 등 장인들이 통영에 들어와 살면서 예술적 감수성을 후대에 전하게 됐다. 기후가 좋고 물산이 풍부한 고장에서 평화를 갈구하는 땅으로, 더 나아가 예술적인 분위기도 짙은 고장이 된 셈이다.

통영에서는 어느 곳이든 차를 멈추는 곳이 풍경이 된다. 차를 멈추고 좌우를 살펴보면 바다나 섬이 보인다. 그도 아니면 푸른 산이나 파란 하늘이 보인다. "1년 365일 중 250일 이상이 쾌청한 곳이 통영"이라고 이곳 사람들은 자랑한다. '그림 같은 한려수도의 비경'이라는 표현이 딱 들어맞는다. 맑고 파란 바다와 하늘을 바라보는 것만으로도 세상이 아름다울 때가 있다. 통영에서는 햇살과 바다와 사랑을 주변 사람 누구와도 함께 나눠 마실 수 있을 것 같다.

• 가는 길

서울에서 가려면 경부고속도로를 타고 가다 대전JC→통영대전중부고속도로→북통영IC에서 통영수산과학관 방면으로 가다 보면 통영 ES리조트가 나온다. 대중교통을 이용하려면 서울 강남고속버스터미널에서 통영까지 가는 고속버스를 타면 된다(약 4시간 10분 소요).

• 묵을 곳

통영(지역번호 055)에는 통영엔쵸비관광호텔(642–6000)과 통영마리나펜션(648–8000), 카사비앙카(648–1009), 달아백숙민박(643–1110), 이운민박(643–8464) 등 많은 숙소가 운집해 있다. 이 밖의 정보는 UTOUR 통영관광포털 홈페이지에서 얻을 수 있다.

• 먹을 곳

통영의 먹을거리 하면 역시 충무김밥을 빼놓을 수 없을 것이다. 항남동에 수많은 충무김밥집들이 밀집해 있다. 한일김밥(645–2647), 뚱보할매김밥(645–2619) 등이 잘 알려져 있다.

통영관광포털
http://www.utour.go.kr

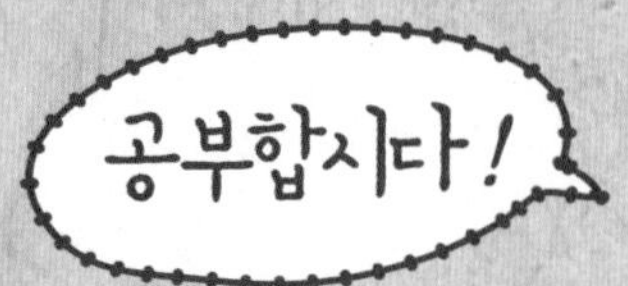

● 작곡가 윤이상과 시인 유치환의 작품세계는?

여기 통영에서 매년 국제음악제가 열리나 봐요?

응, 통영에서 태어난 대표적인 작곡가 윤이상을 기리기 위해서 시작된 음악제야.

작곡가 윤이상은 어떤 분인데요?

윤이상 선생은 1917년 통영에서 태어난 세계적인 작곡가란다. 그는 통영에서 보통학교를 수료한 뒤 일본 오사카 음악학교에 입학해서 음악공부를 했다는구나. 다시 귀국해서 부산사범학교 교사로 근무하다 1956년 프랑스로 건너가 파리국립음악원에서 수학하였지. 그리고 1959년 독일에서 열린 다름슈타트 음악제에서 한국 국악의 색채를 입힌 〈7개의 악기를 위한 음악〉이란 곡을 발표하면서 세계 음악계에 이름을 알리기 시작했어. 그러다 1967년 동베를린공작단사건에 연루돼 서울에서 2년간 옥고를 치르는 고난을 겪은 뒤 독일에 귀화해 버렸단다. 우리 역사의 비극적인 장면 중 하나이기도 하지. 귀화한 후에도 1972년 뮌헨올림픽 개막축하쇼에 오페라 작품 〈심청〉을 작곡해 공연하는 등 왕성한 작곡 활동을 펼쳤지. 특히 선생의 음악은 서양의 연주기법과 동양의 정서를 결합해 새로운 예술을 창조한 것으로 세계적으로 높이 평가받는단다.

통영국제음악제에선 어떤 음악들을 접할 수 있어요?

통영에서는 1999년부터 윤이상의 업적을 기리기 위해 음악제를 열어왔단다. 2002년부터는 통영국제음악제라는 이름으로 열리고 있지. 단순히 고전음악뿐 아니라, 재즈를 비롯한 현대음악 공연까지 포함하고 있단다. 또 2003년 '윤이상을 기억하며'라는 부제를 달고 제1회 국제음악콩쿠르가 개최되기 시작했어. 이 콩쿠르는 매년 첼로, 피아노, 바이올린 순으로 번갈아 시상하고 있지. 이 콩쿠르의 입상자들은 매년 3월 열리는 통영국제음악제에서 연주할 기회를 얻게 된다는구나.

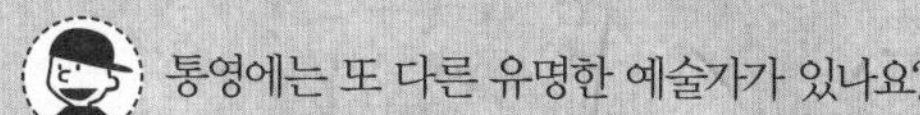

통영에는 또 다른 유명한 예술가가 있나요?

통영 출신의 예술가들이 꽤 있어. 그중 한 사람만 더 소개해볼까. 시인이자 교육자이셨던 청마 유치환 선생도 이곳 통영 출신이야. 1931년 〈문예월간〉이라는 문예지에 시 「정적」을 발표하면서 문단에 등단한 그는 1939년에 첫 시집 『청마시초』를 펴냈단다. 생전에 총 14권의 시집을 출간하였지. 이후 그는 활발한 창작활동을 펼치며 예술원공로상 등을 수상하기도 했단다.

유치환 시인은 어떤 시를 쓰셨는데요?

유치환 시인은 서정주 시인 등과 함께 대표적인 생명파 시인으로 통하지. "시란 생명의 표현, 혹은 생명 그 자체"라고 말했을 정도로, 그의 시에는 강한 생명성이 흐르고 있단다. 특히 교과서에도 자주 실리는 시인의 대표작 「깃발」은 강한 생명성과 더불어 이상을 향한 인간의 향수가 잔뜩 배어 있어. 거제시 둔덕면에 가면 유치환 시인을 기념하기 위해 건립된 청마기념관이 있단다. 다음에 한번 들러볼까?

좋아요. 그런데 방금 말씀하신 「깃발」이란 시 들려주실 수 있어요?

그래. 엄마가 한번 읊어볼게.

이것은 소리 없는 아우성
저 푸른 해원(海原)을 향하여 흔드는
영원한 노스탤지어의 손수건
순정은 물결같이 바람에 나부끼고
오로지 맑고 곧은 이념의 푯대 끝에,
애수는 백로처럼 날개를 펴다.
아아 누구던가.
이렇게 슬프고도 애달픈 마음을
맨 처음 공중에 달 줄을 안 그는,

남해의 다랭이마을

21세기 한국 사회는 고향이 사라지는 시대다. 고향이 가뭇없이 사라지는 세상에서도 그 모습을 간직한 곳은 여전히 많다. 남녘 들판과 해안에도 이런 곳이 넘친다. 경남 남해의 해안과 섬을 지나면서 어민과 농민들의 느린 듯 바쁜 손놀림을 접할 수 있었다. 지금 내가 딛고 있는 땅을 옹골지게 지키고 있는 할머니, 할아버지의 모습이 아름다웠다. 그 와중에도 슬픔의 감정이 일었다. 고향과 우리의 전통적 정서가 사라지고 있다는 사실이 못내 아쉬워서다. 수확철의 들녘과 바다에서 든 생각치고는 고약했지만 현실이었다.

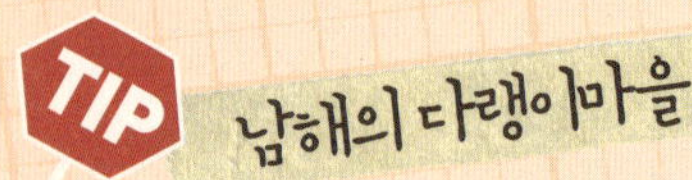

'논밭을 갈던 소도 한눈팔면 절벽으로 떨어질 것 같다'는 다랭이마을의 모습이 고즈넉하다. 한때 푸르고 누렇던 논밭에는 어느새 새로운 농작물인 마늘 모종이 대신 들어서 있다.

진주와 사천을 지나 남해에 들어섰을 때 특이 점을 발견했다. 10월 중순인데도 황금 들판이 거의 사라지고 없었다. 인근 다른 지역의 들녘 엔 누런 벼가 여전히 자리를 지키고 있었지만, 남해는 어느새 옷을 갈아입었다. 남해의 여러 지역에서는 이미 가을 추수가 끝난 것처럼 보였 다. 마늘과 시금치 등을 재배하기 위해서는 벼 를 빨리 수확해야 하기 때문이라고 한다.

남해에 왔으니 응당 남면 홍현리 가천 다랭이마 을을 그냥 지나칠 수 없다. 남해힐튼리조트에 서 차를 몰아 굴곡진 들과 해안가를 넘나들자 다랭이마을이 얼굴을 내비쳤다. 10월 중순에 찾 은 다랭이마을은 봄철의 푸른 들녘도, 추수 전 의 황금 들판도 아니다. 남해의 다른 지역처럼 이미 옷을 갈아입은 뒤였다. 다랭이마을은 산비탈을 깎고 축석을 쌓아 일군 계단식 논으로 되어 있다. 이곳에서 가파른 설흘산을 끼고 층계를 이루는 논들을 경작하면서 얼마나 많은 땀을 흘렸을까. 당장 먹고살 것을 염려하면서도 후손에 대한 의무와 미래에 대한 꿈을 놓지 않아서 가능한 일이었을 것이다. 그런 게 없었다면 45~70도의 가파른 산허리를 잘라 평지로 개간할 용기를 못 냈을 터다. 산을 논으로 만드는 과정이 어디 쉽기나 한가. 셀 수 없이 많은 돌을 손으로 들어내어 담을 쌓고 바닥에 진흙을 발라 물이 빠지는 것을 방지해야 비로소 논이 되니 말이다.

다랭이마을로 내려가 보니, 몸을 세우면 금세 고꾸라질 것 같다. 시선을 멀리 두니, 육지를 탐하는 파도가 성난 모습으로 존재감을 드러내고 있다. 그래도 바닷물은 옹기종기 모여 있는 작은 논들과 조화를 이루며 훌륭한 그림을 만들어내고 있다. 층계만 100계단이 넘으니, '한국의 마추픽추'라는 표현이 낯설지 않다.

전망대에 올라 다랭이마을을 내려다보니, 불안감이 몰려온다. 견디는 힘이 없으면 경사가 심한 논은 어느 여름날 비바람에 사라지지 않을까. 저 논둑에 발을 디디고 여름을 난 주민들 중 혹시 두려움에 떤 이들은 없었을까. "밭 갈던 소도 한눈팔면 절벽으로 떨어진다"는 말이 빈말 같아 보이지 않는다. 하지만 가장 강하게 가슴을 후벼파는 것은 후손을 위해 고단한 삶을 이어왔던 분들에 대한 생각이다. 그들에게 고개가 절로 숙여진다. 다랭이마을에서 홍현마을까지 이어지는 길이 1700m의 지겟길도 고즈넉한 모습이다. 지금의 여행자에게는 관광 대상지로 변한 곳이지만, 질긴 삶의 현장이었던 것은 변할 수 없는 사실이다.

다랭이마을의 매력에 뒤질지는 모르지만 남해에는 찾을 곳이 넘친다. 전국 3대 기도 도량 중 하나인 금산 보리암은 조선 태조 이성계가 '기도의 힘'으로 조선왕조를 열었다는 곳이다. 600년 세월이 흘러도 그 힘과 영험함을 믿는 이들은 늘어만가고 있다. 눈을 들면 곧잘 들어오는 마을과 들판이 저 멀리 푸른 바다와 조화를 이룬다. 그러고 보니 남해에는 특이한 마을도 많다. 독일마을과 미국인 마을, 해오름예술촌, 원예예술촌, 바람흔적미술관 등 남해에서는 인생과 자연과 예술이 겹쳐진다.

가을
다섯번째

파도 소리 벗 삼아 섬 길 한 바퀴

거제

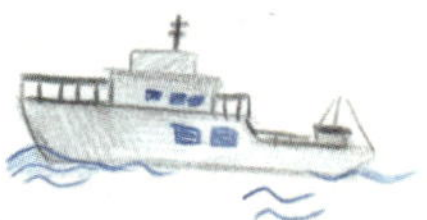

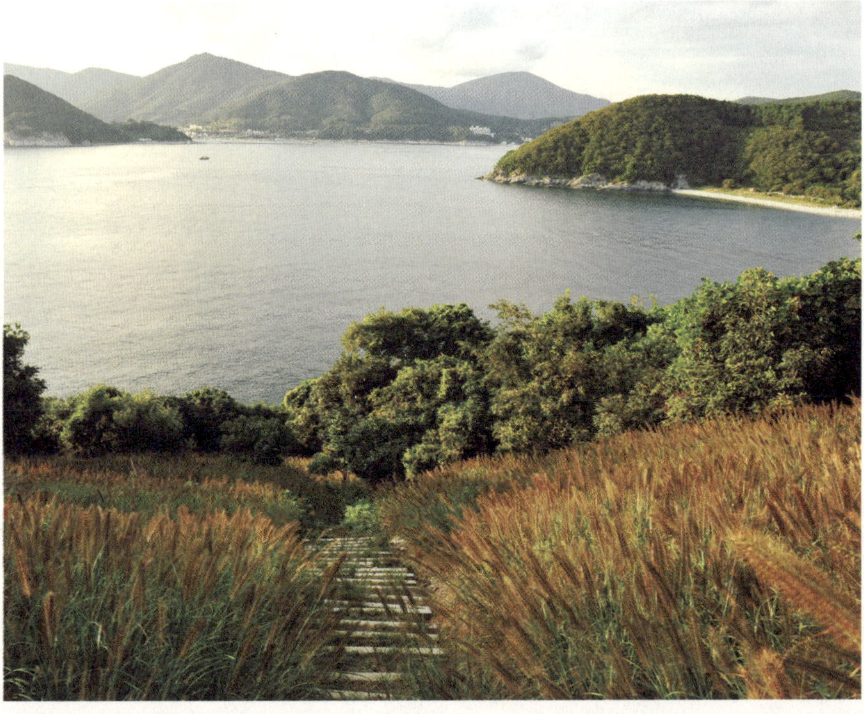

내도의 산길과 해변 산책로는 한 시간 동안 걷기에 적당한 거리다. 이곳의 산길은 외도에서 느껴지는 번잡함이 없어 더 좋다.

거제도 구조라항 – 내도(해변산책로) – 갈곶리 신선대

*기타 명소들(거제 8경 포함): 거제포로수용소, 외도, 해금강, 몽돌해변, 여차·홍포해안, 계룡산, 바람의 언덕, 동백섬 지심도, 공곶이

이규보의 표현이 아니더라도 거제도는 오랜 시간 두려운 곳이었다. 거제도포로수용소가 존재한 반세기 전에도 그랬다. 하지만 지금은 어떤가. 세계적인 조선소는 자부심의 상징이다. 대우와 삼성 조선소에서 일하는 직원만 6만 명에 이른다. 거제도에 거주하는 외국인도 8000명에 이른다.

거제에는 수억 년 파도와 바람에 씻겨 여러 모습을 연출하는 거제해금강과 지심도(只心島)로 대표되는 비경이 곳곳에 산재한다. 거제해금강은 원래 갈도(葛島·칡섬)였지만 그 풍경이 아름답다고 해서 1971년 명승 2호인 거제해금강으로 등재됐다. 지심도는 섬의 생김새가 '마음 심(心)'자를 닮았다 해서 붙여진 이름이다. 최근에는 동백나무가 많아 동백섬으로도 불린다. 거제해금강과 지심도는 경탄을 불러일으키지만 이번 거제 여행에서 눈여겨본 곳은 내도(內島)와 신선대다.

거제시 일운면 와현리의 내도는 외도(外島)와 쌍을 이루는 섬이다. 그래서 내도와 외도, 안섬과 밖섬이 쌍으로 언급된다. 내도는 외도에 비해 덜 알려져 있다. 유람선 운행으로 많은 관광객이 찾는 외도에 비해 내도를 찾는 이는 별로 없다. 내도와 거제도 본섬을 오가는 도선은 평일엔 하루 세 차례, 주말엔 네 차례 있다. 비용은 왕복 4000원이다. 주민등록을 내도에 두고 있는 사람은 30명이 넘지만 실제로 살고 있는 이는

13명에 불과하다.

　내도가 외도에 비해 비해 크고 넓지만 자연 상태를 유지하고 있는 게 고마울 정도다. 해안선의 길이는 3.24km로 2.3km인 외도에 비해 길다. 면적은 0.256㎢. 0.124㎢인 외도의 두 배에 이른다.

　내도의 속살을 경험해 보기로 했다. 오전 9시에 거제도 구조라항에서 '내도호'를 탔다. 배 위에서 바라보자 공곶이~내도~외도가 한눈에 들어온다. 세 곳이 구조라에서 거제해금강으로 가는 뱃길에 있는 작은 섬들이어서다. '내도호'가 푸른 바다를 헤친 지 10분 만에 내도에 도착했다.

　내도에 내려 2km에 이르는 산길과 해변산책로를 걸었다. 산책로 일주에 50분이면 족했다. 시원한 바람이 코끝으로 밀려왔다. 인근 지역 주민과 공무원들도 섬 산행의 기

내도의 산길과 해변산책로 2km를 거닐었던 탐방객들이 공곶이가 보이는 내도의 자갈 해변을 넘나든다. 산길에서 맑은 공기를 가득 흡입했지만 푸른 바다가 주는 유혹을 참지 못한 까닭일 것이다.

뿜에 동참했다. 수없이 펼쳐
진 섬을 바라보는 것은 일상
이지만, 섬 산행은 흔치 않은
경험이라는 게 현장에서 만
난 일운면사무소 직원 김현정
씨의 설명이다. 산속에는 동
백나무, 풍란, 후박나무, 해당
화, 해란초 등이 분포하고 있
었다. 바다 한가운데 작은 섬,
그 섬의 산에 올라 산책하는
기분은 남달랐다.

호연지기 대신 바다와 산에
대한 친밀감이 가슴에 전해졌
다. 아쉬움은 있었다. 꽃동산
이 정비되고, 탐방로인 해변산
책로가 조성되면 어떨까. 내도
에 전망대라도 설치되면 주변
해상을 좀 더 여유 있게 바라
볼 수 있을 것이나.

거세시에서 설계사무소를
운영하며 내도에 주민등록을
두고 있는 최철성 내도주민자

거제의 아름다운 섬에 내려와 풍류를 즐겼다는 신선은 어디로 갔을까. 세월
이 흘러도 신선대는 여전히 범할 수 없는 매력을 발산하고 있다.

치위원장은 "내도는 높은 곳에서 보면 거북이가 바다에 떠 있는 모습"이라며 "이름도 알려지고, 깨끗한 바다도 영원히 보존되었으면 좋겠다"고 말했다. 그가 운영하는 펜션의 마당에선 푸른 남해 바다가 전면에 펼쳐지고 있었다.

이곳에 편의시설이 좀 더 들어설지 모른다. 내도를 포함한 이 일대에는 4년 동안 25억 원이 투입된다. 몇 달 전 인천 옹진군 이작도, 전북 군산시 어청도 등과 함께 행정안전부의 '명품 섬' 10개 대상 지역에 선정된 덕분이다.

내도를 벗어나 찾은 곳은 남부면 갈곶리의 신선대. 신선이 내려와 풍류를 즐겼다는 게 허무맹랑한 소리로 여겨지지 않을 만큼 아름답다. 사이판 만세절벽과 '새 섬'처럼 산과 바다가 어울리는 풍경이다. 거제에서 '축구를 하면 공이 바다에 빠지기 일쑤'라는 말이 이곳처럼 맞아떨어지는 지역도 흔치 않아 보인다. 겨울이 오기 전에 섬과 바다, 사람이 협연을 이루고 있는 거제의 속살을 만져보는 것은 어떨까.

여행정보

● 가는 길

서울에서 가려면 경부고속도로를 타고 가다 대전JC → 통영대전중부고속도로 → 통영IC에서 14번 국도를 타고 계속 직진하면 된다. 대중교통을 이용하려면 서울 남부터미널에서 거제(고현)행 고속버스를 타면 된다(약 4시간 20분 소요).

● 묵을 곳

거제(지역번호 055)에는 많은 숙박 업소가 있는데, 거제도웰빙황토펜션(682-1600), 가브랑펜션(636-2341), 거가펜션(635-8181), 로즈마리펜션(682-3676) 등 가족형 펜션을 추천할 만하다. 이 밖의 정보는 거제문화관광 홈페이지에서 얻을 수 있다.

● 먹을 곳

'거제 8미'로는 멍게·성게비빔밥, 도다리쑥국, 물메기탕, 어죽, 볼락구이, 대구탕, 굴구이, 생선회가 꼽힌다. 특히 이중 멍게비빔밥, 성게비빔밥은 거제의 대표 음식이라 할 수 있다. 이러한 거제 특미를 맛볼 수 있는 음식점으로 1박2일맛있는집(637-1472), 1박2일소문난맛집(632-0850) 등이 있다.

거제문화관광
http://tour.geoje.go.kr

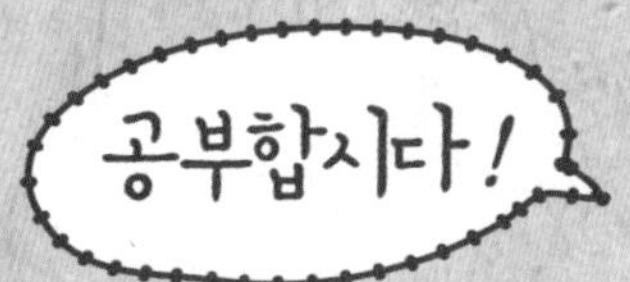

● 왜 해금강이라 불리게 되었을까?

멀리 바위섬 보이지? 저게 해금강이란다.

해금강이 강 이름 아니었어요?

호호, 아니란다. 해금강은 바위로 된 섬이야. 거제시 남부면에 있는 명승지로 1971년 명승 제2호로 지정되었고, 한려해상 국립공원에 속해. 칡뿌리가 뻗어 내린 형상을 하고 있다 해서 '갈도(葛島)'라고도 하나, 주로 바다의 금강산을 뜻하는 해금강으로 불리고 있다는구나.

아, 해금강이 바다의 금강산을 뜻하는 거였구나!

절벽에는 동백과, 풍란, 석란 등의 초목이 살고 있으며, 이 섬 동쪽에는 이순신이 해전을 벌였던 옥포만 그리고 서쪽에는 한산도가 자리한단다. 또 북쪽에는 사자바위가 위치해 있고, 한 덩어리로 보이는 큰 바위는 바닷속에서 네 줄기로 갈라져 그 사이로 수로가 형성되어 있단다.

정말요? 그럼 우리도 그 안에 들어가 볼 수 있는 거예요?

그럼! 십자동굴이라 불리는 이 수로의 북, 남, 동쪽에서 배가 드나들 수 있어 관광객들의 내부관람이 가능하대. 이 십자동굴 사이로 흐르는 푸른 물결과 함께 바위가 절경을 이룬다는데, 이 배가 곧 저곳에 닿으면 우리도 그 절경을 감상할 수 있겠지?

● 거제도 포로수용소를 지은 이유는?

거제도 포로수용소는 우리 분단 역사의 아픔을 상징하는 곳 가운데 하나라고 할 수 있단다. 한국전쟁에서 내내 밀리던 남한은 1950년 9월 인천상륙작전에 성공하면서 전황을 바꾸었지. 인천상륙작전에 대해선 들어봤지?

네, 맥아더 장군이 지휘했던…….

그래, 맞아. 1950년 맥아더 장군 지휘 아래 국제연합군의 인천상륙작전이 펼쳐졌지. 이 작전으로 비로소 한국전쟁의 전세가 뒤바뀔 수 있었단다.

그런데 인천상륙작전과 포로수용소가 무슨 관련이 있는 거예요?

바로 이 작전 이후 전쟁포로들이 많이 발생하게 되었거든. 그래서 이곳 거제도를 비롯해 여러 지역에 포로수용소가 생겨난 거란다.

아하, 그랬군요.

이 거제도 포로수용소에는 인민군 15만 명, 중공군 2만 명, 여자 포로와 의용군이 3천 명 수용되어 있었다고 하는구나. 실로 어마어마한 인원이지.

와, 그렇게 포로가 많았는데, 무슨 문제가 발생하진 않았어요?

안 그래도 이 거제도 포로수용소에서 일이 터지고 말았단다. 당시 이 시설에서는 공산 포로들의 반발이 심했다고 해. 유엔군이 제네바협약의 송환원칙을 위반하고 공산포로들에게 본국귀환을 포기시키고자 고문을 감행했기 때문이지. 결국 그들은 시찰 중이던 수용소장 도드 준장을 납치 감금하며 폭동을 일으켰단다.

그래서 어떻게 되었어요?

'거제도포로소요사건'이라 불리는 이 폭동은 나흘 만에 미국이 스스로 잔학 행위를 인정한 뒤에야 가라앉을 수 있었지. 그리고 1953년 6월 이승만이 포로들을 석방하고 7월에 휴전협정이 맺어지면서 비로소 수용소는 폐쇄되었단다. 이후 거제시에서는 전쟁기념관을 완공하고 역사교육의 장으로 활용하기 위해 당시의 수용소를 축소 복원하였지.

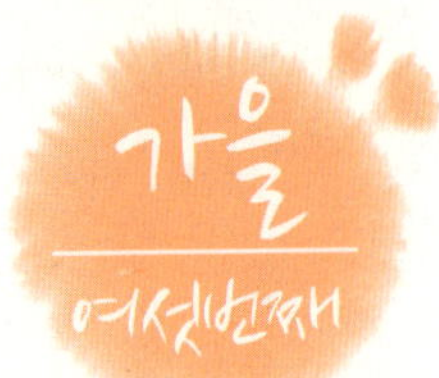

능선 너머 능선

봉화

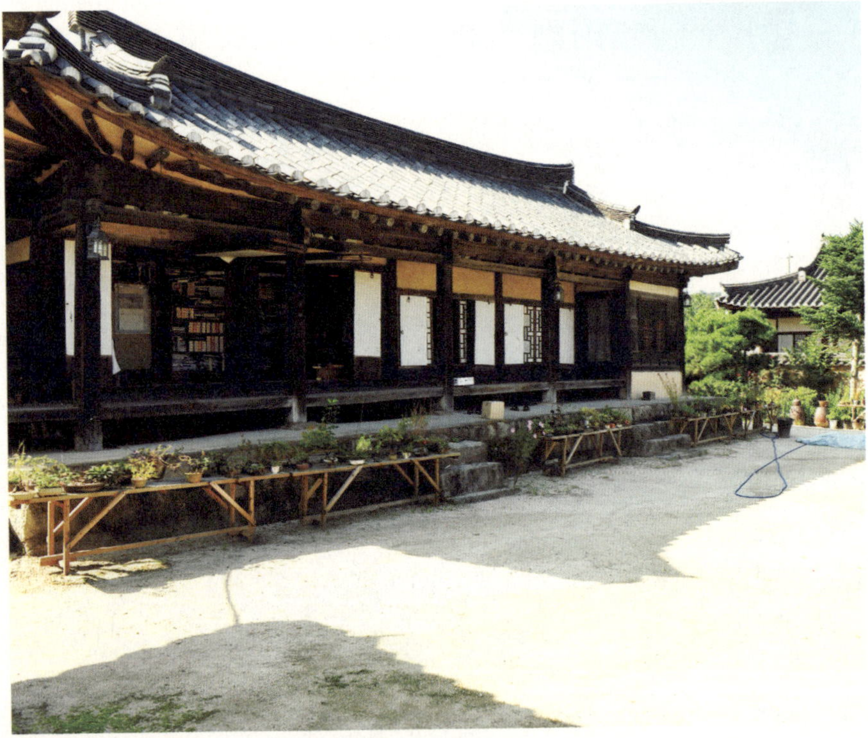

하늘이 높은 가을 어느 날의 만산고택 풍경.

영화 〈워낭소리〉 촬영지 산정마을, '하늘도 세 평 꽃밭도 세 평'이라는 승부역, 금강송의 비애를 간직한 춘양역, 낙동강 조망이 가능한 청량산…. 봉화는 경북에서도 손꼽히는 오지이지만 이름만 대면 알 만한 명소들이 적지 않다. 봉화를 찾던 날 몹시 힘들었다. 차를 타도, 잠시 걸어도 능선 너머 능선은 또 들어왔다. 전날 마신 술기운이 완전히 가시지 않은 상태에서 구불구불한 산길을 차로 넘나드니 피곤함이 몰려왔다. 개인적으로 봉화가 더 오지로 인식되어 다가왔다.

점심 식사차 찾은 곳이 춘양면 의양리의 용궁반점. 속이 안 좋았지만 중국음식점을 찾은 이유가 있었다. 어느 글에선가 소설가 성석제가 이곳 용궁반점이 내놓는 야키우동(볶음 국수)의 맛이 일품이라고 했던 게 생각나서다. 아니나 다를까. 용궁반점은 이 소설가의 글을 벽면에 떡 하니 붙여놓고 있었다. 소설가가 인증한 음식은 탁월했다. 탁 트인 주방에서 수타면을 뽑아내는 주방장과 연방 음식을 나르는 이들의 바쁜 손놀림이 식당을 가득 메운 주민들의 마음을 헤아리고 있었다. 용궁반점 성공에 자극받아 주변에 늦게 생긴 게 펭귄반점이라고 한다. 도로를 사이에 두고 있는 용궁반점과 펭귄반점은 이름만으로도 눈길을 끈다.

춘양목에 대하여

그러고 보니, 봉화는 재미있는 표현도 많이 배출한 땅이다. '억지춘양'도 그중 하나다. 영동선이 개설되던 때 철로가 춘양면 소재지를 U자 형으로 감싸게 들어섰다고 한다. 당시 노선은 직선으로 설계됐지만 춘양면 서벽리가 고향인 국회의원이 힘을 쓴 때문이었다. 철도 노선을 억지로 끌어들여 만들었다는 것 때문에 '억지춘양'이라는 말이 생겼다고 한다. 물론 억지춘양에 관한 이설도 있다. 춘양장날에 모인 목새상들이 저마다 자신의 소나무가 진짜 춘양목이라고 주장한 데서 억지춘양이라는 말이 생겼다는 것이다.

춘양목은 금강송 중에서도 춘양면 일대에서 자라는 소나무를 가리킨다. 불과 한 세대 전까지만 해도 금강송이 춘양역을 통해 실려 나가 별칭으로 부르는 말이다. 춘양목의 가치와 가을 정취를 느끼기 좋은 곳이 춘양면 의양리의 만산고택이다. 만산고택은 대한제국의 통정대부 중추원 의관이었던 만산(晩山) 강용(1846~1934)이 지은 가옥이다. 을사조약이 강제로 체결되자 벼슬을 버리고 내려와 지은 집이다. 춘양목으로 지어 건축가와 예술가들의 발길이 이어진다. 일반에 개방해 하루 저녁에 50명이 머물 수 있다.

솟을대문을 열고 들어가니, 마당 건너편에 'ㅁ'자 형으로 안채와 사랑채가 이어져 있다. 왼편에는 2칸짜리 서실이 있고, 오른편으로는 담을 두르고 문을 낸 별당 '칠류헌(七柳軒)'이 자리하고 있다. 만산의 4대손이 지키고 있는 고택은 춘양목으로 지은 건축미 덕택에 건축전문가들의 발길이 끊이지 않는다.

서울로 돌아오면서 찾은 곳이 소천면 임기리와 두음리의 메밀꽃밭. "강원 평창군 봉평의 메밀밭이 부럽지 않다"는 이곳 주민들의 말이 와 닿았다. 임기2리는 낙동강과 어지천이 빚어내는 물돌이 마을 같은 곳이다. 물길과 산길이 마을을 이어주고, 그 물길에 푸른 산의 그림자가 가득 담겨 있었다. 봉화 곳곳을 둘러보며 맑은 공기를 들이마

물돌이 마을을 닮은 소천면 임기리의 모습. 낙동강 원류가 마을을 휘감고 있다.

시자 아침까지도 피곤함에 찌들었던 몸에 생기가 돌았다. 봉화 여행이 준 선물이었다.

여행정보

● 가는 길

서울에서 가려면, 경부고속도로 → 중앙고속도로 → 영주 나들목 → 36번 국도를 따라 달리면 된다. 대중교통을 이용하려면 동서울터미널에서 봉화행 고속버스를 타면 된다(약 2시간 40분 소요).

● 묵을 곳

봉화(지역번호 054)에는 만산고택(672-3206), 권진사댁(672-6118), 남호구택(673-2257), 해저참판댁(017-811-1155) 같은 전통가옥들이 있어, 이 기회에 고택체험을 해보는 것도 좋을 것이다. 이 밖의 정보는 봉화관광 홈페이지에서 얻을 수 있다.

봉화관광
http://culture.bonghwa.go.kr

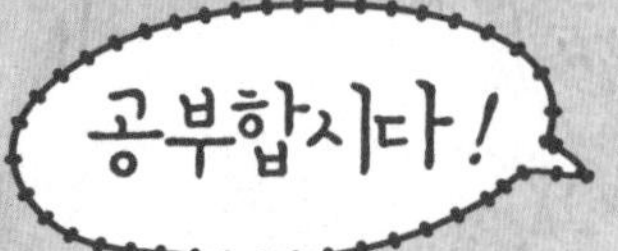

● **만산고택이란?**

'억지춘양'이라는 말 들어봤니?

아뇨, 처음 들어봐요.

일이 순조롭게 진행된 게 아니고, 억지로 겨우 이루어졌다는 뜻이야.

아하, 그렇구나.

근데 그 말이 바로 이 춘양면에서 비롯되었단다.

정말요?

그래. 영동선이 개설되던 때 철로가 이곳을 U자 형으로 감싸 들어섰다는 거야.

근데, 왜 그게 억지죠?

원래 노선은 직선으로 설계되었었거든. 근데, 한 국회의원이 힘을 써 굳이 U자 형으로 들어서게 했다는구나.

아니, 왜요?

응, 그의 고향이 바로 이곳이었거든.

이런, 정말 그 국회의원이 억지를 부렸군요.

그래, 올바르지 못한 행동이었지. 그건 그렇고, 이 봉화군 춘양목의 특산물이 뭔지 아니?

아니요. 뭐예요?

저 소나무들을 좀 봐. 보통 우리가 접한 소나무들보다 잘생긴 것 같지 않아?

네, 뭔가 느낌이 달라요!

저 소나무를 춘양목 또는 금강소나무라 부른단다. 춘양목은 경북과 강원도에 주로 분포하는데, 줄기가 굽지 않고 곧게 자라는 특징을 가지고 있어. 특히 춘양목은 봉화군을 상징하는 나무이기도 하고, 이 일대에 자라는 것들은 다른 소나무에 비해 마디가 길고 나이테가 3배나 촘촘해선, 뒤틀림이 적고 잘 썩지 않는 장점을 지니고 있다는구나. 그래서 문화재를 복원하는 데 자주 쓰이기도 하고……

이 춘양목의 정취를 느끼기 좋은 곳이 바로 만산고택이란다.

엄마, 만산고택이 무슨 뜻이에요?

자, 가면서 얘기할까? 만산고택은 봉화군 춘양면 의양리에 있는 조선시대의 가옥 이름이야. 1878년에 낙향한 만산 강용이 춘양목으로 지은 고택으로, 2000년에 경북민속자료 제121호로 지정되기도 했지.

아하, 집 이름이로군요!

그렇단다.

근데 강용이란 사람은 누구예요?

만산 강용은 대한제국의 통정대부 중추원 의관이었어. 을사조약이 강제로 체결되자 벼슬을 버리고 내려와 이 집을 지었단다.

그렇군요.

사랑채를 중심으로 원편에는 공부방 용도로 쓰이던 서실이 있고, 오른편엔 별당을 두었지. 사랑채는 대청, 마루방, 사랑방 등으로 이루어져 있단다. 그 앞쪽에는 툇마루를 두었고, 마루방 뒤로는 안채의 부엌과 연결되어 있고… 안채는 안방, 상방, 마루빙 등으로 이뤄져 있는 구조지. 전체적으로 양반십 요소를 누두 갖춘 집이란다.

화려한 오색의 향연

설악산

설악산 가운데서도 단풍이 아름답기로 유명한 희운각 일원. 설악산 단풍은 보는 이로 하여금 절로 탄성을 자아내게 한다. 단풍은 일조량이 많고 일교차가 클수록 곱게 물들게 된다.

AUTUMN | 호젓한 정취를 만끽하는 가을 여행

가을 날

햇살 눈부신 오후

어여쁜 단풍 숲 속엔

황홀하게 나를 부르는 누군가 있다.

황갈색 빛 길속으로

미로를 따라가면

그 어디엔 듯 아름다운 요정의

황금 궁전이 문 열려 있을 것 같다.

한번 들면 다시 돌아 올 수 없을 것 같은

위험한 유혹으로

가을 숲은

나를 부른다.

– 정태현 시인, 「가을 숲」

우뚝 솟은 화강암 봉우리와 깊은 계곡 사이로 울긋불긋한 단풍은 우아한 자태를 드러내고 있다. 관광객들은 너 나 없이 수려한 산과 맑은 물의 조화에 넋을 잃고 푸른 하늘과 산을 보게 된다. 가을을 노래한 시인의 시구처럼 가을엔 가벼운 마음으로 가을 숲으로 떠나볼 일이다.

국립공원 가운데 가장 먼저 단풍이 찾아오는 한반도 중부권 최고의 단풍 명소 설악산이 어서 오라 손짓한다. 단풍을 만나기 위해 설악동 방향으로 발걸음을 옮겼다. 서울에서 자가용으로 갈 때 서울~춘천 고속도로를 달리다 동홍천 나들목에서 44번 국도로 빠져 미시령터널을 이용하는 것이 가장 빠른 길이다.

수북이 쌓인 낙엽 밟으며 가을 정취에

설악산에서 가장 먼저 단풍소식을 전하는 곳이 설악동에서 대청봉으로 가는 길. 무거운 배낭을 챙기지 않고 산행에 나선 관광객이라면 형형색색 단풍의 호위를 받으며 울산바위에 오르는 것이 좋다. 가벼운 산행에 나선 가족단위 행락객이 단풍을 볼 수 있는 곳은 뭐니 뭐니 해도 케이블카를 타고 권금성으로 가는 길이 제격이다. 케이블카에서 내려 20여 분 좁은 등산로를 걸으면 우뚝 솟은 화강암과 기암절벽을 만난다. 해발 700m로 설악산 6부 능선인 권금성에 도달하면 탄성이 절로 나온다. 바위에 걸터앉아 병풍처럼 펼쳐진 경관을 보고 있노라면 세파에 시든 시름이 절로 사라진다. 날씨가 맑은 날 권금성에 오르면 설악산 일대는 물론이고 속초 시내와 동해 바다까지 한눈에 볼 수 있다. 단풍도 보고 바다도 감상하는 일석이조의 호사를 누릴 수 있는 곳이다.

설악동에서 출발하는 단풍길 산행으로는 울산바위코스와 육담폭포·비룡폭포 구간, 비선대·금강굴 구간이 있다. 모두 한두 시간이면 갈 수 있는 등산로지만 울산바위에 오르는 길에서는 필시 거센 바람과 조우하게 된다. 그래서 바람막이 재킷은 필수품이다.

단풍 절정기보다 다소 이른 시기에 곱게 물든 단풍을 감상하려면, 다른 곳보다 일찍 단풍이 찾아오는 화채능선이나 서북능선, 공룡능선, 용아장성 쪽으로 발걸음을 돌려야 한다. 그림엽서에 나오는 깎아지른 절벽 사이로 붉게 물든 단풍, 그리고 눈이 시리도록 맑은 물에 하늘을 가린 아름다운 나무들이 투영된 수채화 같은 모습의 절경을 보기 위해서는 천불동 계곡이나 12선녀탕 계곡, 주전골, 흘림골 등을 찾아가야 한다.

한계령 정상 부근과 선녀가 내려와 목욕했다는 옥녀탕 인근도 단풍 명소다. 명소 단풍맞이를 놓쳤다고 해서 그리 서운할 건 없다. 수북이 쌓인 낙엽을 밟으며 가을 정취에 빠지고 싶다면 미천골로 가면 된다.

옛날 큰 절에서 밥을 짓기 위해 쌀 씻은 물이 계곡으로 하얗게 흘러내려 '미(米)' 자를 써서 미천골이라 했다고 전해내려 오는 오지 중의 오지. 하지만 이곳에도 수년 전부터 미천골자연휴양림이 생기고 아름다운 펜션들이 하나둘씩 들어서 하루쯤 숙박하는 데는 큰 걱정이 없다. 구룡령에서 양양 쪽으로 내려가다가 입간판을 보고 들어가면 된다. 단풍이 질 무렵 찾아가는 백담사 계곡도 오래도록 마음을 설레게 한다.

여행정보

● 가는 길

동해고속도로로 현남나들목까지 가서 속초방면으로 나와 해맞이공원에서 좌회전하면 된다. 서울 외곽순환도로를 이용할 경우 강일나들목에서 연결되는 서울춘천고속도로를 타고 가다 고속도로가 끝나는 동홍천나들목으로 나간다. 44번 국도를 달리다 미시령길을 이용해 설악동으로 간다.

● 묵을 곳

미시령을 지나자마자 대명·일성·한화 등 대형콘도시설이 즐비하다. 설악동 인근에도 민박과 호텔·여관 등이 다수 있다. 숙박협회 설악동지부(033-636-7050)나 속초시지부(033-633-4471)로 문의하면 숙박업소를 소개받을 수 있다. 이 밖의 정보는 설악동 번영회 홈페이지에서 얻을 수 있다.

● 먹을 곳

설악동에서 속초시내 쪽으로 가는 길에 학사평순두부와 신흥순두부촌이 있다. 옛날할머니순두부(033-636-8641), 초당순두부(033-635-6612), 초원순두부(033-636-5229)가 유명하다. 특색 있는 먹을거리를 찾는다면 속초 영랑동에서 곰치국을 하는 사돈집(033-633-0915)과 생선찜이 전문인 이모네식당(033-637-6900)을 이용하면 된다.

설악동 번영회
http://www.seoraktown.com

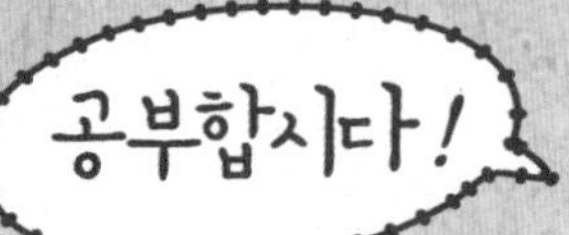

● 강원도의 유명한 여섯 고개는?

자, 이제 다 왔다. 여기가 바로 한계령 휴게소야.

한계령이 설악산이에요?

정확히 말하자면, 한계령은 설악산국립공원에 속하는 고개란다. 근데, 예전엔 이렇게 자동차로 여기까지 올라오는 건 꿈도 못 꿨지.

왜요?

응, 1981년이 되어서야 이 한계령에 도로가 깔렸단다. 그 후, 인제와 양양 간에 놓인 국도로 차들의 통행이 가능하게 되었지.

근데 아빠, 저기 돌에 '옛 오색령'이라고 써 있는 건 뭐죠?

음, 이 한계령의 옛 이름이 오색령이었거든.

아, 그렇구나.

저 돌 아래 씌어져 있는 것처럼 이중환의 『택리지』는 한계령의 옛 이름인 오색령, 금강산의 연수령, 그리고 대관령, 백봉령, 철령, 추지령을 강원도의 유명한 여섯 고개라고 소개해 놓았단다. 그중에 특히 오색령, 그러니까 이 한계령을 최고라 여겼는데, 여기서 '오색'은 다섯가지 빛깔의 꽃이 핀 나무에서 유래되었다는구나.

다섯가지 빛깔의 꽃이 핀 나무라… 오색령, 예쁜 이름이네요!

이 한계령은 경치도 좋지만, 안타까운 한이 서려 있기도 하지.

무슨 한이요?

신라 시대에는 망국의 한을 견디지 못하고 마의태자가 피눈물을 흘리며 이 고개를 넘었거든.

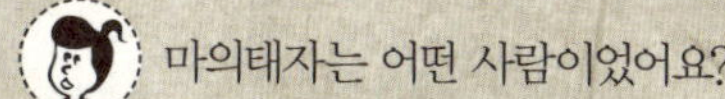

마의태자는 어떤 사람이었어요?

음, 신라 마지막 왕인 경순왕의 태자로, 고려에 항복하는 것을 반대한 인물이었지.

아, 멸망한 나라의 태자로서 정말 한이 많았겠네요.

그래. 고려 시대엔 김취려 장군이 달아나는 거란군을 뒤쫓아 이곳에서 격퇴시키기도 했고… 그리고 이곳 한계령은 하덕규 씨가 작사·작곡한 노래로도 잘 알려져 있지.

한계령에 관한 노래가 있어요?

왜 가수 양희은이 부른 노래 있잖아. 이 엄마가 가끔 부르는……

저 산은 내게 오지마라 오지마라 하고
발 아래 젖은 계곡 첩첩산중
저 산은 내게 잊으라 잊어버리라 하고
내 가슴을 쓸어내리네

아 그러나 한 줄기 바람처럼 살다가고파
이 산 저 산 눈물구름 몰고 다니는 떠도는 바람처럼
저 산은 내게 내려가라 내려가라 하네
지친 내 어깨를 떠미네

아 그러나 한줄기 바람처럼 살다 가고파
이 산 저 산 눈물구름 몰고 다니는 떠도는 바람처럼
저 산은 내게 내려가라 내려가라 하네
지친 내 어깨를 떠미네

아하, 그 노래구나! 노랠 들으니, 왠지 마음이 슬퍼졌어요.

큭, 엄마가 괜한 청승을 떨었구나. 자, 그만 저 아래로 내려가 보자.

저 아래 뭐가 있는데요?

음, 오색약수터~

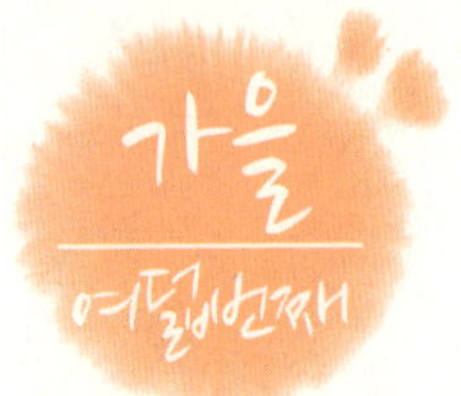

옛 선비들 청운의 꿈이 서린
문경새재

영남의 유림들이 입신양명을 위해 넘었을 문경새재 옛길 중간에 있는 제2관문 조곡관. 새재에는 선조들의 애환과 정취를 느낄 수 있는 주막과 여관, 관료들의 교대장소가 그대로 남아 있어 찾는 이의 애달픈 마음을 느끼게 한다. 옛 선비들의 험한 과거길이 지금은 잘 닦여져 건강을 위해 맨발로 걸으려는 탐방객으로 붐빈다.

　가을에 유림의 고장 문경을 찾아가는 것만으로도 몸과 마음이 행복해진다. 화려한 단풍으로 물든 산과 잘 가꾸어진 산책로, 건강을 챙길 수 있는 온천, 그리고 맛있는 음식까지. 그래서 문경은 웰빙과 건강의 도시로 불린다. 도공의 혼과 땀이 서린 전통 도자기가 있고 풍류를 즐길 줄 아는 유림의 후손들이 모여 사는 곳이다. 조선시대 영남지역의 사람들이 한양으로 가기 위해 반드시 넘어야 했다는 옛길 문경새재는 어느 계절에 찾아가도 아름답다. 가을엔 단풍길이 있어서 좋고, 겨울에는 수북이 쌓인 눈을 밟고 지나가는 맛이 있다. 봄과 여름에는 지저귀는 새소리와 짙푸른 신록이 함께하기 때문이다. 그래도 형형색색 온 산이 단풍으로 물들고 맛좋은 사과축제가 열리는 가을에 찾아가는 것이 가장 좋다.

　문경새재는 조선시대 영남 유림들의 기쁨과 슬픔이 함께 묻어 있는 옛길이다. 과거 급제를 꿈꾸고 입신양명을 다짐하며 넘었을 영남의 유림 대다수는 금의환향보다는 무거운 발걸음으로 쓰디쓴 낙향을 맛봐야 했을 것이다. 그래도 과거에 급제하고 돌아가는 선비들이 기쁜 소식을 빨리 전하기 위해 택한 길이었기에, 경사스러운 소식을 가장 먼저 듣는 곳이라는 문희경서(聞喜慶瑞), 즉 문경(聞慶)이라는 별칭을 얻었다.

곱게 물든 단풍과 황토로 단장한 문경새재는 걷는 것만으로도 온갖 시름을 잊게 한다.

경사스러운 소식 가장 먼저 듣는 곳, 문경(聞慶)

문경새재는 제1관문에서 시작해 제3관문까지 약 6.5km로 지금은 5시간 정도를 걸어야 한다. 문경새재는 3개의 관문으로 이뤄졌다. 1관문은 주흘관, 2관문은 조곡관, 3관문은 조령관이다.

옛 선비들은 짚신을 매단 괴나리봇짐을 매고 걸었을 이 길을 지금은 신발을 벗고 걷기를 권한다. 살랑살랑 바람이 불어오고 푸석거리는 잘 닦여진 황톳길을 밟으면 견딜 만한 통증이 오히려 맨발의 포근함을 느끼게 한다.

1관문을 통과하면 금세 길손이 쉬어갈 수 있는 조령원과 주막이 자리한다. '나는 새도 쉬어간다'는 험난한 산세 때문에 옛 선비들은 이른 아침에 출발해 점심까지는 고개를 넘어야 했다. 험한 산길과 들짐승 때문에 혼자서는 들어설 엄두조차 못 냈을 터이다. 그래서 길손은 주막과 조령원에서 길동무들을 기다렸다고 한다. 길고 험한 고개를 넘기 위해 서너 명이 모일 때까지 시간을 보내거나, 밤이 되어 고개를 넘을 수 없는 사람들이 하룻밤 머무는 장소가 주점과 조령원이다. 지금은 옛길의 흔적을 더듬는 단체 탐방객들이 인원 점검을 하고 물통을 채우는 장소로 이용되고 있으니, 예나 지금이나 주막의 용도는 크게 다름이 없어 보인다.

'원(院)'이란 지금의 여관과 같은 곳이어서, 조령원은 국립여관쯤 될 것 같다. 고려시대 문인 유희의 시에 등장하는 것으로 봐서 그 시절 세워졌을 것이라는 추측이 가능하다. 지금은 인적 없이 돌담으로 둘러싸인 초라한 초가만 덩그러니 자리하고 있지만, 탁주 한 잔에 불콰해진 얼굴을 한 선조들의 모습이 금방 떠오를 것만 같다. 발걸음을 조금만 내딛으면 귀퉁이에 악어입을 닮은 바위가 나온다. 이름하여 '지름틀바위'. 참깨나 들깨를 넣고 압력을 가해 참기름과 들기름을 짜는 '기름틀'을 닮았다고 해서 붙여진 이름이다.

조선시대 세워진 '산불됴심비'

길을 따라 걷다 보면 오른쪽으로는 새로 부임하는 관리에게 떠나는 관리가 업무를

새재는 사시사철 물이 마를 날이 없어 숲속의 물레방아도 쉬지 않고 돌 수 있다.

인수인계하던 교귀정이 있다. 교귀정 입구에는 탐방객에게 그늘을 내주는 여인의 형상을 한 아름다운 소나무 한 그루가 서 있다. 왼쪽으로는 용추와 팔왕폭포가 나온다.

여기서부터가 새재를 걷는 진짜 맛이 나는 길이다. 조선시대 세워졌다는 '산불됴심비'와 물레방아, 조곡폭포, 그리고 중간중간에 세워진 시비(詩碑)를 지나는 길은 울긋불긋한 단풍과 계곡의 물소리로 시간가는 줄 모르고 걷게 된다. 새재가 걷기 좋은 이유 가운데 하나는 길을 따라 계속해서 물길이 나 있다는 것이다. 크고 작은 소와 계곡이 있고, 웬만한 가뭄에도 마를 줄 모르는 맑은 물이 흐른다. 제2관문 조곡관 앞 조그만 돌다리를 건너면 약수터와 쉼터가 나온다.

대부분의 탐방객은 조곡약수를 한 모금 마시고 고도를 높이며 걸어가는 지루한 발걸음을 돌리고 하산을 서두른다. 하지만 힘들게 걸어온 새재를 여기서 그만둔다면 두고두고 후회할 것만 같다.

곧이어 나오는 '새재 아리랑비'는 옛 사람들의 애환을 그대로 전하고 있다.

옛 사람들의 애환 서린 '새재 아리랑비'

잘 지어진 귀틀집과 바위굴을 지나면 물 흐르는 소리가 잔잔해 얌전한 색시 같다고 해서 붙여진 색시폭포가 나온다. 임진왜란 때 왜병에 맞선 신립 장군이 위장진을 치고 싸웠다는 곳과 의미심장한 미완성 마애불도 있다. 과거에 급제해 어사화를 쓰고, 유생이 돌아오는 것을 축하하는 풍악을 울렸을 '금의 환향길'은 새재 정상 바로 아래에 있다. 조령관은 경상북도와 충청북도를 경계하고 있다.

그래서 조령 정상에 빗물이 떨어져 문경 쪽으로 흐르면 낙동강이, 괴산 쪽으로 흐르면 한강물이 된다. 조령관 바로 아래에는 지금은 주막이 하나 서 있다. 날마다 구성진 노랫소리가 흘러나오는 이곳에서 탁주 한 사발에 파전 하나면 힘든 나그네의 시름을 절로 잊게 된다.

여행정보

● 가는 길

서울을 기준으로 영동고속도로 여주 분기점에서 중부내륙고속도로를 타고 문경새재 나들목으로 나온다. 문경새재 이정표 따라 10분쯤 가면 문경새재 도립공원이 나온다. 새재 광장 입구에 옛길박물관, 도자기전시장, 유교문화관이 있다.

● 묵을 곳

문경(지역번호 054)에는 문경유스호스텔(571-5533)과 새재스머프마을펜션(572-3762), 불정자연휴양림(552-9943) 등이 있다. 문경시 문화관광 홈페이지에서 숙박시설을 확인하고 예약할 수 있다.

● 먹을 곳

약돌을 갈아 만든 사료를 먹인 돼지와 한우가 유명하다. 문경새재 입구에 있는 새재초곡관(571-2020)과 새재할머니집(571-5600)이 잘 알려져 있다. 문경새재 유스호스텔 사계절 눈썰매장 2층에 있는 문경산채비빔밥(571-3736)은 문경시농업기술센터가 직접 개발한 메뉴를 내놓는다.

문경시 문화관광
http://tour.gbmg.go.kr

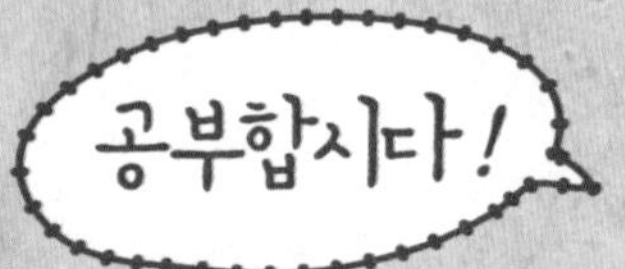

● 문경새재에 도로가 깔리지 않은 이유는?

엄마, 문경새재가 뭐예요?

문경새재는 경북 문경시와 충북 괴산군 사이에 있는 고개 이름이야. 조선시대에 축성한 제 1·2·3 관문과 부속성벽으로 된 사적 제147호의 문경 관문이 있지. 1414년 조선 태종 때 개척되어, 소백산맥을 넘어 한양으로 가는 주요 길목이었고……

'문경'은 문경시에서 따온 거죠? 그럼 '새재'는 무슨 뜻이에요?

'새재'는 새도 날아서 넘기 힘든 고개의 의미라는 설도 있고, 하늘재와 이우리재 사이, 즉 그 '새'에 있는 고개를 뜻한다는 설도 있단다.

하하. 재밌네요.

예로부터 이곳은 국방의 요충지였는데, 특히 임진왜란과도 관련이 깊지.

왜요?

응, 당시 왜가 이 길을 통해 진격을 해왔었거든. 결국 임진왜란이 끝난 뒤 조선은 이곳을 요새화하고자 3개의 관문, 즉 주흘관, 조곡관, 조령관의 성벽을 축조하게 된단다.

근데 여보, 오랫동안 이 문경새재에 도로가 깔리지 않은 이유가 뭔지 알아?

글쎄요, 뭐죠?

문경새재가 포장되지 않은 이유는, 바로 이곳을 자주 찾던 박정희 전 대통령의 지시 때문이었다는 거야. 포장공사가 한창이던 당시, 그는 이곳 정취가 사라지는 것을 염려해 도로포장 금지를 지시했다는군.

그랬군요. 그 덕분에 지금 이곳이 맨발걷기의 웰빙 장소로 각광받게 된 거군요.

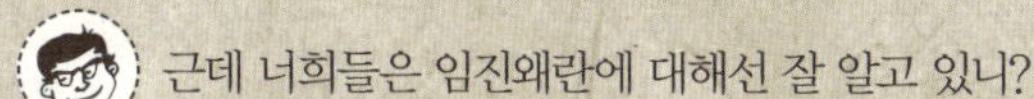

근데 너희들은 임진왜란에 대해선 잘 알고 있니?

조선시대, 일본과 벌인 싸움이잖아요. 몇 년도에 발생했더라…….

1592년!

그래 맞다. 임진왜란은 1592년부터 1598년 사이 우리나라에 침입한 일본과 벌인 싸움이지. 임진년에 일어난 1차 침입을 '임진왜란', 정유년의 2차 침입을 '정유재란'이라 한단다. 당시 조선은 국력이 많이 쇠퇴해져 있었어. 그 원인으론 4대 사화와 훈구와 사림 간의 정쟁 등을 꼽을 수 있고… 반면, 일본은 서양의 조총을 보유하는 등 이미 전쟁을 위한 만반의 태세를 갖춘 터였지.

당시 일본은 총까지 가지고 있었군요!

그랬단다. 처음엔 서울이 함락되고 함경도 부근까지 왜군이 올라오는 등 큰 위기를 겪었지. 허나 전국 각지에서 일어난 의병들과 행주대첩을 이끈 권율 장군, 그리고 이순신 장군 등의 활약으로 결국 국란을 극복할 수 있었단다.

행주대첩은 어떤 전투였어요?

맹공격을 해온 왜군을 물리치기 위해 권율 장군은 행주산성에서 치열한 싸움을 계속하였지. 심지어, 부녀자들까지 이 전투에 참여했으니까.

힘 없는 부녀자들이 어떻게……

부녀자들은 긴 치마를 잘라 짧게 덧치마를 만들어 입고선 돌을 날랐단다. 바로 여기서 '행주치마'라는 명칭이 생기게 되었다는구나.

아하, 그렇구나!

이렇게 모두가 일치단결하여 저항한 끝에, 마침내 권율 장군은 싸움에서 승리를 거둘 수 있었단다. 참고로 이 행주대첩은 진주대첩, 한산도대첩과 함께 임진왜란 3대 대첩으로 불려. 후에 일본을 통일했던 도요토미마저 죽게 되자 왜군은 결국 총퇴각하게 돼. 허나 국토는 그야말로 황폐화가 되었고, 귀한 문물들이 파괴되는 등 조선은 큰 상실감과 혼란을 겪어야만 했지.

문경새재에서 만난 사연 깊은 나무들

문경새재에서 만나는 사연 깊은 나무들이 눈길을 끈다. 또 특이한 온천과 도자기는 문경의 자랑이다.

조곡관 위 상처 난 소나무(왼쪽)와 서재문 1관문 앞에 서 있는 오래된 감나무(오른쪽), 교귀정에 붙어 있는 소나무(아래)는
문경새재에서 꼭 만나야 할 사연이 있는 나무들이다.

중탄산천과 약알칼리성 온천이 동시에 용출되는 문경기능성온천.

새재 1관문 앞에 홀로 서 있는 오래된 감나무가 있다. 긴 세월 동안 나그네의 땀을 식혀 주었을 이 나무가 지금은 약속 장소로 이용된다. 또 하나는 경상감사 교인식이 열리던 교귀정 정문에 붙어 있는 신비한 소나무. 교귀정의 역사와 함께한 소나무로 뿌리는 북쪽으로, 줄기는 길손들이 쉬어갈 수 있도록 남쪽으로 향해 있다. 여인이 춤을 추는 듯 하여 새재를 찾는 사람들의 사랑을 듬뿍 받고 있다.

조곡관을 지나 올라가는 길에 있는 '상처 난 소나무'는 아픈 우리 근대사의 한 단면을 보여준다. 'V'자형 상처가 난 소나무로 일제 말기에 자원이 부족한 일본군이 지역주민들을 동원, 연료로 사용하기 위해 송진을 채취하던 자국이다. 반세기가 지난 지금도 아픈 상처가 그대로 남아 있다.

문경에는 유황 냄새가 없는 온천이 있고 명인이 만든 전통 도자기도 있다.

문경의 온천에는 흔히 진하게 풍기는 온천의 유황 냄새가 전혀 나지 않는다. 탄산온천이기 때문이다. 문경의 온천지역은 문경새재에서 문경읍으로 가다 보면 시가지 초입에 있다. 문경기능성온천과 문경종합온천 시설이 있는데, 한 장소에서 두 가지 온천수가 용출되는 게 특징이다. 황토색인 칼슘·중탄산천과 약알칼리성 온천이 그것이다. 중탄산은 류머티즘·만성피부염 등에, 약알칼리성 온천은 만성질환과 상처 회복에 효과가 있는 것으로 전해지고 있다. "국내에는 2개밖에 없는 31.3도의 약산성칼슘과 중탄산천으로 신진대사를 촉진하고, 특히 알레르기성 피부염 등에 탁월한 효과가 있고, 세계에서 유명한 일본의 벳푸 온천보다도 우수한 수질"이라는 전문가들의 해설도 있다. 지하 770m에서 하루 700t의 온천수가 공급되는 문경 일대의 온천은 중생대 불국사통화강암에서 분출된 것이다.

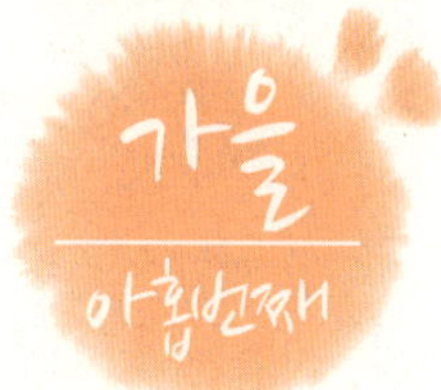

붉은 산수유 핀 아름다운 돌담길

군위 한밤마을

군위 한밤마을의 돌담은 척박한 환경을 삶의 터전으로 가꾸어 온 선조들의 흔적이다. 끊길 듯 끊길 듯하다가도 이어지고, 높낮이가 각기 다른 돌담은 자연에 순응하면서도 치열하게 살아야 했던 우리의 과거를 생각하게 한다. 그래서 한밤마을 돌담은 아름다우면서도 다른 한편으론 가슴 시리게 하는 애절함이 있다.

군위 삼존석굴 — 2.6㎞ — 군위 한밤마을 — 9.6㎞ — 화본역 — 16㎞ — 인각사 — 12.4㎞ — 석산리 산촌생태마을

천 년 전통의 '한밤마을'을 찾아갈 수 있다는 사실만으로도 여행자에게는 큰 축복이다. 경북 군위군 부계면에 있는 한밤마을은 시간이 멈춘 듯 나지막한 돌담이 집들을 둘러싸고 있다. 끊길 듯 끊길 듯 이어져 마을 전체를 휘감은 돌담은 아름답다 못해 슬프기까지 하다. 척박한 자연환경을 이겨내기 위해 손이 부르트도록 담을 쌓아야 했을 선조들의 고통이 전해오는 듯하다. 이처럼 천 년을 면면처럼 내려온 아름다운 돌담의 사연을 만나러 가던 날 가을 하늘은 유난히도 푸르고 맑았다. 대구에서 차를 몰아 팔공산 허리로 연결되는 구불구불한 한티재를 돌아가는 동안 만난 만추의 절경은 눈을 뗄 수 없을 정도로 화려했다. '한국의 아름다운 길 100선'에 선정된 한티재는 황갈색 낙엽이 쌓인 채 한밤마을까지 이어졌다. 한티재 끝에는 '군위삼존석굴'로 불리는 제2석굴암이 있는데 주변에 소나무가 군락을 이뤄 풍광이 매우 뛰어나다.

한밤마을은 유래부터 흥미롭다. 이 마을의 시작은 950년경 남양 홍씨에게서 갈려나온 부림 홍씨의 시조 홍란이란 선비가 입향하면서 시작된다. 여양 진씨, 전주 이씨, 예천 임씨, 영천 최씨, 고성 이씨 등이 부림 홍씨 일족과 어울려 살고 있다. 마을은 본래 심야(深夜) 또는 대야(大夜)라고 불리던 곳이다. 대낮에도 밤처럼 어두운 심심산골 오지여서 붙여진 이름이 아니겠는가 하는 추측을 하게 한다. 하지만, 1390년경 부림

한밤마을 중심에 있는 대청은 오랜 기간 교육기관인 학사로 사용돼 왔지만 지금은 마을주민들의 사랑방과 탐방객들의 휴게소 역할을 하고 있다.

홍씨 14대손인 홍로 선생이 마을 이름에 밤 야(夜)자가 들어간 것이 역학적으로 좋지 않다고 해서 대율(大栗)로 고쳐 불렀다고 한다. 그 후 대율의 이두 표현법인 한밤으로 불리게 됐다.

이 마을은 팔공산을 지붕처럼 이고 있다. 산 정상에서 시작된 작은 물줄기는 한밤 마을 위에서 남천과 동산천으로 갈리게 된다. 물줄기 양 갈래의 중앙에 마을이 있는 셈이다. 이로 인해 비가 오면 팔공산에서 돌들이 수없이 흘러내렸다. 마을 앞 하천으로 굴러온 돌들을 차곡차곡 쌓아 담을 만들었다. 척박한 땅을 밭으로 일구고, 집터를 닦으면서 나온 돌도 담이 되었다. 그렇게 수백 년 마을이 제자리를 잡아가는 동안 돌담은 높아지고 길어졌다. 돌담길이 많은 제주도를 연상시킨다고 해서 한밤마을은 '육지 속의 제주도'로 불리기도 한다. 한밤마을 돌담은 사시사철 옷을 갈아입는다. 푸른 이끼가 기어오르고, 노란 산수유와 들풀들이 담에 기대어 꽃을 피운다. 가을에는 붉은 산수유 열매와 노란 감이 담을 타고 넘어온다.

한밤마을의 여정은 아름드리 소나무 140여 그루가 숲을 이루고 있는 성안숲에서부터 시작된다. 이 송림은 2006년 문화체육관광부가 '전국 10대 마을숲' 중 하나로 지정한 곳이다. 임진왜란 때는 홍천뢰 장군의 훈련장으로 사용된 장소이기도 하다. 홍천뢰 장군의 기념비와 진동단, 효자비각 등이 숲 안에 있다.

성안숲을 지나 마을 어귀에 들어서면 총연장 4㎞가 넘는 돌담길이 나온다. 한밤마을의 중심에는 대청이 자리 잡고 있다. 대청은 원래 사찰의 대종각이었다가 오랜 기간 마을의 교육기관인 학사로 쓰였다고 한다. 지금은 동네 사랑방 구실을 하고 있다. 여행

경주 석굴암보다 100년이나 앞서 조성된 군위삼존석굴.

객이 쉬어가고 여름밤엔 음악회가 열리는 곳이기도 하다. 대청과 이어진 한쪽에는 남촌고택이 있다. 옛 안주인의 이름을 따 '상매댁'이라 불리기도 한 이 집 안에는 300년이 넘은 덩치 큰 잣나무 두 그루가 세월의 무게를 이겨내고 오롯이 서 있다. 그래서 고택 안에는 잣나무 백(柏)자를 써서 붙여진 '쌍백당'이라는 건물이 있다. 한밤마을에는 100년 이상 된 한옥이 20채가 있는데 남촌고택은 이 가운데서도 가장 크고 오래된 집이다. 조선 후기인 1836년 지어진 것으로 가옥 일부는 광복 후 허물어지고 지금은 대문채와 사랑채, 안채, 사당 등이 남아 있다.

한밤마을을 다녀간 탐방객들은 누구나 주민들에게 고마움을 느껴야만 한다. 이 마을의 아름다운 돌담길도 편리함과 현대화에 밀려 자칫 사라질 위기를 몇 차례나 겪어야 했기 때문이다. 골목을 넓히고 규격화되고 획일화된 정비를 용케도 이겨냈을 터이다. 돌담을 걷어내고 시멘트로 담을 올리고 탱자나무로 울타리를 막았다면 어찌 됐을까. 이런 생각만으로도 지금껏 지탱해 온 한밤마을의 돌담이 더욱 소중하게 여겨진다.

여행정보

● 가는 길

중앙고속도로 군위 나들목에서 빠져 나와 5번 국도와 919번 지방도를 이용한다. 부계면 방향으로 가서 79번 지방도로 갈아타고 제2석굴암 이정표를 따라가다 보면 한밤마을 안내판이 나온다. 경부고속도로 북대구 나들목에서 나온다. 안동 방면 이정표를 따라가다 5번 국도와 79번 지방도로를 이용, 한티재를 넘어 좌측으로 제2석굴암을 지나면 한밤마을이 보인다.

● 묵을 곳

군위(지역번호 054) 한밤마을 안에 남촌고택(382-2748), 부림홍씨종택(382-2651) 등이 있어 고택체험이 가능하다. 한옥펜션 예약은 행복한밤마을운영위원회(383-0061)로 하면 된다. 이달 말부터는 차로 40분 거리에 있는 석산약바람산촌생태마을(383-0468)에서도 숙박을 할 수 있다. 행복한밤마을 홈페이지에서 자세한 여행정보를 얻을 수 있다.

● 먹을 곳

마을 입구에 소박한 국밥과 찌개를 내놓는 서일도돼지국밥(383-3780)과 부곡식당(383-3934)이 있다. 인근에 백숙으로 유명한 작은영토(383-9889)도 있다.

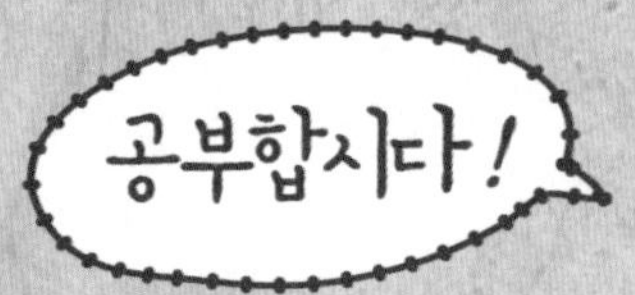

● 왜 인각사라 이름을 지었을까?

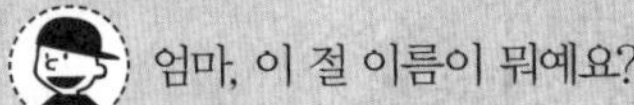

엄마, 이 절 이름이 뭐예요?

인각사야. 신라 선덕왕 11년 의상대사가 창건하였다지.

인각사라… '인각'이 무슨 뜻이죠? 이름이 특이해요.

음, 절 입구에 깎아지른 바위가 있는데, 기린의 형상을 닮은 산이 그 바위 위에 뿔을 걸었다는 의미로 인각사라 이름지었다는구나. 여기서 '인각(麟角)'은 기린의 뿔을 뜻하지.

기린의 뿔이라… 재밌어요!

기린은 사령(四靈)이라 하여 용, 봉황, 거북과 더불어 상서로운 영물 중 하나였고, 예로부터 성인(聖人)이 태어날 징조를 나타내는 상징의 동물로 알려져 왔단다. 그래서 총명하고 재주가 남달리 뛰어난 사람을 기린아(麒麟兒)라 부르기도 했고, 신라시대에는 기린 문양을 벽돌에 새겨넣기도 했지. 또 고려시대에는 왕을 호위하는 군사를 가리켜 '기린군'이라 부르기도 했다는구나.

아하, 그랬군요.

특히 인각사는 보각국사 일연이 『삼국유사』를 지은 곳으로 유명해.

오, 정말요?

그래, 너도 알고 있겠지만, 『삼국유사』는 김부식의 『삼국사기』와 함께 현존하는 한국의 대표 고대사적이야. 신라, 고구려, 백제 3국의 역사, 그리고 우리 민족의 개국신화가 담겨 있는 등 소중한 가치를 지니고 있단다.

● 군위 삼존석굴이 석굴암보다 더 앞서 만들어졌다고?

저기가 군위 삼존석굴인가 봐요?

그래 맞다. 여기 이 자료를 보니, 군위 삼존석굴은 이곳 팔공산에 있는 석굴로 국보 109호로 지정되어 있다는구나. 1963년에 발견되었고, 석굴의 크기는 높이 4.1m, 폭 4.7m, 안길이 4.5m이고… 자, 저기로 가서 안을 들여다 보렴. 석굴 안쪽에 부처님과 두 보살, 즉 석조 아미타삼존상이 안치되어 있을 테니.

네, 맞아요. 정말 동굴 속에 부처님이 앉아 계시네요!

이러한 석굴을 또 어디서 본 거 같지 않니?

글쎄요. 처음인 거 같은데…….

잘 생각해 보렴. 아빠랑 경주 갔을 때 토함산에서…….

아, 경주 석굴암! 이제야 기억났어요, 힛.

하하. 그래 이 군위 삼존석굴은 또 제2석굴암이라 불리기도 한단다. 이 석굴이 경주 석굴암보다 늦은 시기에 발견되었기 때문이야. 하지만 이 석굴이 오히려 경주 석굴암보다 1세기 이상 앞선 시기에 만들어졌고, 석굴암 조성의 모태가 되었던 것으로 알려져 논란이 일고 있지.

오, 정말요?

그렇단다. 두 석굴의 차이를 하나 들자면, 경주의 석굴암은 인공으로 석굴을 만들어 지어졌고, 이곳 군위 삼존석굴은 자연석굴을 그대로 이용해 만들었다는 것이지. 또 이 삼존석굴은 5세기 신라에 불교를 전했던 고구려의 승려 아도화상이 수도에 정진했던 굴로도 일러져 있어.

그렇군요. 근데, 저 석탑은 참 특이하게 생겼어요.

아, 저건 모전석탑이야. 단층 기단과 단층의 탑신부로 이루어진 특이한 형상을 하고 있지.

모전석탑이 뭐예요?

돌을 벽돌모양으로 다듬어 쌓은 탑을 모전석탑이라 한단다.

군위, 다른 볼거리

다양한 문화유산과 천혜의 자연환경을 갖추고 있는 경북 군위가 전통과 청정농업이 어우러진 웰빙문화관광지역으로 부상하고 있다. 군위의 문화유산은 삼국시대 역사를 기록한 『삼국유사』와 떼어놓고 설명하기가 어렵다. 보각국사 일연이 『삼국유사』를 완성하고, 입적한 곳이 지금의 군위에 있기 때문이다. 그래서 군위는 '삼국유사의 고장'으로 불린다. 전통 한밤마을에서 차로 불과 한 시간 이내 거리에 인각사와 삼존석굴, 화본역, 산촌생태마을, 군위댐 등 볼거리가 풍성하다.

전국에서 가장 아름다운 간이역으로 선정될 정도로 주변환경과 역사가 조화를 이루고 있는 화본역에는 영화 촬영장과 카페테리아가 들어설 예정이다.

인각사의 거대한 절터는 화려했던 옛 영화를 떠올리게 한다. 사찰 뒤편 산줄기가 전설 속 동물인 기린의 뿔 모양을 닮았다 해서 인각(麟角)으로 이름 지어졌다. 인각사는 고려시대 전국 굴지의 사찰로 이름을 떨쳤는데 일연이 1284년부터 임종할 때까지 5년 동안 이곳에 머물면서 『삼국유사』를 완성했다. 그러던 것이 조선 후기에 이르러서는 퇴락해 거의 폐사가 됐다. 일부 건물을 복원한 경내에는 보물 제428호로 지정된 보각국사정조지탑(普覺國師靜照之塔)비와 부도 3기, 석불과 극락전, 보각국사비각 등 건물 6동이 있다. 일연이 이곳에서 『삼국유사』를

완성하게 된 것은 인근에 살고 있던 연로한 어머니와 가까운 곳에서 지내기 위한 효행 때문이었다고 한다. 보각국사비는 중국 명필 왕희지의 글씨를 집자한 것이다. 하지만, 외적의 침략과 화재로 인해 비석은 겨우 형체만 남아 있다. 최근에는 복원한 비가 인각사에 세워졌다. 사찰 맞은편에는 병풍처럼 둘러쳐진 바위절벽이 있다. 학들이 둥지를 틀었다고 해서 학소대로 불린다. 군위에는 또 제2석굴암이 있다. 경주 석굴암보다 연대로는 100년이나 앞서 조성됐지만 발굴이 늦어졌기에 이렇게 명명됐다. 원래 이름은 '군위 삼존석굴'. 3구의 불상은 국보 제109호로

지정될 만큼 그 가치를 인정받고 있다. 제2석굴 암 앞마당에는 경상북도 문화재자료 제241호인 '모전석탑'과 경상북도 유형문화재 제258호인 '석 조비로자나불좌상'도 있다.

*가장 아름다운 간이역으로 선정된 화본역

군위를 지나는 중앙선에는 3개의 작은 기차역 이 있다. 이 가운데 유일하게 직원이 근무하는 화본역은 하루 두 차례씩 열차가 선다. 1930년 대 모습을 그대로 간직하고 있는 데다 수려한 주변경관과 잘 어울려 네티즌이 뽑은 전국에서 가장 아름다운 간이역으로 선정될 정도다. 화 본역 선로 옆 이끼가 끼고 담쟁이덩굴에 둘러싸 인 급수탑은 네티즌 사이에서 독일 동화 「라푼 젤」에 나오는 탑으로 불리면서 인기를 끌고 있 다. 군위군은 가족영화 촬영 스튜디오와 레일 카페테리아를 도입하고 인근 산성중학교 폐교 와 더불어 '복합문화교육공간'으로 변모시키겠 다는 계획을 갖고 있다.

고로면 석산리에는 '석산약바람산촌생태마을'이 들어섰다. 이곳은 군위의 젖줄 위천의 발원지이 자 천혜의 자연환경을 자랑하며 자연 속에 묻

혀 있던 마을이다. 특히 인삼과 장뇌삼, 더덕, 표 고버섯, 마 등 각종 약초들이 즐비해 한약 마을 로도 잘 알려진 곳이다. 이달 말 개장될 산촌생 태마을은 자연회귀마을과 명품 테마로드, 산속 모노레일 등 복합시설을 갖추고 있다. 또 산약 초방과 약바람방, 한방산림욕장 등이 갖춰져 있 다. 자연회귀마을은 건물 지붕을 투명유리로 처 리해 방 안에 누워서 밤하늘 별을 관찰할 수 있 도록 했다. 산촌생태마을에는 산속에서 재배한 신선한 먹을거리를 주민들이 직접 요리해 제공 하는 식당도 있다.

산촌마을 입구에서 908번 도로를 타고 좀 더 가 면 학암리에 이른다. 여기에는 '신비의 소나무'가 있다. 500년이 넘는 소나무는 둘레 4.5m, 높이 7m에 이르는 거목이다. 만져보고 기도를 올리면 소원을 들어준다는 신비한 전설이 담겨 있다.

태백산맥 남쪽 끝에 자리한 해발 828m의 화산 도 군위의 자랑이다. 정상부에는 화산산성이 자 리 잡고 있다. 임진왜란 당시 의병 훈련장으로 쓰이다가 조선 숙종 35년(1709년) 병마절도사 윤숙 장군이 병영을 세우기 위해 쌓은 산성이 다. 산 중턱에 있는 바위에 매질을 해서 산꼭대 기로 올라가게 하는 신통력으로 지었다는 이야 기가 전해진다. 부지개 보양의 전 통적인 식문이 남아 있다. 산성 안 에는 옥정영원(玉井靈源)이라는 약수터가 있다. 아무리 더위가 맹 위를 떨치는 삼복에도 이 물을 마 시면 더위를 잊는다고 해서 많은 사람이 몰려든다. 산 정상 부근에 는 배추와 무를 재배하는 고랭지 채소밭이 있어 눈길을 끈다.

학들이 무리를 지어 찾아와 둥지를 틀었다고 해서 이름지어진 학 소대의 절경.

단풍 숲길을 걷다 눈 돌리면 만경창파

울릉도

망향봉에서 내려다 본 울릉도의 유일한 관문 도동항. 곱게 물든 단풍과 코발트빛 바다, 넉넉하고 다정한 인심은 '울릉도의 가을'을 더욱 빛나게 한다. 수십 년간 인적이 드물었던 옛길을 따라가다 보면 구름 위를 걷는 듯한 착각에 빠지게 된다.

자유 선택코스

- 내수전 – 정매화골 쉼터 – 석포 – 섬목 〈약 1시간 50분 소요〉
- 도동 – 행남등대 〈약 1시간 30분 소요〉
- 남양마을 – 남서리 고분 – 태하령 옛길 – 정자 쉼터(솔송, 섬잣, 너도밤나무 군락지) – 태하리 광서면 각석문 〈약 2시간 소요〉

울릉도를 '국민관광지'라고 하지만 방문객은 한 해 30만 명에 채 못 미친다. 애초 계획된 일정대로 울릉도를 다녀왔다면 그건 하늘이 내린 사람이라 할 수 있다. 걸핏하면 거센 풍랑과 악천후로 동해 묵호항을 출발하는 쾌속선은 운항이 중단되기 일쑤다. 울릉도의 맑은 날은 1년 중 55일에 불과하다. 울릉도에서 배를 타고 독도에 접안할 수 있는 날도 1년에 70일밖에 되지 않는다.

울릉도는 '삼무오다(三無五多)'로 표현된다. '삼무'는 도둑과 공해와 뱀이 없다는 것이고 '오다'는 향나무와 바람, 미인, 물, 돌이 많다는 뜻이다. 천혜의 자연환경을 간직하고 있는 화산섬 울릉도에는 둘레길로 불리는 몇 개의 트레킹 코스가 있다. 내수전 옛길 트레킹 코스를 걸어봤다.

울릉도의 모든 관광은 도동항에서 출발한다. 관광버스는 내수전일출전망대에서 일행을 내려놓고, 북면 섬목에서 다시 만날 것을 기약하며 떠났다. 일출전망대에서 신발끈을 조여맨 일행이 트레킹 코스에 들어서자 가장 먼저 반기는 건 울창한 동백나무 군락이었다. 성인 한 사람이 가슴을 펴고 활보하기에 충분한 폭의 자갈과 화산재가 반씩 섞인 비포장도로가 나왔다.

옛길은 햇볕조차 제대로 들지 않을 정도로 수목이 우거진 신비스러운 숲으로 바뀌

해안선을 따라 조성된 울릉도 둘레길. 파도 소리를 들으며 수많은 동굴을 지나게 된다.

어 있었다. 천연기념물 189호로 지정된 나리분지 일대의 원시림이 이곳까지 연결된 것일까. 동백나무·밤나무·섬피나무·섬단풍나무·마가목·두메오리나무·섬피나무 등이 저마다 한 자리씩 차지하고, 떨어지다 만 잎사귀는 단풍이 되어 흔들리고 있었다. 손끝으로 건들면 금방이라도 쏟아질 것만 같은 농익은 단풍들이다. 이곳저곳에서 터져 나오는 동반자들의 외마디 감탄사와 이름 모를 새들의 지저귐이 산울림 되어 되돌아온다.

새 소리 산울림 되어 되돌아 와

울릉도에는 '나리금수(羅里錦繡)'와 '알봉홍엽(幹峰紅葉)'이라는 말이 있다. 나리분지

에서 이어지는 비단 같은 단풍과 가을에
알봉에서 짓게 물든 홍엽이 좋다는 옛말
은 지금도 전혀 다르지 않아 보인다. 둘레
길에서는 좀처럼 빠른 걸음으로 다닐 수
가 없다. 곁눈질해야 할 일이 많아서다. 한
쪽으로 바다의 절경이 계속 따라오고, 다
른 한쪽에선 계곡과 신비스런 숲이 가로
막고 있기 때문이다. 울릉도의 단풍은 여
느 곳과는 사뭇 다르다.

열일곱 가지 화려한 색상을 내는 '총천연
색' 물감을 흩뿌린 듯한 단풍이다. 울릉도
의 지붕 나리분지가 머금은 빗물은 숲속
곳곳으로 흘러 계곡을 이루고, 크고 작은
폭포를 만들고 있다. 울릉도 사람들은 이
오솔길을 모를 리 없지만 잘 다니지 않는

둘레길 주변 바위 틈새에 핀 털머위꽃이 고운 자태를 과시
하는 듯하다. '다시 발견한 사랑'이라는 꽃말을 지니고 있다.

다고 했다. 잘 닦인 포장도로를 곁에 두고, 무거운 짐을 지고 애써 고생길을 나서야 할
이유가 없기 때문이다. 그래서 이곳에선 잘 알려진 길이지만 '가지 않는 길'로 오랫동안
방치된 것이었을 터이다. 그러면서도 차를 타고 멀리 한 시간 반을 돌아서 가고 있는 것
이다. 최근에야 울릉읍 저동리 내수전~북면 천부리 섬목 간 일주도로 미개통 구간 4.3
km가 완성될 채비를 하고 있다.

옛길을 40분가량 걸으니 정매화골 쉼터가 나왔다. 정매화골은 정매화라는 사람이
이곳에 집을 짓고 살았다고 해서 붙여진 이름이다. 40~50년 전만 해도 정매화골은
울릉도에서도 가장 깊은 골짜기였다. 그래서 이곳 주민들은 이 길을 가는 걸 몹시 꺼

렸다. '귀신이 나온다'는 이유에서였다. 그래서 두셋이 무리를 지어야 이곳을 통과할 수 있었다고 한다. 지금은 정매화골에 음수대와 벤치가 놓인 탐방객의 쉼터로 가꾸어 져 있다.

정매화골에서 섬목으로 향하는 길까지는 30분가량 더 걸어야 한다. 가는 길목에서 오른쪽 해안가를 쳐다보면 북저바위와 죽도, 관음도가 보인다. 산골짜기에서 빽빽한 나무 사이로 언뜻언뜻 비치는 바다는 비경이다. 또 다른 경험을 원하는 탐방객을 위해 정매화골에서 말잔등으로 가는 트레킹 코스가 있다. 말잔등은 울릉도에서 두 번째로 높은 봉우리로 나리분지와 연결돼 있다. 섬이자 산으로 된 울릉도에서 성인봉(해발 986m) 다음으로 높은 말잔등에 오르면 동해의 망망대해가 눈앞에 펼쳐진다. 정매화골에서 말잔등까지의 옛길도 그다지 험하지는 않다. 한 시간 남짓 거리는 등산이라기보다는 가벼운 산책을 하는 기분으로 오를 수 있다.

여행정보

● 가는 길

포항에서 정기선 썬플라워호가 매일 오전 9시 40분에 출항한다. 썬플라워호는 울릉도 도동항에서는 오후 2시 40분에 출발한다. 묵호항에서 쾌속선이 오전 9시와 10시 두 차례 출항한다. 쾌속선은 하절기에 증편되고, 동절기에는 운항이 중단되기에 사전에 전화(033-531-5891)로 문의해야 한다.

● 묵을 곳

울릉도(지역번호 054)에는 울릉비취호텔(791-2335)과 울릉호텔(791-6611), 마리나관광호텔(791-0020), 대아호텔리조트(791-8800) 등이 있고 민박은 군청 문화관광과(790-6393)에 문의하면 된다.

● 먹을 곳

울릉도 특산물인 오징어와 홍합, 바닷가 암초에서 서식하는 따개비를 이용한 음식을 내놓는 식당이 많다. 약초를 먹여 기른 울릉도 소도 유명하다. 홍합밥은 해운식당(791-7789), 보배식당(791-2683)이 유명하다. 약소요리는 향우촌(791-0686)과 삼정숯불가든(791-3536), 울릉약소마을(791-7001) 등이 잘 알려져 있다.

울릉군 관광정보
http://www.ulleung.go.kr/tour

● 이사부는 어떤 전략으로 우산국을 정벌했을까?

신라 때 이 울릉도를 정복한 이가 누군지 아니?

아뇨. 누구였는데요?

바로 신라 때의 장군 이사부였단다. 내물왕의 4대손이었던 그는, 505년 지금의 삼척인 실직주(悉直州)의 군주로 임명되었지. 이것이 바로 처음 군현제가 실시된 사례란다.

군현제가 뭐예요?

음, 군현제란 전국을 군과 현으로 나눈 뒤, 지방관을 보내 직접 다스리게 한 제도야. 다시 말해, 중앙 집권적 성격의 지방 행정 제도라 할 수 있지. 이사부는 512년 아슬라주의 군주로 있으면서 우리 역사에 길이 남을 중요한 일을 해내는데, 바로 당시 우산국으로 불리던 울릉도와 독도를 신라에 귀속시키는 데 공헌한 것이란다.

아, 당시 울릉도가 우산국으로 불렸었구나. 그럼 이사부는 무력으로 울릉도를 점령한 건가요?

아니, 그는 무력 대신 재치를 발휘했단다. 서기 512년, 이사부는 나무로 만든 사자를 배에 나누어 싣고 가선 '항복하지 않으면 이 맹수들을 풀어 모두 죽이겠다'고 우산국인들을 위협했다는 거야. 이러한 전략으로 그는 결국 무력을 휘두르지 않고도, 독도를 포함한 우산국을 정벌할 수 있었지.

와, 머리를 잘 썼네요!

하하. 그렇지? 이러한 기록이 『삼국사기』에 실려 있단다.

이러한 역사적 사실이 있는데도, 일본은 독도를 자기 땅이라 우기고 있단 말예요?

독도가 우리 땅이라는 것을 증명할 수 있는 문헌은 단지 『삼국사기』뿐이 아니란다. 『고려사지리지』, 『세종실록지리지』, 『성종실록』, 『증보문헌비고』 등 여러 문헌이 있지. 또 우리나라의 기록뿐 아니라, 일본외무성의 『조선국교제시말내탐서』를 보면, 당시 명치정부의 최고국가기관이었던 태정관이 울릉도와 독도는 일본과 관계없는 곳이라고 밝혔다는 내용을 찾아볼 수 있다는구나.

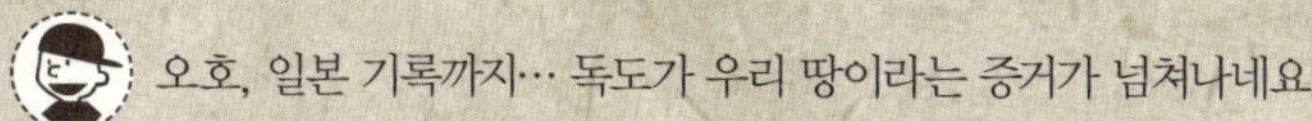

오호, 일본 기록까지… 독도가 우리 땅이라는 증거가 넘쳐나네요!

조선시대까지 왜구의 칩입, 양국 어부들 간의 충동 등으로 울릉도는 많은 시련을 겪었단다. 이때 등장하여 울릉도에 대한 조선의 소유권을 명시적으로 확보한 이가 누군 줄 아니?

누구였더라…….

바로 어부였던 안용복이었어.

아, 들어본 거 같아요!

안용복은 조선 숙종 때의 어민이었는데, 일본 어민들이 울릉도를 자주 침범하자 일본으로 직접 건너가 항의하였다는구나. 울릉도 약수공원에는 이 안용복을 기리는 충혼비가 세워져 있지.

지금 우리, 그 약수공원으로 가고 있는 거 맞죠?

그래. 가면서 계속 이야기 해줄게… 1955년 일본의 해상보안청 소속 순시함 3척과 함께 비행기 한 대가 침공하는 등 일본의 독도에 대한 야욕은 계속되었단다. 물론 우리는 그대로 당하고만 있지는 않았지. 위기 때마다 우리 독도 의용수비 대원들이 활약하기도 했고, 더불어 독도를 지키려는 노력이 각계각층에서 이뤄져 왔단다. 근데, 무인도였던 독도에 이주한 첫 주민이 누군지 아니?

아뇨, 누구였어요?

음, 어부인 최종덕 씨라는 분이야. 그는 모 일간지 인터뷰를 통해 옛날부터 우리땅이었던 독도를 가지고 새삼스레 땅싸움 운운하는 것 자체가 말이 안된다 하였지. 최근에는 이런 뉴스도 있었잖아. 가수 김장훈 씨와 한국 홍보전문가이자 성신여대 객원교수인 서경덕 씨가 미국에서 독도 광고를 올렸다는…….

네, 들어봤어요.

그들은 맨해튼 타임스 스퀘어의 CNN뉴스 광고 판에 독도가 한국의 영토라는 걸 밝히는 광고를 올렸단다. 이 광고는 먼저 "하와이는 미국땅이고 시칠리아는 이탈리아땅, 발리는 인도네시아땅이며 독도는 한국땅"이라는 글과 함께, 이어 '동해(East sea)'가 표기된 지도를 보여준 뒤, "한국의 아름다운 섬, 독도를 방문하세요"라는 메시지로 끝을 맺는다는구나.

애잔한 아라리가 강물 따라 흐르는

정선

정선군 여량면 여량리에 있는 아우라지의 처녀상과 다리. 평창군 도암면에서 발원된 송천과 삼척시 하장면에서 시작한 골지천이 합류되어 '어우러진다'는 뜻에서 비롯된 아우라지는 정선아리랑 발상지 중 한 곳이다.

눈물고개를 넘어야만 갈 수 있다는 심심산골, 아라리의 고장 정선이 대표적인 관광지로 부상하기까지는 그다지 오랜 시간이 걸리지 않았다. 한적한 시골마을에 불과했던 정선은 때 묻지 않은 강과 산, 슬프지만 아름다운 옛이야기, 훈훈한 인정이 한데 어우러져 수년 만에 가고 싶고, 머무르고 싶은 곳으로 변모했다.

아라리의 애절한 사연을 듣고, 버려진 철로 위에 놓인 레일바이크의 페달을 밟기 위해 매년 수백만 명이 찾아온다. 석탄가루가 산더미처럼 쌓인 자리는 녹색 휴식공간으로 다시 태어났다. 천 길 낭떠러지 굽이굽이 좁은 길은 낭만을 느끼는 드라이브 코스로, 닷새마다 서는 정선 5일장은 정이 넘치고 향토 먹을거리가 풍성한 추억의 장소로 탈바꿈했다. 정선사람보다도 많은 수학여행단이 찾아와 떡메를 치고, 맨손으로 송어를 잡으며 체험여행을 즐긴다.

정선아리리에 얽힌 사연을 들으려면 여량리로 가야 한다. 나룻배가 다니던 강 위에 세워진 현대식 아치형 다리 밑으로 흐르는 강물을 내려다보고 있노라면 구슬픈 정선아리랑 한 가락과 아우라지에 얽힌 청춘남녀의 사랑이 떠오른다. 아우라지는 힘찬 물길로 남성적인 송천과 도도히 흐르는 여성적인 골지천이 만나 '어우러진다'는 데서 비롯됐다.

소나무 가지를 옛 모습대로 엮어 만든 아우라지 섶다리는 한 줄로 서서 조심스레 건너야 한다.

아우라지 강가에서 동상이 된 처녀

정선은 예부터 아름드리 소나무가 많아 쓸 만한 목재가 대량 생산됐던 곳이다. 유로보다 빠른 남한강 물길에 실어 목재를 운반하기 위해 새끼줄로 이어 뗏목을 만들었다. 뗏사공은 뗏목을 끌고 천 리가 넘는 남한강 물길을 따라 한양의 광나루나 마포나루에 도착했을 것이다. 힘든 물길을 헤쳐가는 사공의 안전을 기리며 읊조린 여인의 노랫가락이 아라리이고, 훗날 정선아리랑이다. 그래서 아라리에는 구구절절이 여인의 한숨 같은 서글픔이 배어 있다.

한양으로 가는 뗏목이 출발하던 곳이 아우라지다. 뗏목을 몰고 떠난 사공을 기다리던 그때의 처녀는 아우라지 강가에서 동상이 되어 그날을 회상하고 있다. 여량리 처녀동상 옆에 있는 여송정(餘松亭)에는 아우라지 연인의 애타는 이야기가 그림으로 남아 있다. 아우라지에는 소나무 가지를 꺾어 만든 섶다리가 서 있고, 처녀총각을 강 너머로 건네주던 나룻배와 뱃사공도 있다. 지금의 뱃사공은 노를 놓고 길게 연결된 쇠줄을 당겨 강을 오간다. 다리 건너에는 2층으로 된 정선아리랑 전수관이 자리하고 있다.

아우라지로 가는 반점재와 병방치에 오르면 뱃사공이 뗏목을 몰고 갔을 문곡리와 송오리 사이의 굽이굽이 조양강 물길이 보인다. 한반도 지형을 닮았다는 굽이치는 물길을 보기 위해선 귤암리 병방산 전망대를 찾아야 한다. 더 뚜렷한 한반도 지형은 고양리 상정바위에서 볼 수 있다. 문곡리 주차장에서 상정바위에 오르는 길은 40분 이상 험한 산길이 이어진다. 해발 1000m가 넘는 산이어서 산책하듯 가벼운 마음으로 올라서는 안 된다. 온통 바위산에 등산로는 좁고 가파르다. 힘들게 오른다 해도 요즘에는 쉽사리 한반도 지형 모양을 볼 수 없다. 안개가 자욱해 앞을 분간할 수 없는 날이 많기 때문이다.

훈훈한 시골 정취를 느끼려면 정선 5일장으로 가야 한다. 현지에서 생산되는 산나물과 약초, 옥수수 등 특산품을 판매하고 장터 한쪽에서는 짚신과 망태 등을 직접 제작한다. 긴 의자가 놓인 간이음식점에서는 강원도의 애환이 어린 올챙이국수와 콧등치기 메밀국수 등을 먹을 수 있다. 진수성찬보다도 맛있는 국수지만 돌아서면 배가 고플 정도로 소화가 잘된다.

정선민속장은 2일과 7일, 12일처럼 5일 단위로 열린다. 매년 4월부터 11월까지 민속장이 열리는 날 정선문화회관에 가면 구수한 아라리가락을 들을 수 있다. 정선아리랑 정기공연이 열린다.

철로 위를 페달을 밟으며 내달리는 레일바이크는 정선선의 종착역인 구절리에서 아

우라지역까지 7.2㎞ 구간에서 운행된다. 가족과 연인이 함께 페달을 밟으며 철로 위를 달리면 정선의 절경이 눈앞에 펼쳐진다. 구절리에는 폐객차를 이용해 두 마리의 여치가 어우러진 모습을 형상화한 카페 '여치의 꿈'이 있다. 종착점인 아우라지역에서는 어름치의 모습을 한 카페 '어름치의 유혹'이 관광객을 맞이한다.

　정선에는 곳곳이 천 길 낭떠러지로 발끝에 전율이 느껴지는 곳이 유독 많다. 산소길을 걸어 변방치 절벽 위에 있는 스카이 워크(Sky Walk)에 오르면 투명유리 위에서 동강을 내려보게 된다. 이곳에선 발끝에서 느껴지는 전율과 함께 짜릿한 희열을 동시에 맛볼 수 있다.

여행정보

● 가는 길

수도권을 기준으로 영동고속도로를 타고 가다 진부나들목에서 나와 59번 국도를 이용해 정선까지 간다. 중앙
고속도로를 이용할 경우 제천나들목에서 내려 영월삼거리에서 미탄방향으로 가면 정선이 나온다. 제천나들목
에서 영월을 걸쳐 38번 국도를 통해 사북, 고한을 지나면 정선 이정표가 나온다. 자세한 여행정보는 정선여행
홈페이지에서 얻을 수 있다.

● 묵을 곳

정선읍내(지역번호 033)에는 여관과 모텔이 다수 있다. 특색 있는 숙박시설로는 가리왕산 자연휴양림(562-
5833)과 해피스테이션 기차펜션(563-8787) 정선캡슐하우스(563-8787) 머물고싶은곳펜션(563-9097) 구절민박
(563-7985) 수정헌(563-8860) 등을 추천할 만하다.

● 먹을 곳

곤드레나물밥과 올챙이국수, 감자옹심이 등이 유명하다. 향토음식점으로는 동박골식당(563-2211) 싸리골식당
(562-4554) 대흥식당(563-1319) 여량식당(563-0503) 등이 있다. 신흥집(563-8240)은 메밀전병을, 석곡집(562-
8322)에서는 전통 메밀묵을 내놓는다.

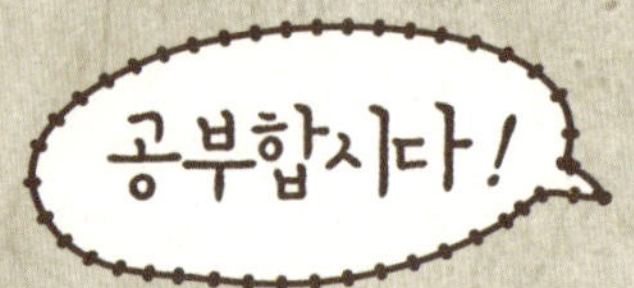

● 아우라지에 섶다리가 놓인 사연은?

엄마, 저 다리 이름이 뭐예요?

응, 저건 아우라지 섶다리라 불러. 다리가 저 곳에 놓이게 된 사연이 있는데 궁금하지 않니?

네, 궁금해요! 무슨 사연인데요?

옛날에 사랑하던 한 연인이 있었는데, 어느 날 싸리골로 동백을 따러 가자 약속을 했다는구나. 그런데 폭우로 갑자기 강물이 불어나 그 둘은 결국 만나지 못하게 되었어. 그래서 그들의 사랑이 이루어지기를 기원하는 뜻에서 이 아우라지에 섶다리를 만들게 된 거란다.

앗, 저기 그래서 처녀의 동상이 서 있던 거군요!

그래. 섶다리는 이렇게 늦가을에 설치되어 겨울 동안만 놓여 있다는구나. 왜냐면, 봄에는 물이 불어나 위험하니까.

아, 그렇구나.

근데, 정선아리랑이라고 들어봤니?

그냥 아리랑은 많이 들어봤지만, 정선아리랑은 처음 들어봐요.

아리랑은 지역마다 다르고 종류가 많단다. 정선아리랑은 대표적인 강원도 민요로, 정선에서 전승된 토속민요와 경기명창들이 부른 민요가 있어. 이 정선아리랑에는 정선의 자연과 인간사가 반영돼 있고, 정선아라리라고도 부르지.

 아라리요?

그래, 아라리는 세 가지가 있는데, 가장 늘어지게 부르는 것을 긴 아라리, 그보다 경쾌하게 부르는 것을 자진아라리, 또 앞부분은 길게 엮어나가다 후에 늘어지는 것을 엮음아라리라 한단다. 정선아라리는 긴 아라리고, 강원도 전역에서 가장 폭넓고 활발하게 불리는 노래지.

그럼 정선아리랑도 우리가 잘 아는 일반 아리랑 가사와 내용이 비슷해요?

이 정선아리랑은 노랫말에 사랑과 이별, 시대 풍자 등 정선의 자연과 사람들의 생활을 담고 있단다. 민중의 정서가 담긴 애절한 가사를 절제된 창법으로 노래하여 듣는 이의 심금을 울리지. 700~800여 수의 노래말로 이루어져 있는데, 마침 그 일부가 이 책에 인용돼 있네. 한번 같이 감상해 볼까?

(후렴) 아리랑 아리랑 아라리요 아리랑 고개로 나를 넘겨주게

눈이 올라나 비가 올라나 억수장마 질라나
만수산 검은 구름이 막 모여든다

명사십리가 아니라면은 해당화는 왜 피며
모춘삼월이 아니라면은 두견새는 왜 우나

아우라지 뱃사공아 배 좀 건네주게
싸릿골 올 동백이 다 떨어진다

떨어진 동백은 낙엽에나 쌓이지
사시사철 임 그리워서 나는 못 살겠네

부모동기 이별할 때는 눈물이 짤끔 나더니
그대 당신을 이별하자니 하늘이 팽팽 돈다네

(…)

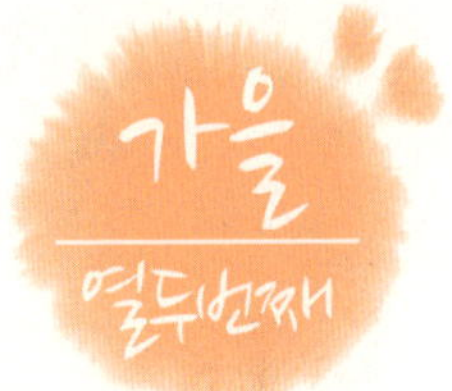

가족과 도란도란 즐기는
숲속의 오토캠핑

여행은 '즐거운 고행'이다. 텐트 안에서 밤을 새워야 하는 캠핑은 더욱 그렇다. 그런데도 캠핑을 고집하는 사람들은 호텔과 콘도 등 준비된 안락한 숙소를 마다하고 굳이 '사서 고생'을 자처한다. 고생 뒤에 오는 남다른 즐거움이 있기 때문이다. 캠퍼(캠핑을 좋아하는 사람)들은 "행락객과 초보는 여름을 캠핑의 계절로 꼽고, 고수는 가을을 최고로 친다"고 말한다. 여름은 덥고 가는 곳마다 피서객으로 넘쳐난다. 겨울은 모닥불을 피워도 춥고, 봄은 땅이 질척거려 불만이다. 하지만 가을은 이 모든 게 완벽하게 해결된 계절이다.

한가로운 야영장의 분위기와 청명한 하늘, 수북이 쌓인 단풍, 모닥불을 피우기 좋은 서늘한 날씨가 한데 어울리면 더 이상 바랄 게 없다. 곱게 물든 나무 아래에 텐트를 치면 단풍놀이를 따로 가지 않아도 된다. 붉은 단풍잎이 텐트 위로 하늘하늘 떨어져 내리고 밤나무에서는 밤송이 아람이 벌어져 떨어지는 소리가 들린다.

가을 캠핑은 가족을 모닥불로 모여들게 한다. 별이 쏟아지는 푸른 밤 하늘 아래서 밤과 고구마를 굽는 것도 운치가 있다. 전어, 송어, 대하 등 제철 생선을 숯불 위에 올려놓으면 달아난 입맛이 돌아온다.

동해 무릉계곡야영장

두타산과 청옥산 사이에 있는

만추를 즐기기에 좋은 오토캠핑장으로 널리 알려진 강원도 정선 화암약수야영장. 청명한 하늘과 수북이 쌓인 단풍, 모닥불을 피우기 좋은 서늘한 날씨가 한데 어우러진 가을은 캠프를 즐기기에 더없이 좋은 계절이다. 가족이 모여 앉아 밤과 고기를 굽는 캠핑의 사소한 일상도 좋은 추억으로 남게 된다.

계곡으로 주변에 활엽수가 많아 단풍이 화려하다. 산을 좋아한다면 두타산과 청옥산에 오르면 되고, 환상적인 단풍을 보기 원한다면 용추폭포 쪽으로 길을 잡으면 좋다. 이름에서 보듯 신선이 놀았다는 무릉도원을 연상케 하는 절경이 펼쳐진다.

인제 방태산자연휴양림

숲이 깊으면 자연히 단풍도 화려하다. 만추의 계절 방태산 휴양림 전체가 홍엽으로 불탄다. 의자에 기대고 앉아만 있어도 절정에 오른 단풍이 눈앞에 다가온다. 휴양림 입구 길 위에 쌓인 황갈색 낙엽과 이단폭포 주변 만추의 아름다움은 말로 표현하기가 어렵다.

정선 화암약수야영장

유명한 약수터에 자리한 몇 안 되는 캠핑장이다. 야영장에서 불과 150m 앞에 있는 화암약수를 길어다 밥을 지으면 푸른빛을 띤 '약밥'이 된다. 야영장 주변 조림수가 모두 단풍나무라서인지 등산객의 옷차림보다 더 곱고 화려하다. 화암계곡 절경과 민둥산 억새는 덤이다.

평창 두룬산방

가을날 동강에는 단풍으로 투영된 붉은 물이 흐른다. 산도 강도 사람도 단풍에 물들어 모두 붉어진다는 곳이다. 4개의 계단식으로 조성된 캠핑장에서 굽이굽이 동강의 물길이 훤히 내려다보인다. 가을 풍류의 절정이라는 동강 래프팅과 칠족령 전망대까지의 트레킹은 캠퍼들이 벗어날 수 없는 '진한 유혹'이다. 들고나는 길이 험해 조심운전은 필수다.

보령 오서산자연휴양림

충남지역 억새 명산인 오서산에 자리한 휴양림야영장. 가까운 보령 대천항에서 싱싱한 생선을 사다 구우면 다른 반찬이 필요 없을 정도다. 폐광에서 재배한 양송이버섯도 저렴하게 구입할 수 있디. 1시간 30분이면 오를 수 있는 산 정상은 억새와 들꽃 무리가 광활하게 펼쳐져 환상적이다. 데크에 드리운 단풍이 가을바람에 텐트 위에 내려앉는다.

단양 소선암오토캠핑장

야영장 옆에는 소선암 자연휴양림이 있다. 텐트에서 바라보는 계곡 건너편 비탈이 그대로 한 폭의 수채화가 된다. 산 정상에서 아래까지 각기 다른 색으로 변한 단풍을 한눈에 볼 수 있다. 수도권과 영남권에서 쉽게 접근할 수 있는 것도 장점이다.

청송 주왕산상의야영장

주왕산 국립공원 입구에 있어 빼어난 주왕산의 자태를 그대로 감상할 수 있다. 인근 달기약수와 영화에 자주 등장하는 주산지 등의 명소가 있다. 고목에 걸린 단풍과 물안개가 연출하는 주산지의 풍경은 정신을 혼미하게 할 정도다. 약수와 토종닭으로 끓인 '달기 백숙'에 도전해 볼 만하다.

밀양 표충사야영장

단풍과 억새 모두 섭렵할 수 있는 곳이다. 표충사에서 흑룡폭포 단풍과 사자평에서 재약산 사이의 100만 평에 이르는 억새밭이 아름다운 곳이다. 영남 알프스의 중심 재약산과 사자평으로 가는 베이스캠프라 할 수 있다.

장성 백양사가인야영장

내장산 국립공원 백양사 입구에 있다. 산사 돌담과 아기 손바닥처럼 작은 '아기단풍'은 넋을 앗아간다. 백암산 학바위와 쌍계루가 잔잔한 연못에 투영되는 환상적인 모습을 꼭 보고 와야 한다. 백암산 백미는 백학봉. 이곳을 거쳐 오르는 코스가 단풍도, 경관도 가장 좋다.

여행정보

- 동해 무릉계곡야영장: 강원도 동해시 삼화동(033-534-7306)
- 인제 방태산자연휴양림: 강원도 인제군 기린면 방동리(033-463-8590)
- 정선 화암약수야영장: 강원도 정선군 화암면 화암리(033-560-2758)
- 평창 두룬산방: 강원도 평창군 미탄면 마하리(033-334-0920)
- 보령 오서산자연휴양림: 충남 보령시 청라면 장현리(041-936-5465)
- 단양 소선암오토캠핑장: 충북 단양군 단양읍 별곡리(043-420-3727)
- 청송 주왕산상의야영장: 경북 청송군 부동면 상의리(054-873-0014)
- 밀양 표충사야영장: 경남 밀양시 단장면 구천리(055-359-5638)
- 장성 백양사가인야영장: 전남 장성군 북하면 약수리(061-392-7288)

렌탈형 캠프장, 음식 세면도구만 준비하면 OK

가족과 함께 한 번쯤 캠핑을 떠나고 싶어도 준비해야 할 장비가 적지 않다. 장비를 모두 준비하기에는 비싼 가격도 부담스럽고, 애써 장비를 마련한다 해도 자주 사용하지 않으면 이 또한 낭비가 아닐 수 없다. 캠핑 장비 없이도 자연 속에서 지내고 싶은 입문자들을 위한 '렌탈형 캠프장'을 소개하려 한다.

세면도구와 음식물만 준비해 가면 아무런 걱정 없이 즐길 수 있는 렌탈형 캠프장은 주로 지자체들이 설치 운영하고 있다. 대표적인 곳으로는 경기 가평의 '자라섬오토캠핑장'(031-580-2700)과 '연인산오토캠핑장'(031-582-5701), 연천의 '한탄강오토캠핑장'(031-833-0030), 전남 해남의 '땅끝오토캠핑장'(061-533-9324), 강원 동해의 '망상오토캠핑장'(033-534-3110), 고성의 '송지호오토캠핑장'(033-681-5244) 등이 있다.

북한강변에 위치한 자라섬캠핑장은 '세계캠핑캐러바닝대회'가 열린 곳으로 국내 최고 시설을 자랑한다. 모빌홈과 캐러밴 등이 마련돼 있다.

연천 한탄강캠핑장은 서울에서 가까운 데다 한탄강의 아름다운 강줄기를 끼고 있어 캠퍼들에게 인기가 높다. 최근에는 무선 인터넷까지 설치했다. 해남 땅끝캠핑장은 온수가 나오는 샤워장, 캐러밴을 이용한 숙박시설 등 야영시설이 완벽히 구비돼 있다.

이 밖에도 지역주민과 개인이 운영하는 캠프장에서도 장비를 빌려주고 있다. 강원도 평창 '계방산오토캠핑장'(070-7789-8892)은 통나무집과 몽골텐트 등을 빌릴 수 있어 가족단위로 이용하기에 좋다. 평창 금당계곡의 '솔섬오토캠핑장'(033-333-1001)은 20동 정도의 텐트를 대여해준다. 그늘막·화로대·의자·테이블·이불 등도 빌려준다. 포천 이동면에 있는 캠핑라운지(010-4761-1145)에서는 텐트를 빌릴 수 있다. 이곳엔 캠핑 장비를 직접 체험해 본 뒤 장비를 구입할 수 있도록 체험 캠핑 공간도 마련했다. 이 밖에 경기 양평에 있는 '즐거울락'(031-773-5477), 경남 밀양의 '홀리데이파크'(010-7306-3700)도 위생용품과 음식물만 가지고 가면 마니아 수준의 오토캠핑을 즐길 수 있다.

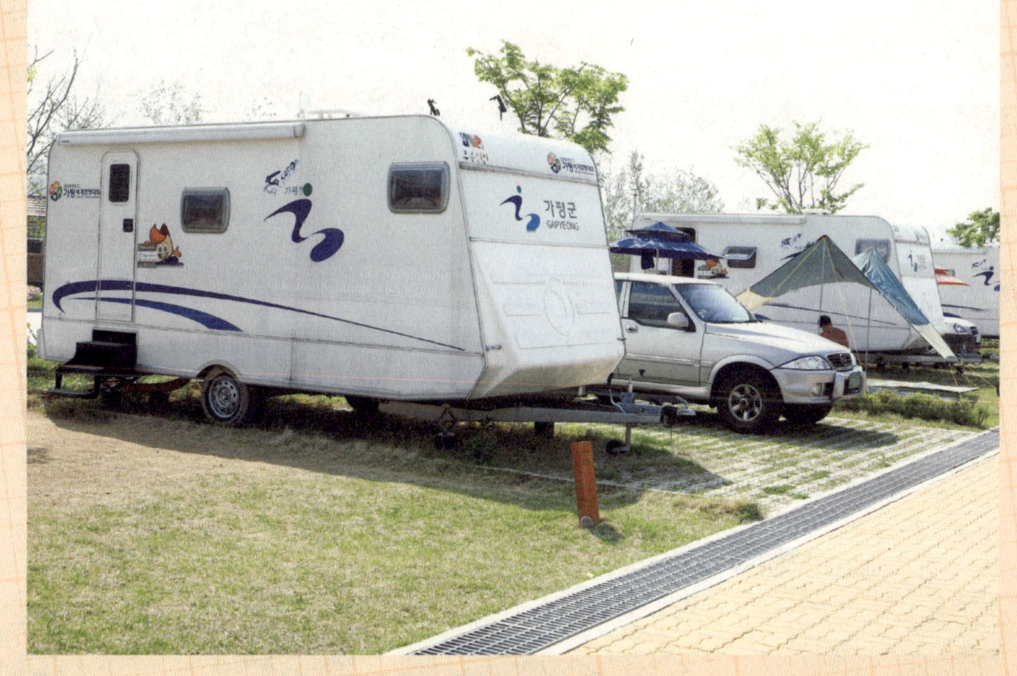

찬란한 은빛세계의 유혹
겨울 여행

하늘 아래 정원
제주 사라오름

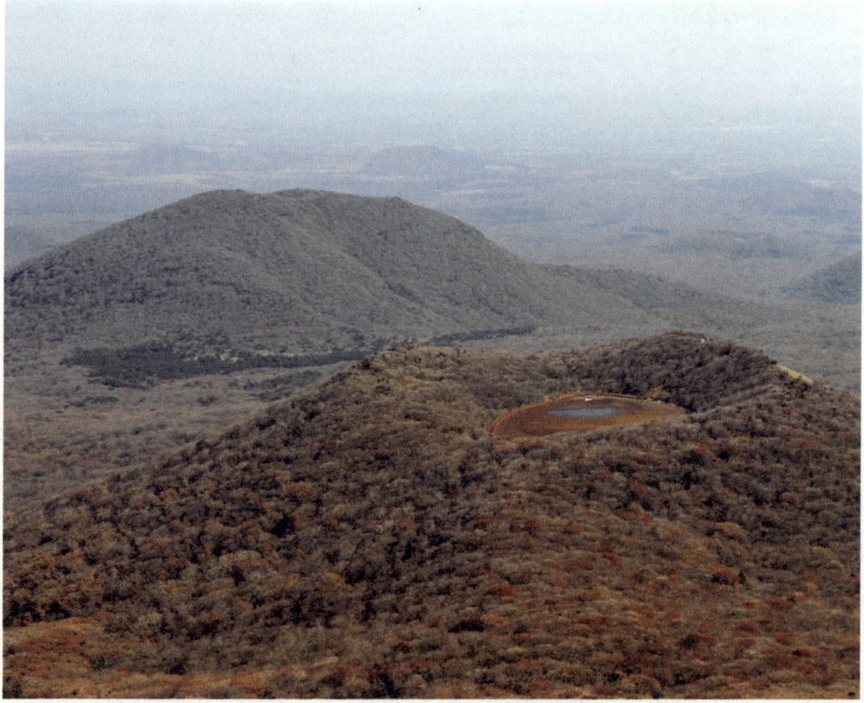

하늘에서 내려다본 사라오름의 고운 자태. 40년 만에 등산객의 방문을 허용한 사라오름은 제주 오름 중 제일 높은
표고에 위치하면서 산정호수를 갖고 있다. 겨울철에는 호수가 하얀 눈으로 덮여 흡사 아이스링크처럼 변한다.

성판악휴게소 – 속밭휴게소 – 진달래 대피소 – 사라오름 전망대 – 사라오름 정상 〈약 2시간 10분 소요〉

　전국을 걷기 열풍으로 몰아넣은 제주도 올레길에 이어 한라산에 또 하나의 탐방로가 문을 열었다. 한라산국립공원이 지정된 이후 처음으로 개방된, 고요와 신비 속에 묻혀 있던 사라오름이 그곳이다. 제주도에는 산처럼 높이 솟아 있는 것은 오름이고 낮은 곳은 계곡이다. 새삼스러울 것도 없지만 제주도에 오름이 아닌 산은 한라산뿐이다. 높게 솟은 봉우리들은 작은 화산인 오름이다. 368개의 크고 작은 기생화산은 '악'이나 '봉'으로 불리는 아름다운 오름을 만들었다.

　한라산 7~8부 능선쯤에 있어 가장 높은 기생화산인 사라오름은 제주도에서는 이름난 명당으로 불린다. 그래서 제주 사람들은 죽어서 이곳에 묻히기를 갈망했다. 이런 탓에 해발 1324m 사라오름 주변에까지 묘지가 조성돼 있다. 정상에 있는 분화구인 산정호수에 수장하는 일도 생겼다. 수십 년 전에는 명당 발복을 비는 후손들이 백골을 지고 오름에 올라오는 경우도 있었다고 한다.

　사라오름으로 가는 길은 해발 750m의 성판악휴게소에서 시작한다. 사라오름이 개방되면서 성판악휴게소는 몰려든 등산객들로 아수라장이다. 주차장엔 버스와 승용차가 뒤엉켜 주차전쟁을 치르고 있다. 심지어 주변 5·16도로 양편에 차량을 세워두는 바람에 차량통행이 어려울 지경이다.

성판악에서 사라오름 입구까지

성판악 등산로에 들어서면 맨 먼저 굴거리나무, 서어나무, 졸참나무, 꽝꽝나무, 때죽나무, 솔비나무 등 큰 이름표를 단 온대림 수목들이 탐방객을 반긴다. 사라오름까지는 계속되는 울창한 숲길이고 가파른 오르막이 별로 없다.

성판악 코스는 어리목 등산로와 함께 한라산 정상에 오르려는 등산객들이 가장 많이 몰리는 곳이다. 성판악 통제소에서 3.5㎞의 속밭을 지나고 1.2㎞의 사라악 지역을 걸어야 한다. 성판악에서 사라오름 입구까지는 5.6㎞로 2시간가량 걸렸다. 그곳에서 사라오름 정상까지는 10분이면 올라갈 수 있다. 탐방로는 잘 정리돼 가벼운 마음으로 오를 수 있다.

하지만 현무암과 조면암 자갈밭으로 된 한라산 등산로를 오를 때는 신발에 신경을 써야 한다. 걷다 보면 발바닥에서 열이 나고 아파온다. 탐방로를 따라 올라가도 한라산의 겨울은 물 한 모금 만날 수 없다. 평상시에는 물이 흐르지 않는 건천이기 때문이다. 그래서 사라오름을 오르기 전 성판악 입구에서 식수를 챙겨야 한다. 식수를 구하려면 5.2㎞ 떨어진 사라약수터까지 가야 한다. 한겨울에는 이마저도 얼어붙어 물을 구할 수 없을 때가 많다.

오순도순 산길을 오르다 보면 지루할 때쯤 속밭휴게소가 나온다. 양지바른 이곳에선 얘기꽃을 피우는 등산객들의 웃음소리가 유난히도 크다. 성판악 코스에서 유일하게 만나는 인공건조물이다.

조금만 더 오르면 해발 1000m라는 표기와 함께 곧게 뻗은 삼나무군락이 나온다. 하늘을 향해 팔을 벌린 곧은 아름드리 삼나무 밑에서 삼림욕을 즐기려는 사람들을 만날 수 있다. 눈이 오면 더할 나위 없이 아름다운 풍경이 된다. "눈이 뭉쳐서 떨어지는 삼나무 아래를 지나가면 천국이 보인다"는 말이 있을 정로 황홀하다.

사라약수터를 지나치면 곧이어 진달래 대피소를 거쳐 한라산 정상으로 가는 길에

삼거리가 나온다. 왼쪽으로 오르는 나무계단이 사라오름 전망대로 가는 길이다. 400여m의 계단을 오르면 큰 원형경기장 같은 분화구가 나온다. 사라오름은 분화구 안에 물이 가득 차거나 겨울철 눈이 쌓이면 산정호수가 된다. 어떤 이는 아이스링크를 연상시킨다고 한다. 언제 봐도 신비스런 아름다움을 간직한 곳이다.

사라오름을 따라 반원을 그리며 조성된 목재데크로 난 길을 따라가노라면 언덕 위에 전망대가 있다. 남쪽 정상은 성널오름 등 다수의 오름과 서귀포시 동쪽 일대가 한눈에 들어올 정도로 시야가 탁 트여 있다. 다른 한쪽으로 견월악, 물장오름, 한라산 동능 정상까지 볼 수 있다.

가을과 겨울이 손잡는 무렵엔 앙상한 가지 위에 서리꽃(상고대)이 피어나 사라오름 정상은 장관을 이룬다.

겨울철 사라오름 정상에는 나뭇가지마다 하얀 서리꽃(상고대)이 만발해 등반객들에게 탄성을 자아내게 한다.

여행정보

동절기(11~2월) 한라산에 오르려면 국립공원의 '등산허용 시간'을 잘 챙겨야 한다. 코스별 입산허용시간은 ▲어리목코스 어리목입구 매표소 낮 12시 ▲윗세오름 통제소 오후 1시 ▲영실코스 등반로 입구 낮 12시 ▲성판악코스 진달래밭통제소 낮 12시 ▲사라오름코스 사라오름통제소 오후 3시 ▲관음사코스 삼각봉대피소 낮 12시 ▲어승생악코스 어리목입구 매표소 오후 4시 ▲돈내코코스 등반로입구 안내소 오전 10시.

눈이 많이 내리거나 산불조심기간에는 한라산 입산이 부분적으로 통제되므로 사전에 해낭 기관의 안내를 받고 출발하는 것이 좋다. 한라산 국립공원 지역별 안내소(지역번호는 064)는 ▲어리목 713-9950~3 ▲성판악 725-9950 ▲영실 747-9950 ▲관음사 756-9950 ▲돈내코 710-6920~3 등이다.

한라산 국립공원
http://www.hallasan.go.kr

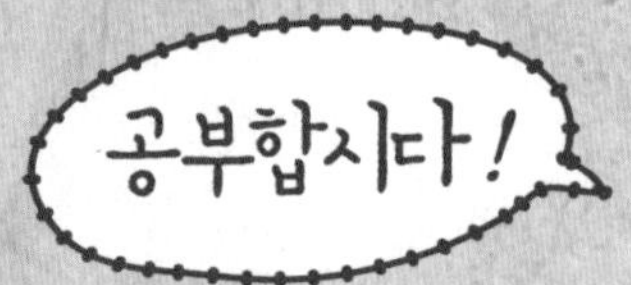

● 오름이란?

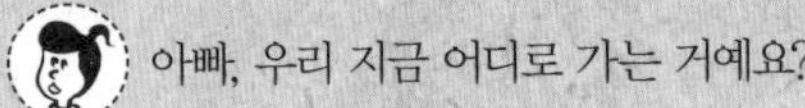
아빠, 우리 지금 어디로 가는 거예요?

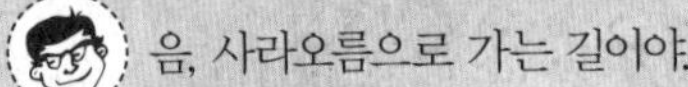
음, 사라오름으로 가는 길이야.

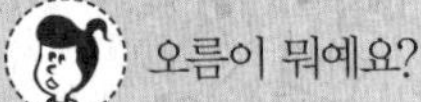
오름이 뭐예요?

오름은 기생화산의 제주 방언이란다. 기생화산은 큰 화산 옆에 붙어 생긴 작은 화산을 뜻해. 그리고 용암 길을 '화도(火道)'라 하는데, 이것이 가지를 쳐 옆쪽에 또 다른 분화구를 이루면 바로 이 오름이 생기는 거야. 여기 오기 전 둥그스름한 언덕들 많이 봤지? 그게 바로 다 오름이란다.

아, 그렇구나! 제주엔 오름이 참 많네요.

특히 제주도 한라산에는 이 오름이 370여 개나 분포하고 있어. 세계에서 가장 많은 기생화산을 거느린 산이 바로 이 한라산이라는구나. 화산폭발 당시 백록담 위로 솟아나온 용암이 여러 갈래로 흘러내리며 작은 분화구인 오름들을 형성한 것이지. 그 옛날 한라산이 분화했을 때를 한번 상상해 보렴. 백록담을 중심으로 370여 개의 분화구가 일제히 불을 뿜던 모습을!

무서울 거 같아요!

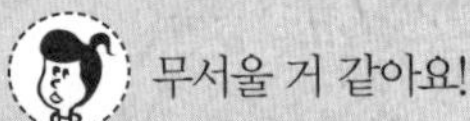
하하. 한라산의 오름들은 주로 50~200미터 높이로 둥글게 솟아 초원을 형성하고 있단다. 참고로 그 근방에서 돌담을 두른 무덤을 많이 볼 수 있는 건, 제주 사람들이 죽어 오름 아래 묻히고자 했기 때문이지.

● 김영갑과 두모악갤러리

여기가 김영갑갤러리야. 김영갑 작가의 사진을 감상할 수 있는 곳이지.

김영갑 작가요?

응, 그는 충남 부여 출생의 사진작가란다. 1982년 제주에서 사진작업을 하던 중 아름다운 풍광에 매혹되어 이곳에 정착하게 되었다는구나.

그 정도로 제주를 좋아했던 사람이군요?

그렇단다. 이후 곳곳을 여행하며 오름, 바다, 들판, 구름 등 생생한 자연을 필름에 담았지. 그렇게 찍은 필름이 무려 30만 컷에 달한다는구나.

와, 그렇게 많이 찍었어요?

하지만 그는 가난한 예술가였단다. 필름을 사기 위해 식비조차 줄이고 당근과 고구마를 씹으며 허기를 달랬다는구나. 그러던 중 그만 2001년 루게릭병 진단을 받게 되었고… 안타깝게도 결국 2005년 세상을 뜨고 말았단다.

루게릭병이 뭐예요?

근육이 위축돼 힘을 못 쓰고, 나중엔 음식조차 삼킬 수 없는 상태에 이르는 무서운 병이야.

아, 정말 끔찍한 병이네요.

병원에선 3년을 넘기기 힘들 거라 했지만, 이 중병도 그의 사진에 대한 열정만큼은 꺾을 수 없었지. 그는 성산읍 삼달리의 한 폐교를 빌려 이 갤러리두모악을 열었단다. 두모악은 한라산의 옛 이름인데, 이 갤러리에는 약 20만 장의 사진이 전시 보관돼 있다네. 얼마 전 이 엄마가 읽던 『그 섬에 내가 있었네』란 책 기억나지? 바로 그가 생전에 출간한 사진에세이집이야.

제주 관광도 이제 관광객들이 직접 참여하고 체험하는 선진형 관광 시대로 접어들었다. 이를 입증하듯 클레이사격과 요트, 승마 등 고급 레저와 접목한 관광상품이 잇따라 등장하고 있다.

제주시 조천읍 에코랜드에 설치된 관광궤도열차. 기차를 타고 가면서 '제주 생태계의 허파'로 불리는 곶자왈 지대의 원시림 생태를 관찰할 수 있다.

*기차여행

생태의 보고로 불리는 '곶자왈'에 열차를 타고 숲속을 둘러보는 기차여행이 등장했다. ㈜더원은 제주시 조천읍 대흘리에 있는 천연 원시림인 '교래 곶자왈' 일대 334만 5000㎡에 에코랜드(064-802-8000)를 조성했다. 이곳은 북방한계식물과 남방한계식물이 공존하는 숲으로 종가시나무, 참가시나무, 동백나무 등이 울창하고 육박나무와 백서향, 골고사리 등 희귀식물이 자생하고 있다.

에코랜드는 생태공원에 길이 4.5km의 철로를 놓아 열차를 타고 가면서 숲길 곳곳을 볼 수 있도록 했다. 철로는 예부터 마소가 다니던 길을 최대한 살린 채 시공해 자연환경 파괴는 최소화하면서 희귀 조류인 삼광조와 천연기념물 제204호인 팔색조 등 곶자왈에서 서식하는 다양한 동물과 식물을 만날 수 있다. 이곳에서는 영국에서 들여온 144인승(성인 기준) 증기기관차를 모델로 한 열차로 동력기관차 1량과 객차 5량 등 6량이 한 조를 이뤄 총 5조가 운행된다. 25~30분 간격으로 다니는 이 열차는 메인역, 에코브리지역, 레이크사이드역, 피크닉가든역, 그린티&로즈가든역 등 간이역 5개소에 차례로 정차하게 된다.

관람객들은 생태공원 안에 조성된 6000여㎡의 인공 생태습지에서 수상카페와 수상자전거, 풍차를 이용하고 10인승 공기부양정(호버크래프트)도 타볼 수 있다. 또 화산 쇄설물인 '송이(scoria)'가 깔린 2km의 산책로를 맨발로 걷는 이색체험도 즐길 수 있다. 송이는 원적외선 방출량이 많고 피부 노폐물 등의 흡수율이 높아 아토피 치료와 항균, 피로회복 등의 효과가 있는 것으로 알려져 있다. 또 넓은 잔디광장엔 가족단위 탐방객이 시간의 구애를 받지 않고 즐길 수 있도록 피크닉장이 조성돼 있다.

*요트체험장

바다 위의 별장 로맨틱 요트를 타고 푸른 물결을 헤치며 영화 속 주인공이 된 듯한 기분을 만끽할 수 있는 요트체험장도 제주에 잇따라 들어서고 있다. 중문관광단지에 위치한 퍼시픽랜드(064-738-2111)는 순수 국내 기술로 개발된

쌍동형 세일링 요트 '샹그릴라' 등을 이용한 다양한 요트상품을 선보였다. 해상 절경 주상절리대의 신비스러움을 바다에서 볼 수 있는 코스와 일행들에게 배를 임대해주는 프라이빗투어 상품도 있다.

곽지해수욕장에 있는 리바요트클럽(064-799-0858)은 국내 처음으로 이탈리아의 명품 '페라리 요트'를 도입했다. 요트를 이용한 선상낚시와 스킨스쿠버 등도 가능하다. 제주시 구좌읍 김녕항에 계류장을 두고 있는 김녕요트투어(064-725-0225)는 관광객들이 직접 인근 마을 해녀들과 함께 스노클링을 하면서 해산물을 채취하는 생동감 있는 경험과 함께 채취한 해산물을 즉석에서 맛볼 수 있는 상품을 내놓고 있다.

*클레이사격장

클레이사격은 시속 60~90㎞로 공중을 비행하는 진흙으로 만든 접시 모양의 목표물인 클레이를 산탄총으로 쏘아 맞히는 레포츠. 클레이를 쏘아 맞힐 때 나는 총소리의 청각적 쾌감이 스트레스를 풀어준다. 여기에 체력과 기술, 정신력을 총동원해서 표적을 맞히는 스포츠이기에 집중력, 결단력, 자제력, 민첩성을 기르는 데 큰 효과가 있다. 제주 서귀포에 있는 대유랜드(064-738-0500)에 가면 만 14세 이상이면 누구나 즐길 수 있다.

*승마 체험

승마 체험은 말이 많기로 유명한 제주여행의 필수코스로 자리 잡았다. 제주경마공원(064-741-9114)은 월요일을 제외하고 매일 오전 11시부터 오후 5시까지 꽃마차 체험 공원을 개방한다. 제주에는 말을 직접 타볼 수 있는 승마장이 중산간 들판을 중심으로 10여 곳이 있다.
제주에서의 승마는 관광객이 누구나 체험할

신체 교정과 유연성 등을 길러주는 승마체험은 제주관광의 필수 코스로 자리를 잡았다.

수 있는 관광인 데다 다른 지역에선 쉽게 접할 수 없어 갈수록 인기를 끌고 있다. 제주시 교래리 산굼부리 인근에 있는 탐라승마장(064-782-5577)은 제주에서 가장 오래된 승마장으로 잘 훈련된 한라마와 조랑말이 관광객을 맞이한다. 제주조랑말타운승마장(064-787-2597)은 제주의 명물인 조랑말을 탈수 있는 곳이다. 또 정의승마장(064-787-2347)과 어승생승마장(064-746-5532), 제주승마공원(1544-9506)에서도 다양한 승마 체험이 가능하다.

*삼림욕

제주시 봉개동 화산 분화구 아래 1997년 개장한 제주절물자연휴양림(064-721-4075)은 명상과 치유의 숲길로 알려지면서 방문객들이 몰려들고 있다. 300ha의 면적에 40~45년생 삼나무가 수림의 90% 이상을 차지한다. 빽빽히게 들어서 있는 삼나무와 바다 쪽에서 불어오는 시원한 해풍이 절묘한 조화를 이뤄 한여름에도 시원한 한기를 느낄 수 있는 곳이다. 휴양림 내에는 숲 속의 집과 산림문화휴양관, 약수터, 연못, 잔디광장, 맨발 지압 효과의 산책로 등 다양한 시설이 갖추어져 있다. 특히 순수한 흙으로 덮인 '장생의 숲길'은 명품 탐방로로 삼림욕을 즐기려는 관광객들에게 인기다.

겨울
두번째

고깃배와 애환 반세기

묵호등대

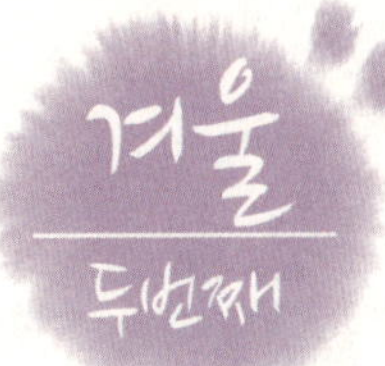

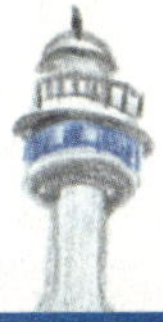

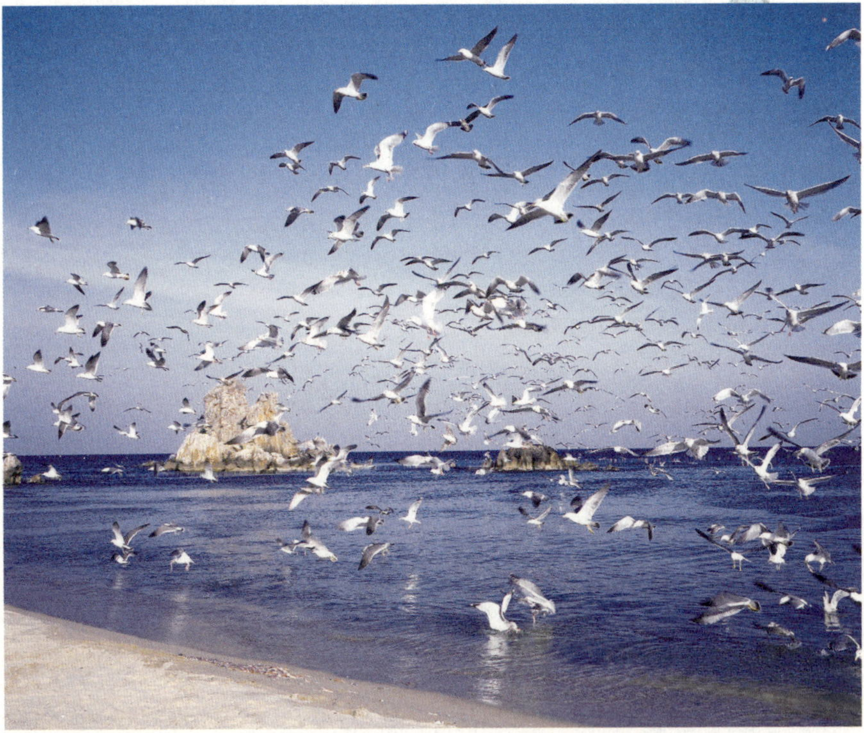

해맞이 명소로 유명한 추암 해변에 있는 형제바위 주변에 갈매기가 날아들어 겨울바다의 정취를 더하고 있다.

한 해를 마감하는 세밑에 문득 지난 열두 달 동안 자신에게 등대가 되어준 것은 무엇일까를 생각해본다. 그 등대는 또 얼마나 큰 위안을 가져다 주었으며, 우리는 누구의 등대 같은 존재가 되고 있는 것일까?

늘 그 자리에서 먼 항해를 떠난 배들이 돌아와야 할 좌표를 알려주고 길라잡이가 되어준 든든한 등대를 찾아보자.

'마음속의 등대'를 생각하며 동해안에서도 아름답기로 이름난 동해시 묵호등대를 찾았다. 동해시 하면 누구나 바다 저편에서 용광로 불덩이처럼 솟아오르는 찬란한 태양을 떠올리게 된다. 동해시가 해맞이 명소로 자리 잡게 된 것은 결코 우연이 아니다. 망망대해가 거칠 것 없이 펼쳐져 있고, 기암절벽으로 연결된 아름다우면서도 긴 해안선이 있기 때문일 것이다. 그래서 동해시는 '동트는 동해'라는 슬로건을 내걸고 있다.

동해시에서도 가장 먼저 해가 뜨는 곳은 묵호등대. 묵호동 산 중턱에 세워진 등대에 오르면 바다가 한눈에 훤히 들어온다. 언덕 아래에는 등대를 뒤로하고 바다를 향해 앉아 있는 정겨운 어촌마을이 있다. 묵호등대는 1963년부터 묵묵히 어선들에게 길을 인도하고 있다. 등대 앞에는 불꽃을 형상화한 조각과 육당 최남선의 「해에게서 소년에게」 시구가 새겨진 소공원이 있다. 영화나 드라마 촬영지로도 잘 알려진 이곳은 1968

년 공전의 히트를 기록한 정소영 감독의 멜로영화 〈미워도 다시 한 번〉의 주요 촬영지이기도 하다. 이곳에는 이를 기념하는 '영화의 고향' 기념비가 세워졌다.

당신에게도 등대가 있습니까?

47년간 한자리를 지켜온 등대에서는 동해와 백두대간의 두타산을 비롯해 청옥산, 동해시를 한눈에 조망할 수 있다. 뱃사람들의 애환이 서린 등대가 요즘에는 사랑을 기약하고 가족간의 우의를 돈독히 하는 언약의 장소로 변모하고 있다. 요즘에는 등대 주변에 젊은 연인들이 찾아와 촛불로 하트 모양을 만들어 놓고 프러포즈를 하는가 하면, 자녀를 동반한 가족들이 찾아오는 관광명소로 자리를 잡았다. 해마다 연초에는 해맞이를 위해 찾아오는 관람객들로 인산인해를 이룬다. 평소에도 관광버스를 이용한 단체 해맞이 관광객으로 등대 주변은 늘 초만원이다.

등대에서 바다를 내려다보며 걸어가는 산책로 끝에는 출렁다리가 있다. 드라마 〈찬란한 유산〉의 촬영 무대가 됐다는 사실을 알리는 간판이 보인다. 그래서인지 출렁다리 위에서 다정스레 사진을 찍는 젊은 커플들이 유독 눈에 많이 띈다. 누군가가 써놓은 '지금 사랑이 흔들린다면 손을 잡고 출렁다리로 가라'는 글귀가 눈에 들어온다.

등대 건너편에는 또 하나의 작은 공원이 들어서 있다. 도깨비골이라 불리는 곳으로 인근 항구의 일자리를 구하기 위해 전국 각지에서 몰려든 사람들이 둥지를 틀었던 곳이다. 재해위험지구로 지정되면서 몇 해 전부터 주민들은 모두 이주했다. 목재데크를 이용한 갈지자형 등산로를 만들고 나무와 꽃을 심었다.

묵호등대는 밤이 되면 옷을 갈아입는다. 은은한 LED 조명이 밝혀지면 환상적인 분위기로 변한다.

묵호항에서 등대로 이어지는 논골길

묵호등대에 오르는 길은 우리네 힘든 삶의 궤적을 느낄 수 있는 곳이다. 좁고 가파른 등대 오름길 주변엔 붉거나 푸른 지붕을 한 작은 집들이 처마를 맞댄 채 다닥다닥 붙어 있다. 산등성이에 들어선 집들 사이로 난 골목이 논골길이다. 이 길은 해맞이길과 등대오름길로 이어진다. 슬레이트와 양철 지붕을 얹은 집들로 빼곡한 논골길은 담장들이 위태롭다. 뱃사람들과 시멘트·무연탄 공장에서 일하던 사람들이 몰려와 자리를 잡았다는 이곳은 지금은 빈자리가 많아졌다. 생선 비린내로 천지가 진동했을 덕장 자리엔 오징어와 명태 몇 마리만이 줄지어 하늘을 이고 있다.

언덕 꼭대기에는 육중한 바다가 보이는 아파트가 자리 잡고 있다. 묵호항에서 등대로 이어지는 논골길에 들어서면 그곳에 자리한 '묵호벅스' 커피숍을 볼 수 있고, '고무신은 항상 집 방향으로 놓기' 등의 벽화를 감상할 수 있다. 배 타러 간 남편의 순조로운 항해를 기원하며 신발을 항상 집 방향으로 놓아두곤 한 옛 풍습을 표현한 고무신 그림은 보는 이의 마음을 애절하게 한다.

동해시에서 묵호등대와 함께 해맞이 명소로 잘 알려진 곳이 추암이다. 등대에서 삼척 방향으로 해안도로를 따라 20여 분 달리면 동해시 추암동 능파대가 나온다. 조선 시대 재상 한명회가 이곳의 절경을 보고 감탄해 '미인의 걸음걸이'를 뜻하는 능파대라 이름 지었다고 전해진다. 해변 왼쪽으로 난 언덕을 비스듬히 끼고 전망대까지 올라 도는 길의 비경은 황홀하기까지 하다.

전망대 건물 옥상에서 바라보는 바다 풍경이 장관이다. 해안 절벽과 동굴, 칼바위 등의 크고 작은 바위섬이 몰려 있고 그 중간에 하늘을 찌를 듯 솟아 있는 것이 촛대바위다. 주변에는 30여 점의 조각작품이 전시된 추암조각공원이 조성돼 있다.

여행정보

● 가는 길

수도권을 기준으로 영동고속도로를 타고 가다 강릉 분기점에서 동해고속도로를 갈아탄 뒤 망상IC에서 빠져나와 7번 국도를 이용하면 된다. 국도를 이용할 경우 38번 국도 평택과 제천, 태백을 통과해 동해로 가거나, 42번 국도 원주와 정선을 걸쳐 동해로 가는 노선이 있다. 서울 강남, 동서울고속버스터미널과 동해시터미널을 연결하는 직행 버스도 있다.

● 묵을 곳

동해그랜드호텔과 동해비치호텔 등 9개의 호텔과 30여 개의 모텔이 있다. 펜션과 민박도 많아 숙박 시설은 충분한 편이다. 동해(지역번호 033)시청 관광진흥과(350-2473)로 연락하면 숙박 시설을 소개받을 수 있다. 특히 등대 아래 위치해 조망이 좋은 묵호등대펜션을 추천하고 싶다. 망상해변에는 동해시가 직영하는 망상오토캠핑리조트(534-3110)가 있다.

● 먹을 곳

동해는 어느 음식점에서나 신선한 해산물을 맛볼 수 있다. 부흥횟집(531-5209)은 40년 전통의 동해를 대표하는 맛집이다. 동백식당(532-0661)은 묵호항에서 갓 잡은 재료로 얼큰하고 담백하게 끓여내는 해물탕이 일품이다. 대진항 어촌체험관광마을에 있는 대진활어회센터(535-7955)는 어민들이 직접 잡아 온 신선한 생선을 곧바로 맛볼 수 있다.

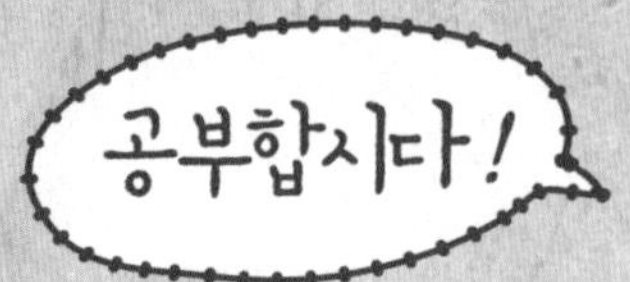

● 관동팔경이란?

여기가 바로 죽서루야.

올라가봐도 돼요?

그래, 엄마랑 같이 올라가 보자. 신발은 여기다 벗어놓고…….

와, 저기 강이 보여요!

근데 이 죽서루가 예부터 관동팔경 중 제1경으로 꼽혀 사람들의 발길이 끊이지 않았다는 걸 아니?

관동팔경이 뭐예요?

관동팔경이란 관동지방에서 유명한 8개소의 명승지를 말하는 거야. 대관령의 동쪽에 있다고 해서 '관동'이라는 명칭이 붙여졌고, '팔경'은 이 삼척의 죽서루를 포함하여, 간성의 청간정(淸澗亭), 강릉의 경포대(鏡浦臺), 양양의 낙산사(洛山寺), 울진의 망양정(望洋亭), 평해의 월송정(越松亭), 고성의 삼일포(三日浦), 통천의 총석정(叢石亭)을 가리키지.

엄마 말씀을 들으니, 관동팔경에 다 가보고 싶어졌어요.

그래. 근데 현재 삼일포와 총석정은 북한 지역에 속해 있단다.

그럼 통일이 되어야 가볼 수 있겠네요.

응, 통일이 되면 우리 가족 함께 가보자꾸나!

네!

예로부터 관동팔경에는 정자와 누대가 있었고 이곳에서 문인들은 풍류를 즐기며 아름다운 경치를 시로 읊었다지. 고려 말 안축은 경기체가 「관동별곡」에서 총석정, 삼일포, 낙산사의 경치를 다루었으며, 조선 시대 정철은 가사 「관동별곡」에서 금강산과 관동팔경의 풍광을 노래했다는구나.

그렇구나… 아빠, 다음 여행지는 어디에요?

음, 이제 우린 삼척척주동해비 및 평수토찬비를 보러 갈 거야.

그게 뭐예요?

삼척시 정상동에 있는 조선시대 비석 이름이란다.

아, 비석 이름이구나. 근데 왜 삼척에 세운 거예요?

먼저 삼척척주동해비는 삼척이 파도가 읍내까지 올라오는 등 조수 피해가 심해 이를 물리치기 위한 것이었어. 1661년 당시 삼척부사였으며 전서체로 유명했던 허목(許穆)이란 사람이 세웠다는구나.

그래서 어떻게 되었어요?

거짓말처럼 바다가 잠잠해졌다고 해. 이후 비는 파손되었다가, 1710년 숙종 때 다시 재건되었지.

그럼 나머지 다른 비석은요?

평수토찬비는, 허목이 목판에 새겨 보관하고 있던 중국의 우제가 쓴 전자비(篆字碑) 중 48자를, 당시 직사였던 킹홍대와 삼척군수 정운석 등이 그대로 돌에 새겨 넣어 만든 것이라는구나.

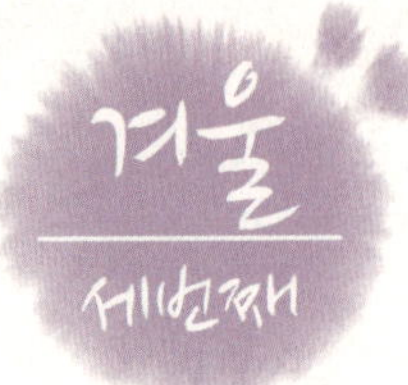

뉘엿뉘엿 해 저무는 겨울바다

여수

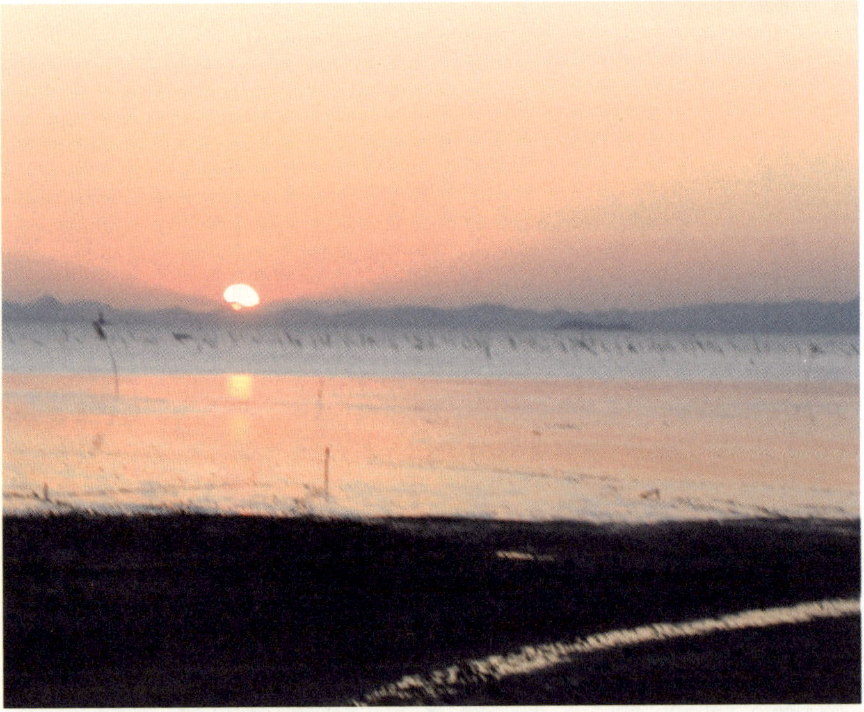

여수 여자만 갯벌 위에 붉은 낙조가 장관을 이루고 있다. 한 해를 마감하는 즈음 드넓게 펼쳐진 갯벌 위로 드리워진 해넘이를 보고 있노라면 왠지 보는 이의 마음이 더욱 쓸쓸해진다.

하늘을 붉게 물들이는 저녁노을은 섬을 돌아 바다로 멀어져 간다. 한 해가 저무는 즈음 사람들은 자연을 찾아 아쉽고 어두운 마음을 정리하곤 한다. 살아 숨 쉬는 바다, 청결한 풍경 속으로도 뉘엿뉘엿 해는 저문다. 대지를 비추던 해는 묵은 때를 벗고 새해를 준비하라고 말하는 듯하다.

한려해상국립공원과 다도해해상국립공원을 끼고 있는 여수에는 태고의 신비를 간직한 유인도 45개와 무인도 268개가 있다. 여기에 연육도 4개를 포함해 모두 317개의 크고 작은 섬을 거느리고 있다. 여수는 또 모두 906㎞의 해안선을 지니고 있는데, 그 모양이 마치 나비를 연상케 한다.

뛰어난 풍광을 자랑하는 여수에서도 해넘이가 아름답기로 유명한 소라면 사곡리 진목마을 앞 여자만을 찾았다. 여자도(汝自島)라는 섬이 있어 붙여진 이름으로 여수, 순천, 보성을 바닷길로 이어주는 곳이다. 여자만에서 바라보는 저녁노을은 모든 시름을 잊게 한다. 구불구불한 해안도로를 따라가노라면 점점이 떠 있는 작은 섬과 해안선 주변에 군데군데 자리잡은 예쁜 카페들이 눈길을 사로잡는다. 바다 저편 겹겹이 쌓인 산과 산 사이로 해가 지면 붉은 노을이 장관을 이룬다. 특히 여자도와 장도, 달천도가 노을에 물들면 여자만은 온통 몽환적인 분위기를 연출한다. 아름다운 추억을 쌓

을 수 있는 여자만 어디쯤 있는 작은 섬을 몇 년 전 삼성그룹 이건희 회장이 사들였다고 해서 이 지역은 더욱더 유명해졌다.

여자만의 일몰이 잔잔한 감상을 갖게 한다면 남면 금오도(金鰲島)의 낙조는 장엄함을 느끼게 한다.

섬의 형태가 자라를 닮았다는 금오도는 안도, 연도, 소리도, 화태도, 대두라도, 소두라도, 나발도, 대소횡간도 등 37개 섬으로 구성된 금오열도의 가장 큰 섬이자 남면의 면소재지가 있는 곳이다. 금오도는 조선시대에 섬 전체를 봉산(封山)으로 지정해 일반인의 출입과 벌목을 엄격히 금했다. 전라좌수영으로 하여금 이곳의 소나무 숲을 보호하도록 했다. 고종 2년(1865년) 경복궁 중건을 위해 수백 그루의 아름드리 소나무를 벌목해 갔다는 기록도 있다. 이웃 섬인 안도에 큰불이 나서 그곳 주민들을 금오도로 이주시키면서 나라에서는 1885년 봉산을 해제하고 개간을 허용했다. 금오도의 여천 마을에는 신석기시대부터 사람이 살았음을 보여주는 조개더미 유적이 있다.

'비령길'이라 불리는 둘레길을 걷노라면

우리나라에서 21번째로 큰 섬인 금오도에서 장엄한 낙조를 만나려면 대부산과 망산봉수대, 굴등전망대로 가야 한다. 금오도엔 둘레길이 개발되어 있다. 험하고 가파른 언덕을 뜻하는 벼랑의 방언에서 따와 '비령길'이라 불리는 둘레길을 걷노라면 아름다움을 넘어 가끔 간담이 서늘해진다. 몇 번이나 깎아지른 절벽을 만나야 하고, 검푸른 바다에서 들려오는 파도소리에 바다 속으로 빨려 들어갈 것 같은 착각에 빠지게 된다. 발끝에 힘이 가고 식은땀이 절로 흐른다. 하지만 등골이 서늘해지는 느낌이 오히려 희열로 바뀌게 되는 곳이 비령길이기도 하다.

비령길은 배들이 들어오는 함구미선착장에서 출발한다. 세 개의 코스로 나누어진 비령길은 연장 8.5㎞로 4시간가량이 소요된다. 함구미에서 여천에 이르는 탐방로는 다도해를 조망할 수 있는 대부산 등반과 함께 하게 된다. 두 시간가량 걸을 수 있는 이 길로 대부산 정상까지 오르는 데는 적잖이 힘이 든다. 용두를 지나면 도장바위, 미역바위, 벼랑을 만나게 되고 절터를 지나면 전망대에 이른다.

비렁길은 험하지만 바다 쪽에서 불어오는 바람을 맞으며 돌담길, 대숲길, 억새밭길, 너덜길, 서어나무 숲길 등을 통과하다 보면 마음이 한결 가벼워진다. 대부산 정상에서 보는 저녁노을은 오랫동안 잊지 못할 감동을 안겨준다.

함구미에서 초포 간 두 번째 코스는 절터에서 전망대로 가지 않고 신선대를 걸쳐 초포로 하산하는 오솔길이다. 금오도 절터는 고려시대 보조국사 지눌과 관련이 있다. 이곳에 송광사라는 절이 있었는데 인근 순천 송광사와 교류가 있었던 것으로 추정된다. 비렁길 사이사이에는 작은 밭들이 널려 있다. 양지바른 곳에서는 이 섬의 자랑인 방풍나물이 자라고 있다.

세 번째 코스는 이 섬에 처음으로 사람이 살기 시작한 마을이라는 초포에서 촛대바위를 거쳐 직포로 가는 길이다. 함구미에서 3시간가량 소요되는데 등산이 부담스러운 가족단위 탐방객에게 안성맞춤이다. 석양을 굴등전망대와 직포 간 비렁길에서 맞이한다면 탐방객에게는 큰 행운이 아닐 수 없다.

여행정보

• 가는 길

금오도에 가려면 여수 중앙동과 돌산 신기항에서 배를 타야 한다. 중앙동에서 여천항으로 가는 배는 오전 6시, 오후 2시에 출항한다. 함구미선착장으로 가는 여객선은 오전 6시 10분, 9시 40분, 오후 2시 50분에 각각 출항한다. 신기항에서 여천으로 가는 여객선은 오전 6시 10분, 7시 50분, 9시 40분, 11시 20분, 오후 2시 50분, 4시 30분에 각각 출항한다. 신기항에서 여천으로 가는 여객선은 오전 7시 45분부터 오후 5시까지 7차례 운항한다. 여객선 운항과 관광정보(지역번호 061)는 남면사무소(690-2605) 또는 여수시 관광정보 홈페이지에서 얻을 수 있다.

• 묵을 곳

금오(지역번호 061)도 안에 모텔과 펜션, 민박 등 숙박업소가 10여 개 있다. 내외진에는 상록수민박(665-9506), 여남민박(665-9546), 명가모텔(665-9520)이 있다. 직포에는 보대민박(665-9857)과 열린민박(665-9811)이 있다. 함구미와 장지에는 섬마을민박(664-9133)과 돋을볕펜션(665-4599)이 있다.

• 먹을 곳

금오도에는 계절마다 잡히는 자연산 횟감과 전복이 유명하다. 이곳 모든 식당에서 부채손과 거북손, 배말 등 해조류 무침도 내놓는다. 초봄에는 금오동의 명물로 불리는 방품나물과 머위나물이 식탁에 오른다. 섬 안에는 명가(665-9520), 상록수(665-9506), 연암(665-9546), 돋을볕(665-4599) 등의 식당이 있다.

여수시 관광정보
http://www.ystour.kr

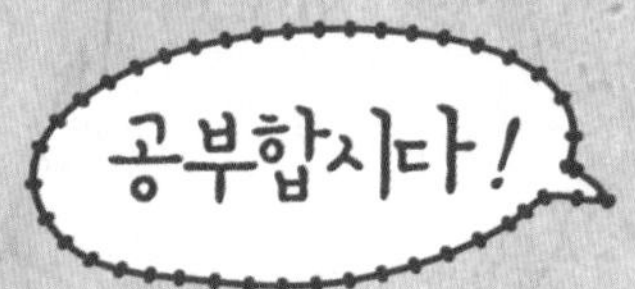

● 돌산대교를 사장교 공법으로 건설한 이유는?

 와, 바다 위에 다리가 놓여 있네요!

 이 다리가 바로 돌산대교야. 사장교지.

 사장교가 뭐예요?

양쪽에 세운 기둥에서 드리운 쇠줄들 보이지? 저 쇠줄로 지탱하는 공법으로 만든 다리를 사장교라 한단다. 미국 트랜스 아시아사와 한국 종합개발공사가 공동으로 설계했고, 1984년에 완공되었다는구나.

 아하, 그렇구나! 근데 특별히 사장교로 만든 이유가 있나요?

여수 앞바다의 조류속도가 워낙 빠르고, 또 여수항에 출입하는 대형선박들을 고려해, 수면 위 높이가 20미터나 되는 사장교로 만들게 된 거란다. 근데 넌 2012년 5월 여수에서 세계박람회가 개최된 걸 알고 있니?

 네, 뉴스에서 들었어요. 근데 세계박람회는 왜 열리는 거예요?

인류의 공동 문제들에 대해 해결방안을 모색해 보고, 또 미래의 비전을 제시하고자 열리게 된 것이란다. 참고로 세계박람회는 올림픽, 월드컵과 함께 세계 3대 축제에 속하는 대규모 국제행사야. 18세기 말 프랑스에서 기술진보를 장려하고자 산업전시회를 개최하던 것이 다른 나라에 전파되었고, 1851년 영국에서 최초로 '수정궁 만국산업박람회'가 열리게 되면서 정착화되기에 이르렀지.

 그럼 여수세계박람회는 어떤 문제를 다뤘어요?

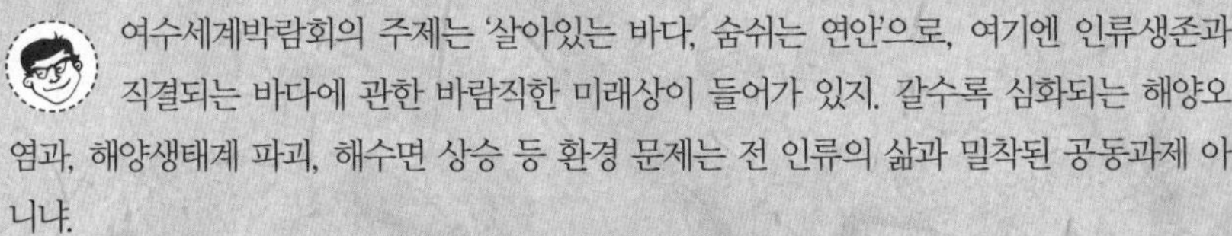

여수세계박람회의 주제는 '살아있는 바다, 숨쉬는 연안'으로, 여기엔 인류생존과 직결되는 바다에 관한 바람직한 미래상이 들어가 있지. 갈수록 심화되는 해양오염과, 해양생태계 파괴, 해수면 상승 등 환경 문제는 전 인류의 삶과 밀착된 공동과제 아니냐.

아하, 그래서 아름다운 항구도시 여수에서 개최된 거로군요.

그래. 여수세계박람회 개최 의의는, 바다와 연안에 관련된 인류의 공동과제에 대한 대안을 모색하는 것이라 볼 수 있겠구나.

근데 지금 우리 어디로 가는 거예요?

돌산으로 가고 있단다.

돌산 하면, 갓김치가 유명하지.

엄마, 갓김치가 뭐예요?

한 마디로 갓으로 담근 김치야.

갓이 뭔데요?

우리가 즐겨먹는 냉면에 넣는 노란 겨자 알지? 그게 바로 이 갓의 씨앗으로 만들어지는 거란다. 우리는 주로 김치로 담궈 먹지. 갓은 온난한 지방에서 잘 자라고 봄부터 여름까지 노란꽃이 딜려. 중국에서는 주나라 때 이것을 향신료로 썼다 하고, 서양에서도 머스터드라 불리는 향신료로 애용한단다.

근데 돌산에는 언제부터 갓을 심었어요?

돌산에선 일제시대부터 본격적으로 갓이 재배되었다는구나. 갓은 색깔로 봤을 때 적색갓, 청색갓, 얼청색갓, 김치갓으로 나뉘어지는데 돌산에서는 주로 일본이 가져온 청색갓을 수확했어. 그러다 1980년대 말에 돌산 갓김치가 전국에 알려지게 되었고, 이때부터 재배량이 크게 늘어나게 되었지.

여수의 '볼거리 10선'

오랜 역사와 찬란한 문화를 간직한 전남 여수. 아름다운 항구 도시 여수를 제대로 보려면 이 지역 사람들이 엄선한 '볼거리 10선'을 꼭 가봐야 한다. 여수는 또한 맛의 도시이기도 하다. 삼면이 바다에 둘러싸인 반도의 정점에 있는 여수는 해산물과 청정 채소가 유명하다. 그래서 '먹을거리 10선'에는 여수의 진정한 멋과 맛이 담겨 있다.

여수 남산동과 돌산을 연결하는 돌산대교의 야경은 여수의 명물로 자리 잡았다.

*여수의 볼거리 10선

• **향일암:** 금 거북이 등 위에 앉아 해를 맞이하는 듯한 향일암은 전국 4대 관음 기도처 중의 한 곳이다. 좁디좁은 반야굴(해탈문)을 지나야 비로소 향일암에 도착할 수 있다. 매년 새해 첫날 떠오르는 해를 보며 만복을 기원하기 위해 전국에서 인파가 몰려든다.

• **진남관:** 국보 제304호인 진남관은 '남쪽의 왜구를 진압해 나라를 평온하게 한다'는 뜻을 갖고 있다. 국내 최대 규모로 유일하게 현존하는 전라좌수영 건축물이다. 임진왜란이 끝난 다음해인 1599년 전라좌수사 이시언이 정유재란 때 불타버린 진해루 터에 세운 755칸의 거대한 객사이다. 우정국이 생기고 최초로 그림엽서를 만들 때 우리나라 상징물로도 사용되었던 가치 있는 문화유산이다.

- **돌산대교**: 바다와 섬 그리고 여수항과 조화를 이뤄 바다 전망이 아름답다. 여수의 빼놓을 수 없는 명소로 밤이 되면 교각 기둥에서 펼쳐지는 형형색색의 야경이 특히 아름답다. 전망 좋은 분위기 있는 해안가 카페가 많아 데이트 코스로 인기가 좋다.
- **오동도**: 768m의 방파제로 육지와 연결된 바다 위의 꽃 섬으로 여수를 상징하는 관광명소다. 동백, 시누대 등 196종의 희귀 수목과 용굴, 코끼리 바위 등 기암절벽이 조화를 이뤄 절경이다. 한려수도 수평선을 한눈에 바라볼 수 있는 등대, 붉은 물결을 이루는 동백숲길, 물과 빛 음악이 한데 어우러져 춤을 추는 음악분수, 푸른 바다 위를 가로지르는 동백열차 등 갖가지 시설을 갖춰 관광객이 끊이질 않는다.
- **백도**: 자연이 빚은 천혜의 비경으로 억만년 세월 속에 자연이 깎아놓은 환상의 섬이다. 39개의 무인 군도로 이루어져 있으며 천연기념물인 흑비둘기를 비롯, 30여 종의 조류와 353종의 아열대식물이 서식하고 있다. 옥황상제의 아들이 귀양 와 돌로 변했다는 서방바위, 100여 명의 신하가 돌로 변해 백도로 부르게 된 갖가지 전설이 살아 숨 쉬는 곳이다. 국가명승지 제7호로 지정돼 있다.
- **거문도 등대**: 서문도 수월산 남쪽에는 아시아 최대의 등대가 있다. 등대에서 망망대해를 보고 있으면 쉽사리 자리를 뜨기 어려울 정도로 아름답다. 등대로 이어지는 수월산 산책로는 동백나무가 1km 넘게 숲을 이룬다. 거문도 등대를 찾는 관광객들을 위해 시설을 개방, 무료로 숙박도 가능하다.
- **사도**: 세계 최장인 84m 길이 공룡 보행렬 발자국을 비롯해 4000여 점의 공룡 발자국 화석이 발견되면서 여수의 새로운 명소로 부상했다. 바닷길이 열리는 현대판 모세의 기적으로도 유명하다. 고운 모래의 아담한 백사장과 얼굴바위, 거북바위 등 신기한 모양의 바위와 수만 년간 지층의 변화를 알 수 있는 퇴적층은 자연생태학습장으로 각광받고 있다.
- **영취산**: 우리나라 3대 진달래 군락지 중 한 곳으로 50만㎡(15만 평)에 달하는 진달래가 장관을 이룬다. 산 정상에서 내려다보면 붉은 물결이 출렁이는 모습을 하고 있다.
- **여자만 갯벌**: 해넘이를 배경으로 갯벌과 왜가리의 조화가 장관이다. 한 해를 마감하는 해넘이를 보기 위해 이곳을 찾는 사람들이 많다. 매년 10월 낙조 축제가 열린다.
- **여수국가산업단지**: 국내 최대 규모의 중화학 산업단지로 GS칼텍스, LG화학, 한화석유화학, 여천NCC, 금호석유화학 등 222여 개 업체가 입주해 있다. 해가 지지 않는 곳으로 야경 관광코스로 빠지지 않는 명소로 자리 잡았다.

*여수의 맛 10선

여수는 여름엔 갯장어 샤브샤브, 겨울에는 굴구이를 최고 음식으로 친다. 또 사시사철 상다리가 휠 정도로 나오는 한정식과 생선회, 막걸리 식초를 넣어 무치는 서대회, 코가 얼얼해지는 돌산 갓김치, 보양식으로 좋은 장어구이와 탕, 굴비보다 높은 평가를 받는다는 금풍쉥이 등이 있다. 이 밖에도 꽃게탕과 밥도둑으로 불리는 간장게장은 관광객들로부터 큰 인기를 끄는 '여수의 음식'이다.

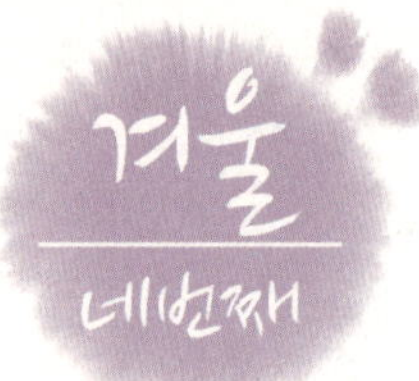

온달·평강과 '로맨스길'을 걷다

단양

충북 단양군 영춘면에 있는 온달산성. 고구려 장군의 충혼이 서려 있고 옛 향기가 그윽한 온달산성에 오르면 소백산 자락과 남한강 줄기가 훤히 내려다보인다. 눈 덮인 산성에 서면 바보 온달과 평강공주의 신분을 뛰어넘은 지고지순한 사랑이 느껴지는 듯하다.

충북 단양은 언제 찾아가도 관광객으로 북적인다. 다양한 볼거리와 수려한 자연경관, 편리한 교통이 관광객을 끌어들이는 더없이 좋은 조건이 되고 있다. 무엇이 소백산 골짜기에 자리한 작은 고장 단양을 국내 손꼽히는 관광지로 만들었을까. 본격적인 개장을 앞둔 죽령 옛길문화생태탐방로를 돌아보고 단양이 국내 대표적인 관광지가 될 수밖에 없음을 다시금 느끼게 됐다. 설화 속에 등장하는 아름다운 사랑 이야기와 치열한 삶의 현장인 화전민촌까지 탐방객에게는 멋진 추억으로 기억되고 있다.

단양군의 옛길문화생태탐방로를 걷기로 하고 4개 코스 가운데 '온달평강 로맨스길'을 택했다. 보발분교에서 시작해 방터마을을 지나 온달산성을 걸쳐 온달관광지로 내려가는 11.7㎞에 이르는 길이다. 보발분교에서 용소동을 거쳐 보발재에 이르는 길은 잘 포장된 도로여서 그다지 힘든 줄 모르고 걸을 수 있다. 용소동을 지나면 보발재에 다다르게 된다. 보발재 끝에서 산 아래를 내려다보면 구불구불한 도로가 마치 가래떡처럼 생겼다. 그래서 이곳 덕평을 가래떡 마을이라 부른다. 다른 산촌과 달리 넓은 들판이 있고 새밭계곡으로 유명한 하일천이 덕평에 있다. 산과 산 사이에 나지막한 집들이 옹기종기 모여 살고 있다.

긴 보발재를 넘어서니 고드너머재가 버티고 서 있다. 비포장도로가 시작되는 이곳

보발재의 구불구불한 길을 따라 오르는 차량의 불빛.

부터 본격적인 숲길을 만날 수 있다. 옛길에 접어들면 가장 먼저 반기는 것이 반듯반듯하게 자란 삼나무와 아름드리 소나무들이다. 이곳은 20여 년 전 산림녹화사업을 한 탓인지 나무가 빽빽하고 곧게 자라고 있다. 산중턱을 휘감아 도는 작은 길은 아침에 만나는 오솔길을 연상케 한다. 소백산 자락길과 연결된 이 길을 걸어가다 보면 군데군데 자리한 산초나무와 호랑버드나무, 팥배나무, 산철쭉 등을 만난다. 봄이 되면 연분홍 철쭉과 노란 산수유나무가 지천으로 피어나 환상적인 풍경을 연출하게 된다.

산책로 왼쪽으로는 굽이치는 남한강의 아름다운 경치가 탐방객을 따라온다. 강가에 피어나는 물안개는 운치를 더한다. 울창한 삼림으로 연결된 길옆에는 화전민과 관련된 테마시설이 들어서 있다. 지금은 군데군데 작은 돌들이 집터였음을 알리지만 인적은 찾아볼 수가 없다. 길을 따라 양쪽에 더덕과 산나물을 심어놓은 곳이 보인다. 탐방객이 직접 산나물을 채취하고 더덕을 캐는 체험을 할 수 있도록 한 것이다. 곧이어 초가집 몇 채와 너와집이 보인다. 봄이 되면 화전민이 사라진 첩첩산중에는 관광객들이 몰려들 터이다. 치열했던 화전민의 삶의 체취가 물씬 풍기는 산속에서 관광객들이 '체험'이라는 이름으로 왁자지껄할 것이라고 생각하니 벌써부터 서운한 마음이 앞선다.

온달과 평강공주의 절절한 사랑 이야기

체험마을을 돌아서면 방터로 가는 길이 있다. 방터라는 지명은 고구려 군사들의 숙영지에서 비롯됐다. 이 지역 대부분의 지명은 병영과 깊은 관련이 있다. 고구려와 신라가 대치했던 전장의 흔적이 지금도 역력하게 자리하고 있다. 1만명의 병사들이 진을 쳤다는 대진목, 고구려의 투석기를 숨겨 놓았다는 은포동, 병기를 만들고 수리하던 쇠골, 고구려 병사들이 거친 남한강물에 휩쓸려 죽었다는 망굴여울 등이 그것이다.

이 코스의 하이라이트는 단양군 영춘면 하리에 있는 온달산성이다. 고구려 장군의 충혼이 서려 있고, 옛 향기가 그윽한 온달산성은 590년에 고구려가 남한강 유역을 탈환하기 위해 성산(427m)에 쌓은 길이 682m의 반월형 석성이다.

1400년 만에 뚫린 옛길에서 바보온달과 평강공주에 얽힌 지고지순한 사랑 얘기를 들으면 더욱더 생생하게 다가온다. 울보 평강공주가 가난한 온달에게 시집을 가게 되고, 남편을 내조해 당대 최고 장수로 만들었다는 대목에선 사뭇 숙연함을 느끼게 된다. 장수가 된 온달이 군사를 이끌고 "계립현(鷄立峴)과 죽령(竹嶺) 서쪽의 땅을 되찾지 못하면 돌아오지 않겠다"는 충정어린 맹세를 했으나 아단성(阿旦城) 아래서 화살에 맞아 유명을 달리했다는 안타까운 사연도 들을 수 있다. 장군의 결의가 얼마나 굳었던지 장사를 지내려는데 관이 움직이지 않다가 "죽고 사는 것이 이미 결정됐으니, 돌아갑시다"라는 평강공주의 말에 비로소 관이 움직였다는 가슴 뭉클한 얘기도 있다.

산성에 오르면 겨울 소백산 자락과 남한강은 한 폭의 수묵화를 연상케 한다. 성산 아래를 휘돌아 흐르는 남한강과 강을 가로지르는 영춘교, 그리고 들판 사이 정겨운 마을들이 눈앞에 펼쳐진다. 이마에 땀방울이 흐르고 숨이 목구멍까지 차오르는 가파른 길을 힘들게 오른 보람이 느껴진다. '온달평강 로맨스길'은 드라마세트장과 온달관이 있는 관광지에서 끝 들판 트레킹을 마친 후에도 온달과 평강공주의 신분을 뛰어넘은 절절한 사랑 이야기는 오래도록 가슴에 남는다.

여행정보

● 가는 길

중앙고속도로 북단양IC에서 나와 5번 국도를 따라 단양으로 진입하면 된다. 서울에서 대중교통을 이용하려면, 청량리에서 기차를 타거나 동서울터미널에서 단양행 고속버스(약 2시간 30분 소요)를 타면 된다. 단양에 대한 보다 자세한 여행정보는 단양군문화관광 사이트에서 얻을 수 있다.

● 묵을 곳

단양읍(지역번호 043)내에는 대명리조트 단양콘도(1588-4888)와 단양관광호텔(422-9270)이 있다. 주변에는 모텔 등도 다수 있다. 방곡도예촌의 소남백이 펜션(421-0949), 영춘면에 있는 소백산관광목장(423-0686), 가곡면 드림마운틴숙박(422-9708) 등도 특색 있는 숙박시설이다.

● 먹을 곳

단양읍내의 장다리식당(423-3960)은 단양 육쪽마늘을 이용한 마늘솥밥과 마늘샐러드, 마늘장아찌, 마늘맛탕 등 다양한 맛을 보여주는 곳이다. 방곡도예촌 안에 있는 소남백이(421-0949)는 청국장을 산채와 함께 끓여낸다. 수리수리봉봉(422-2159)은 장아찌와 나물 무침, 햇볕에 말린 묵나물로 만든 산채정식이 맛있다.

단양군 관광포탈
http://tour.dy21.net/tour

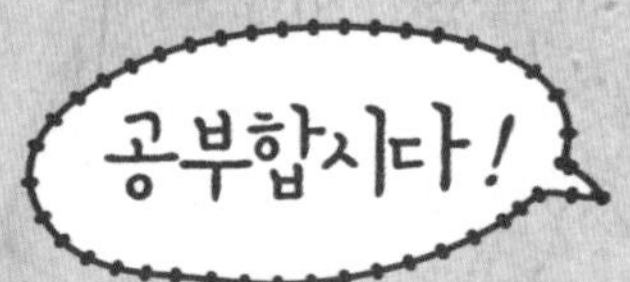

● 온달과 평강공주 이야기가 정말 사실이었을까?

저 곳이 바로 온달산성이란다.

바보 온달과 평강공주 이야기에 나오는 그 온달이요?

그렇단다.

근데 그 이야기가 정말 사실이에요? 바보였던 온달과 공주가 어떻게 결혼할 수 있었던 거죠?

『삼국사기』의 〈열전〉에 온달에 관한 이야기가 상세히 기록돼 있어. 온달은 착한 마음씨를 지녔지만, 못생긴 얼굴에 누추한 옷을 입고 저잣거리를 헤매고 다녀 사람들이 바보 온달이라 불렀다는 거야.

그럼 평강공주는 정말 울보였어요?

그래. 어린 공주가 울기만 하니, 고구려의 평원왕은 바보 온달에게 시집보내겠다는 농담을 줄곧 했다는구나. 그 농담을 듣고 자란 공주는 훗날 정말로 온달을 찾아가 부부가 되었고… 궁에서 가지고 나온 보물을 팔아 집과 밭, 그리고 말을 산 뒤 온달에게 학문과 무예를 가르쳤단다.

아, 그래서 온달이 훌륭한 장군이 될 수 있었던 거군요!

응, 온달은 중국의 북주라는 나라가 고구려에 쳐들어 왔을 때 물리쳐 공을 세우는 등 활약했지. 하지만 이후 신라에 빼앗긴 한강 유역의 영토를 회복하려고 출정하였다가, 아단성(阿旦城)에서 그만 화살에 맞아 전사하고 말았단다. 어때? 이런 이야기를 듣고 나니, 이 온달산성이 더 실감나게 다가오지 않니?

네!

● 단양팔경이란?

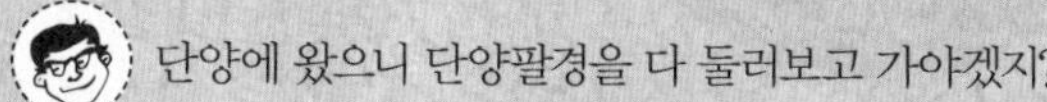

단양에 왔으니 단양팔경을 다 둘러보고 가야겠지?

단양팔경이 뭐예요?

단양군을 중심으로 주위 12km 안에 있는 여덟 개의 명승지를 단양팔경이라 부른단다.

어떤 명승지가 있는데요?

여기 자료가 있는데, 같이 함 읽어보자꾸나.

*단양팔경

1. 하선암: 단양의 남쪽 대잠리에 있으며, 조선시대 군수였던 임제광이 바위들을 얹은 너른 바위의 경관을 보고 신선이 노니는 듯하다며 '선암(仙岩)'이라 부른 데서 유래한 이름이다.

2. 중선암: 단양 남쪽 단성면 가산리에 있는데, 흰 바위가 층층대를 이루고 있는 곳이다. 계곡물에서 쌍룡이 승천했다는 전설이 있어 쌍룡폭포라 부르기도 한다.

3. 상선암: 단양 남쪽 가산리에 있으며, 수만 장의 청단대석(靑丹大石)과 바위 사이로 흐르는 물이 조화를 이룬 곳이다.

4. 구담봉: 단양 서쪽 단성면 장회리에 있으며, 기암괴석의 형상이 서북처럼 생겼다 하여 '구봉(龜峰)'이라고도 불렸다.

5. 옥순봉: 단양 서쪽 장회리에 있으며 희푸른 봉우리가 마치 대나무 싹처럼 생겼다 하여 옥순봉이라 부르게 되었다.

6. 도담삼봉: 단양의 북쪽 도담리에 있다. 남한강 상류에 솟아 있는 세 봉우리를 이르는데, 가운데 봉우리의 정자는 조선왕조 개국 공신인 정도전이 지은 것이라 알려져 있다.

7. 석문: 구름다리 모양의 돌기둥이며, 석회암 카르스트 지형이 만들어 낸 자연유산이다. 석문을 통해 내려다보이는 남한강이 아름답다.

8. 사인암: 단양 남쪽 사인암리에 있으며, 약 50m 높이에 나타르는 기임이 형성되어 있다. 그 아래에는 남조천이 흐른다.

눈꽃이 활짝 핀 은빛세계

덕유산

수북이 쌓인 눈길을 헤치며 맞이하는 덕유산의 설경은 아름답다 못해 경이로움마저 느끼게 한다. 백두대간으로 이어지는 덕유산은 삼남지방에서도 가장 눈이 많이 내리는 곳이다.

특별한 장비를 갖추지 않고 겨울산을 오르는 일은 참으로 무모한 짓이다. 겹겹이 옷을 입고, 그것도 모자라 모자를 쓰고 목도리를 칭칭 감고서도 견디어낼 수 없는 칼바람을 맞아야 한다. 그러다 보니 조금만 걸어도 목구멍까지 숨이 차오르고, 입에서는 단내가 난다. 발목까지 눈이 쌓인 가파른 산길에선 좀처럼 앞으로 나아갈 수가 없다. '두두둑 두두둑' 소리를 내며 걸어가는 눈길은 여간 고행이 아니다. 앞으로 한 걸음 나아가면 반쯤은 뒤로 밀리기 일쑤다. 이를 겨울산행의 묘미라고 느끼는 사람들도 있다.

그래도 무주리조트에서 오르는 덕유산이라면 눈이 허리까지 쌓인다 해도 문제될 게 없다. 무주리조트에서 운영하는 케이블카(곤도라)를 타고 설천봉까지 가서 20분만 걸으면 정상이다.

케이블카를 타고 '눈 덮인 하늘 봉우리'라는 뜻의 설천봉에 내리면 그때부터 겨울 덕유산의 등반이 시작된다. 한옥지붕을 이고 선 상제루가 탐방객을 반긴다. 지붕도 창문도 모두 눈에 덮여 하얀 집이 되어버린 건물 안에 들어가 잠시나마 꽁꽁 언 몸을 녹

무주 덕유산 향적봉에서 내려다본 눈 덮인 설천봉의 상제루 전경. 설천봉은 무주리조트에서 케이블카를 타면 어렵지 않게 오를 수 있다. 그곳의 상제루는 지붕과 창문까지 모두 흰 눈에 둘러싸여 아름답다 못해 경이롭기까지 하다.

였다. 음식점 건물 가운데 피워놓은 모닥불 주변에 둘러서 차 한 잔의 여유를 뒤로하고 옷매무새를 가다듬는다. 설천봉과 향적봉을 잇는 나무게단을 따라 난 길은 상고대와 눈꽃으로 터널을 이룬다. 얽히고설킨 나뭇가지 사이에 내려앉은 눈은 꽃이 되고, 물기를 머금은 나뭇잎은 상고대가 되어 청아한 백색으로 피어난다. 어떤 이는 이불솜을 덮고 있다고 하고, 남태평양의 하얀 산호에 비유하기도 한다. 이따금 거센 바람에 눈꽃이 날리기라도 하면 상고대 터널은 은색 가루를 뿌린 듯하다. 얼음과 눈꽃 길은 신발에 아이젠을 채우지 않고선 좀처럼 걷기가 어렵다. 발을 떼기가 무섭게 미끄러지고 등에선 땀이 흐른다. 앞서가던 등산객들이 서로에게 의지한 채 멈춰 서서 오도 가도 못하는 난감한 모습이 보인다. 짧은 산행이지만 눈길을 걷기 위해서는 아이젠 착용이 필수다.

덕유산 정산 향적봉(香積峰)은 진한 향기가 풍기는 곳이라는 뜻이다. 향적봉이라는 이름은 주목에서 비롯됐다. 향이 좋고 수피가 붉기에 주목을 다른 이름으로 '향적목(香積木)'이라고도 불렀다. 살아 천 년, 죽어 천 년이라는 주목이 향적봉 아래에는 7000그루가 넘게 있다. 덕유산의 또 다른 자랑거리는 전 세계적으로 우리나라에만 서식한다는 구상나무가 군락을 이루고 있다는 점이다. 이곳에서 자란 구상나무가 100년 전 독일로 건너가 크리스마스트리용으로 개량돼 전 세계적으로 퍼져나가고 있다. 사시사철 푸른 구상나무가 눈을 머리에 이고 선 모습은 그야말로 환상적이다.

향적봉 바위 위에서 만난 덕유산은 온통 은세계로 가득한 한 폭의 수묵화였다. 흰

눈꽃을 피운 나무들이 설천봉에서 향적봉에 이르는 등산로를 더욱 황홀하게 장식했다. 눈 덮인 향적봉에서는 사람도 나무도 돌탑도 모두 하나가 된다.

눈 사이로 이어지는 등산객들의 울긋불긋한 행렬이 더욱 강렬한 색채로 느껴진다. 이곳에서는 날씨가 맑게 갠 날이면 가깝게는 적성산 멀게는 계룡산과 가야산까지 바라다보인다.

겨울산의 정취를 만끽하기 위해서는 정상에서 중봉을 걸쳐 백련사 방향으로 길을 잡아야 한다. 이 길은 2.5㎞ 거리에 불과하지만 눈 쌓인 등산로를 걷는 것이 녹록할 리 없다. 뒤로 넘어지고 엉덩방아를 찧는 일은 흔한 일이다. 각오를 다지려면 등산화 끈을 위에까지 다시 한 번 꽉 조여야 한다. 향적봉~중봉 구간은 아름다운 설경을 감상할 수 있는 겨울철 대표 탐방지로 선정될 정도로 유명한 곳이다. 경사가 완만하고 주변의 아름다움을 감상하며 산행을 즐길 수 있다. 중봉 전망대에 오르면 '덕유평전' 너머로 남덕유산과 지리산 등 백두대간 능선이 아스라하게 펼쳐진다.

봄부터 흐드러지게 피어난 야생화와 붉게 물든 단풍이 잠시 흰 눈에게 자리를 양보해 준 중봉은 겨울 덕유산의 하이라이트라 할 수 있다. 주목과 구상나무 고사목 사이를 지나 중봉 전망대에 다다르면 덕유평전 너머로 남덕유산과 지리산 등 겹겹이 쌓인 백두대간 능선이 눈앞에 펼쳐진다. 중생이 깨달음을 얻었다는 오수자굴로 향하는 동안 눈길을 미끄러지지 않게 조심스레 걸어가는 것만으로도 오묘한 이치를 깨달은 것 같은 마음을 갖게 된다.

여행정보

• 가는 길

대전통영고속도로를 타고 가다 무주나들목에서 나와 진안 방면으로 좌회전한다. 직진하다 적상 둥지휴게소 지나 좌회전하면 무주리조트 이정표가 보인다. 서울 신촌, 종각, 노원, 청량리, 목동, 여의도, 사당, 잠실에서 출발하는 무주리조트행 셔틀버스가 있다. 자세한 시간과 정류장은 KD투어(02-2201-7710)에서 확인할 수 있다. 서울 남부터미널에서 무주나 무주구천동행 버스가 오전 7시 40분에 출발한다.

• 묵을 곳

무주(지역번호 063)에는 무주리조트(322-9000)와 무주일성콘도(324-3939), 무주심산유곡리조트(322-8011) 등 대형 콘도와 우리펜션(322-2323), 하늘땅펜션(322-6650), 노블펜션(322-9067) 등이 모여 있다. 무주군에서 운영하는 관광안내소(324-2114)에서 숙박시설 안내를 받을 수 있다.

• 먹을 곳

무주에는 예부터 동자개(일명 빠가사리)로 끓인 어죽이 유명하다. 무주군청 옆에 있는 금강식당(322-0979)과 큰손식당(322-3605), 섬마을(322-2799) 등이 잘 알려져 있다. 나래가든(322-1380)과 별미가든(322-3123) 등에서는 덕유산에서 자라는 산나물과 채소를 이용한 산채비빔밥을 내놓는다.

무주리조트행 셔틀버스 예약하기
http://kdtour.co.kr/page/bus/shuttle_view.asp?resort_code=muju

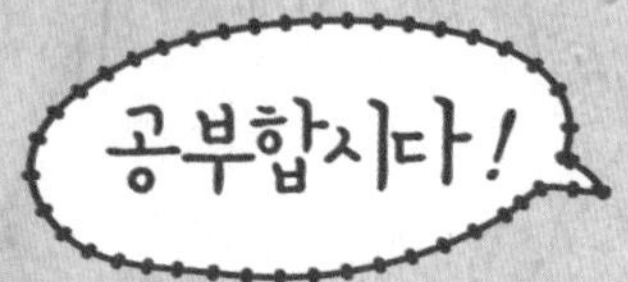

● '무주'라는 지명의 유래는?

여기가 바로 무주리조트란다.

덕유산에 오른다 하지 않으셨어요?

그랬지. 여기서 케이블카를 타고 올라갈 거야.

아하!

엄마가 이 무주에 대해 공부를 좀 했는데, 우선 지명에 대해 얘기해줄게. 무주(茂朱)라는 지명은 신라 땅의 '무풍'과 백제 땅인 '주계', 이렇게 두 지명의 첫 자를 딴 것에서 비롯된 것이란다. 삼국시대 때 무주는 신라와 백제의 국경이 맞닿은 요충지로 두 나라간 싸움이 자주 일어났던 곳이지. 이곳에서 피를 많이 흘린 백제는 '적천(赤川)'이라 부르기도 했고, 이후 이곳을 차지한 신라 역시 '붉은 강'을 뜻하는 단천(丹川)이라 불렀다 하는구나. 또, 매년 초여름이면 이 무주는 반딧불이를 구경하러 오는 이들로 북적거린단다. 반딧불이 본 적 있니?

아뇨. 보고 싶어요!

그래, 다음엔 여름에도 한번 와보자꾸나. 개똥벌레라고도 하는 이 반딧불이 몸은 검은색이고, 배마디 끝부분은 연한 노란색으로 빛을 내는 기관이 있단다. 알을 낳은 뒤 열흘 정도 뒤에 죽는데 알, 애벌레, 번데기 또한 빛을 내는 특징이 있지. 이 빛은 루시페린이 루시페라아제에 의해 산소와 반응해 일어나는 것이라 해. 빛은 주로 황록색이나 노란색. 헌데 환경오염 탓인지 언젠가부터 이 땅에서 반딧불이를 보는 것이 쉽지 않게 되었단다. 그러니 무주의 반딧불이를 귀히 여기지 않을 수 없겠지?

● **주목(朱木)이란?**

와, 이제 케이블카가 출발하나 봐요!

그래, 저 환상적인 설경을 좀 보렴!

산이 온통 흰 눈으로 덮여 있네요. 근데 이거 타고 어디까지 올라가는 거예요?

설천봉까지 갈 거다.

설천봉이요?

'눈 덮인 하늘 봉우리'라는 뜻이지. 또 거기서 20분 정도 걸으면 향적봉에 다다를 거야. 향적봉에선 '살아 천년, 죽어 천년'이라는 주목 7천여 그루를 감상할 수 있단다.

주목이 뭐예요?

나무 이름이야. 높은 고산지대 숲에서 자라는 상록침엽교목으로, 그 색깔과 결이 고와 주로 가구재로 쓰이지. 이곳 덕유산의 주목 사생지를 '구천동 주목 군총'이라 부른다는구나. 향석봉 팔부능선에서 정상에 이르는 20㎢ 구간에 형성돼 있어. 그리고 이 덕유산에선, 전세계적으로 우리나라에서만 볼 수 있다는 구상나무도 볼 수 있지.

구상나무요? 주목도 그렇고, 다 처음 들어보는 나무 이름이에요.

구상나무는 한국 특산 식물로 알려져 있다. 덕유산과, 한라산 그리고 지리산 등지의 중턱 이상인 곳에서만 분포한단다. 이 나무는 기후가 찬 지역에서 잘 자라고, 주로 건축재나 펄프재, 정원수 등으로 활용되지. 하지만 안타깝게도 지구온난화 영향으로 점점 분포지역이 축소돼 가는 상황이라는구나.

아름다운 설경의
태백산 주목 군락지

눈이 소복이 내려앉은 태백산 주목 군락지. 여명이 밝아오면서 상고대는 붉은빛으로 물든다.

유일사 입구 – 주목 군락지 – 장군봉 – 천제단–당골 (약 4시간 소요)

겨울 산행은 추위를 이기는 과정이다. 두꺼운 점퍼도 모자라 옷을 겹겹이 걸쳐 입고, 목구멍에서 뜨거운 입김을 연방 품어내면서 걸어야 하는 겨울 등산은 여간 고통이 아닐 수 없다. 그래도 수북이 내린 눈이 푹신한 양탄자를 걷는 듯한 기분을 자아내게 하는 겨울 산행에는 특별한 매력이 있다. 민족의 영산 태백산(해발 1567m)은 우리나라의 대표적인 겨울 산이다. 그만큼 겨울풍경이 일품이다. 아름다운 설경과 죽어서도 천 년 동안 제자리를 지킨다는 주목(朱木) 사이로 떠오르는 일출에는 어느 곳에서도 느낄 수 없는 감동이 있다.

동이 트기 전 태고의 신비를 간직한 태백산으로 향했다. 산행의 들머리는 유일사로 잡았다. 태백산은 유일사, 백단사, 당골, 문수봉, 사길령 코스 등 다섯 갈래의 등산길이 있다. 가장 대중적인 유일사 코스는 주차장을 출발해 유일사 쉼터와 장군봉, 천제단까지 오른 뒤 망경사, 반재를 거쳐 당골광장으로 내려오는 총 8.4km 거리로 4시간가량이 소요된다.

유일사에서 주목 군락지까지는 그다지 힘들지 않고 30~40분만 걸으면 된다. 주목 군락지 부근에 올라서면 절로 감탄사가 흘러나오는 장관이 펼쳐진다. 소복이 눈이 내려앉은 주목의 꼭대기엔 전날 녹아 흐르던 물기가 다시 얼어붙어 상고대가 된다. 상고대가 활짝 핀 주목 위로 빛이 반사돼 반짝이고, 어느새 붉은빛으로 물든다. 여명을 받은 주목과 상고대가 한데 어울려 환상적인 모습을 자아내는 순간은 한 해에 몇 차례밖에 볼 수가 없다. 눈이 내려야 하고, 전날 눈이 녹아 주목에 물기가 맺히고, 당일 아침엔 몹시 추워야 하는 삼박자를 갖춰야 가능한 일이기 때문이다. 태백산 주목 군락지에는 국내에서 가장 많은 2800여 그루가 서식하고 있다.

태백산 최고봉인 장군봉에 오르면 호랑이 등허리를 닮은 겹겹이 쌓인 산줄기들이 눈앞에 펼쳐진다. 멀리 일출과 설경드라이브코스로 잘 알려진 함백산과 백두대간, 낙동정맥의 분기점인 매봉산의 위풍당당한 모습이 한눈에 들어온다. '바람의 언덕'으로 불리는 매봉산의 풍력발전단지는 이국적인 풍경을 자아낸다.

장군봉 지나 천제단

하늘에 제사를 지내는 제단인 '천제단'은 장군봉을 좀 더 지나야 나온다. 천제단은 높이 3m, 둘레 27m, 너비 8m로 산에 있는 제단 중 국내에선 가장 큰 규모다. 신라시대를 시작으로 고려, 조선, 구한말에 이르기까지 이곳을 제단으로 사용한 것으로 알려져 있다. 돌로 만든 단이 아홉 계단이어서 9단탑이라고도 불리는데, 지금도 개천절마다 여기에서 제사를 지낸다.

정상에서 맞는 겨울바람은 매섭기가 그지없다. 살을 에는 듯한 칼바람이 파고들어 가지고 간 모든 옷을 걸쳐야만 견딜 수 있다. 천제단 바로 앞에 보이는 것이 부소봉(1546m)이다. 단군의 아들인 부소왕에서 이름이 유래했다. 천제단과 부소봉의 중간, 갈림길에서 태백시 방향으로 내려서면 망경사가 나온다. 장군봉 하산길에 만나는 만경사는 태백의 또 다른 매력을 느낄 수 있는 곳이다. 일자형으로 지어진 산사가 독특하다. 신라 진덕여왕 6년 태백산 정암사에서 말년을 보내던 자장이 문수보살 석상을 모시기 위해 지은 암자다.

그 옆에는 '단종애사(端宗哀史)'를 기억하게 하는 '단종비각'이 세워져 있다. 숙부인 수양대군에게 왕위를 빼앗기고 유배지에서 죽음을 맞은 조선 6대왕 단종의 영혼을 위로하기 위해 세운 것이다. 비각 안 비석에는 '조선국태백산단종대왕지비'(朝鮮國太白山端宗大王之碑)라고 적혀 있다. 이곳에선 열일곱 살 어린 나이에 억울하게 생을 마감한 단종이 죽어서 태백산 산신령이 되었다는 이야기가 전해지고 있다.

망경사 아래에는 '용정'이라 불리는 샘물이 있다. 국내에서 가장 높은 곳에 위치한 샘물로 알려진 용정은 개천절에 천제를 올릴 때 제수로 쓰인다. 한국 명수 100선에 들 만큼 물맛이 달고 시원하다. 백단사와 당골광장으로 가는 갈림길이 반재. 여기서 깔딱고개와 장군바위로 이어지는 당골계곡을 따라가면 광장이 나온다.

한겨울 당골광장엔 눈과 얼음이 산더미처럼 쌓여 있다. 겨울 태백산의 또 하나의 명물인 눈조각을 만들기 위한 것이다. 태백산 눈축제를 통해 눈과 얼음으로 만든 초대형 조각작품을 만날 수 있다. 국내외 작가들이 만든 다양한 눈 조각 작품이 관광객을 맞이한다.

여행정보

● 가는 길

서울을 기준으로 영동고속도로–중앙고속도로를 타고 가다 제천 나들목에서 나와 38번 국도 정선, 고한 방향으로 가면 된다. 동서울터미널(1688–5979)에서 태백행 직행버스가 수시로 운행된다. 태백산으로 가려면 태백시외버스터미널(033–552–3100)에서 유일사나 당골방향으로 가는 버스를 타거나 택시를 이용해야 한다. 코레일(1544–7788)에서 운영하는 '눈꽃열차'를 이용하면 겨울철 태백산을 편리하게 다녀올 수 있다. 태백시 문화관광 홈페이지에서 자세한 여행정보를 얻을 수 있다.

● 묵을 곳

태백(지역번호 033)에는 대형숙박시설로는 콘도시설로 오투리조트(580–7000), 태백산 민박촌(553–7440)이 있다. 소도동과 황지동에 스카이호텔(552–9912)과 이스턴호텔(553–2211) 등이 있으며 아늑한 돌집(553–3432) 등 민박도 있다. 태백시 문화관광 홈페이지나 태백시관광안내소(550–2828)에서 숙박시설 안내를 받을 수 있다.

● 먹을 곳

태백에는 한우와 닭갈비가 유명하다. 황지동과 상장동에 한우생고기 음식점이 몰려 있다. 서학한우촌(553–0003) 태백한우골(554–4599) 한우마을숯불갈비(552–5449) 등이 잘 알려져 있다. 대명닭갈비(552–6515)와 태백닭갈비(553–8119), 강산막국수(552–6680)도 유명하다.

태백시 문화관광
http://tour.taebaek.go.kr

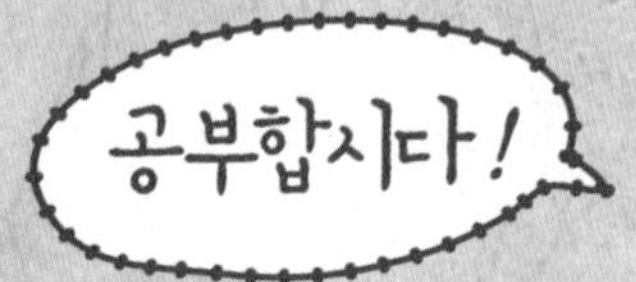

● 왜 태백산에 단종비각이 세워진 걸까?

여기가 천제단이란다.

으으, 너무 추워요. 천제단이 뭐하는 곳이에요?

하늘에 제사를 지내던 곳이야. 신라시대부터 고려, 조선, 구한말에 이르기까지 이 곳에서 제사를 지내왔다는구나. 지금도 개천절에는 여기에서 제사를 지낸단다.

근데 왜 태백산에서 제사를 지내는 거죠?

음, 태백산은 우리나라 국토의 중심이기도 하고, 민족의 영산(靈山)으로 인식되어 있거든. 자, 추운데 어서 내려가자. 저 아래에는 만경사와 단종비각이 있단다.

단종비각이 뭐예요?

죽은 단종의 넋을 위로하기 위해 세운 비란다.

아, 어린 나이에 조선의 왕이 되었던 그 단종이요?

그래 맞아. 숙부인 수양대군, 즉 세조에게 왕위를 빼앗기고 후에 결국 죽음을 당하지.

근데 왜 이 태백산에 단종비각이 세워지게 된 거죠?

당시 성삼문, 박팽년 등이 암암리에 단종의 복위를 추진하다 발각되어 처형되었고 단종은 강원도 영월에 유배되기에 이른단다. 그곳에서 자살을 계속 강요당하던 단종은 결국 영월에서 죽음을 맞이하게 돼. 여기서 물음 하나를 던지면, 영월에는 강원도의 또 다른 영산인 오대산이 있는데, 왜 굳이 태백산에 단종의 비각을 세웠을까?

글쎄요, 오대산도 유명한 걸로 아는데……

그 연유인즉슨, 단종을 죽인 세조가 바로 오대산 상원사에 머무르며 피부병을 고친 일이 있었다는 거야. 그래서 부득불 세조와 연관이 있는 오대산을 피해 태백산에 비각을 세운 것이지.

● **소설 『태백산맥』은 어떤 이야기를 담고 있을까?**

소설 『태백산맥』이라고 들어봤지?

아니요.

왜 우리집 서가에 꽂혀 있잖아.

아! 기억나요. 시리즈로 된 책이죠?

그래 맞아. 『태백산맥』은 조정래 작가가 쓴 대하 역사소설이란다. 1983년에서부터 1989년까지 문예지 〈현대문학〉과 〈한국문학〉에 연재되었고, 이후 전 10권의 책으로 간행되었지.

어떤 내용이에요?

이 소설은 한국전쟁과 그 전후 시기를 배경으로 총 4부로 구성돼 있어. 제1부는 여순반란사건이 종결된 직후에서 1948년 12월 빨치산 부대가 율어지역을 해방구로 장악한 기간까지, 제2부는 여순 사건이 발상한 이후 10개월, 그리고 제3부는 1949년 10월부터 1950년 12월까지, 즉 6·25전쟁 발발 전후, 제4부는 1950년 12월부터 1953년 7월, 즉 휴전 협정 직후까지의 이야기를 남고 있지.

많은 이야기가 담겨 있겠군요.

그래, 전체적으로 좌익 세력과 우익 세력 간의 갈등이 비극적인 역사 전개를 따라 펼쳐진단다. 작가는 이러한 이데올로기적 대립에서 발생한 당시 역사적 사건들을 다양한 인물들간의 실감 나는 이야기를 통해 형상화하였지. 또 이 소설의 주요 무대인 전라남도 보성군 벌교읍에는, 작품의 문학적 성과를 기리고 통일에 이바지하자는 취지로 건립한 조정래 태백산맥 문학관이 들어서 있어. 이곳에서 소성래 작가의 1민 6천 장에 달하는 친필 원고 등 총 719점의 관련 전시물을 관람할 수 있다는구나.

'크고 밝다'는 뜻을 지닌 강원도 태백(太白)이 국내 대표적인 겨울 관광지로 자리매김하고 있다. 화려하게 피어나는 눈꽃과 두툼하게 눈 옷을 걸쳐 입은 주목군락이 환상적인 태백산과 백두대간의 위용을 조망할 수 있는 함백산이 자리하고 있기 때문이다. 고랭지 배추밭으로 둘러싸인 귀내미마을의 고즈넉한 풍경과 몽환적 분위기를 자아내는 하얀 자작나무숲은 관광지 태백을 더욱 아름답게 빛내고 있다. 탄광지역 주민들의 삶을 생생하게 체험할 수 있는 태백체험공원, 국내 유일의 고생대자연사박물관은 교육적 가치가 충분해 가족단위 여행객을 끌어들이는 요인이 되고 있다.

태백에서 만날 수 있는 함백산.

우리나라에서 여섯 번째로 높은 함백산(1572. 9m)은 설악산, 오대산을 거쳐 태백산으로 이어지는 백두대간의 주능선에 자리하고 있다. 두문동재에서 은대봉을 거쳐 함백산으로 이어지는 백두대간 눈꽃 트레킹 코스는 경사가 완만하고 주목이 많아 최고의 눈꽃 트레킹 코스로 꼽힌다. 함백산은 정상에서 남쪽으로 태백산, 북쪽으로 금대봉과 매봉산, 서쪽으로 백운산, 두위봉, 장산 등 대부분 해발 1400m 이상의 산으로 둘러싸여 웅장한 백두대간의 위용을 만끽할 수 있다.

*귀네미마을과 자작나무 숲

고랭지 배추를 수확한 자리가 겨울엔 눈밭으로 변한다. 삼척 환선굴 바로 위에 위치한 '귀네미

마을'은 마을을 감싸고 있는 산의 형세가 소의 귀를 닮았다고 해서 우이령이라 부른 데서 그 이름이 붙여졌다. 이곳은 해발 1000m에 자리한 전형적인 산촌으로 『정감록』에 피난처로 기록된 마을이다. 삼척시 하장면에 광동댐이 생기면서 수몰지역에 살던 37가구가 집단으로 이주

태백의 자작나무숲.

해 1988년에 형성됐다. 여름에 가파른 산을 뒤덮는 고랭지 배추밭의 이색적인 풍경으로, 겨울엔 눈으로 둘러싸인 산촌마을의 고즈넉한 풍경과 일출로 유명하다.

태백시에는 우리나라에서는 좀처럼 보기 어려운 자작나무 군락이 산재해 있다. 15년 전부터 태백시는 높은 산악지대나 추운 지방에서 주로 자라는 자작나무를 식재하고 있다. 특히 황연동 구와우마을 인근 35번 국도를 따라 조림된 자작나무숲은 머잖아 이 지역 명소로 등장할 것으로 기대된다.

*한강의 발원지 검룡소

한강의 발원지로 창죽동 금대봉골에 위치한 검룡소는 겨울풍경이 가장 아름답다. 눈으로 덮인 오솔길을 따라 검룡소에 다다르면 석회암반을 뚫고 지하수가 용출한다. 이 물은 정선의 골지천, 조양강, 영월의 동강, 단양, 충주, 여주로

강원 태백시 창죽동 금대봉 기슭에 있는 한강의 발원지 검룡소.

흘러 경기도 양수리에서 합류한다. 검룡소에서 쏟아지는 물 주변엔 물이끼가 푸르게 자란다. 지금은 알 수 없는 이유로 사라진 이끼를 복원하기 위해 다양한 실험이 진행 중이다.

*체험공원과 자연사박물관

폐광된 실제 탄광사무소에 재현된 체험 위주의 현장학습관은 열악한 작업환경 속에서도 석탄 생산에 종사한 광부들의 일상과 그 속에서 피어났던 그들의 꿈과 희망을 볼 수 있는 생생한 현장 체험공간이다. 한때 국가 경제발전에 크게 기여했으나 지금은 사양 길로 접어든 태백 석탄산업의 역사와 광부들의 삶을 이해할 수 있도록 구성돼 있다. 또 광부들의 생활상을 체험할 수 있도록 주거시설을 복원, 당시 사택촌 사람들의 삶의 모습을 생생히 보여주고 있다.

고생대 지층 위에 건립된 태백 고생대자연사박물관에는 스트로마톨라이트, 삼엽충 등 화석과 암석, 공룡 골격 모형, 매머드 상아 등 총 409개 품목이 전시돼 있다. 국내에서 보기 드문 다양한 고생대 화석 등이 전시돼 교육과 관광을 겸한 박물관으로 인기를 끌고 있다.

고생대자연사박물관.

탐라 칼바람 헤치고 설국을 오르다

한라산

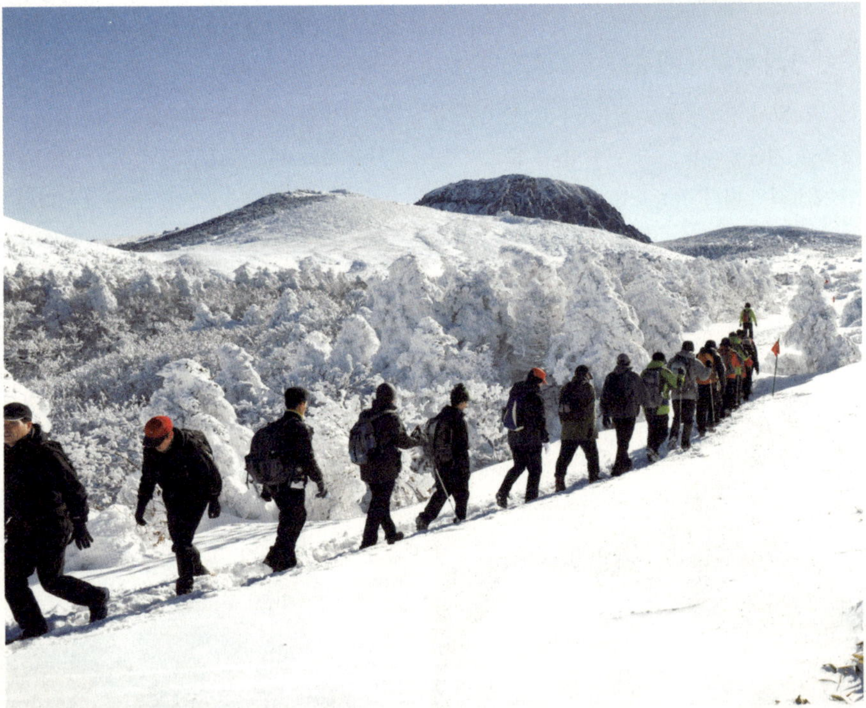

만세동산에서 윗세오름으로 이어지는 한라산 등산로. 줄지어 산을 오르고 내려가는 등산객들과 산더미처럼 쌓인 눈, 그리고 오름이 만나 환상적인 모습을 만들어낸다.

바람이 시작되는 곳을 아는가?

구름이 넘나들며 백록이 목을 축이던

한라에 서서

멀리 출렁이는 바다가

바람을 해맑은 하늘에 마구 뿌려 대는

비취빛 사랑은 누구의 숨결인가?

하늘과 땅 사이에 온통 피어있는 하얀 눈꽃들은

어디에서 왔다가 어디로 가는지?

그대와 손을 꼭 잡고

순백의 눈꽃 세상에 푸우욱 빠져

차가운 바람도, 힘에 겨운 무게도

하얀 사랑으로 이겨내는 푸른 나무들 그대

다시 태어나

겨울 한라산에 매달려 있는 고드름이 되어도 좋고

따스한 햇살에 녹아 떨어지는 한 방울 물방울이어도 좋다

그대 눈 속에서

출렁이는 파도로 하얗게 피어오르는

하얀 나비라도 좋고

끝도 없이 부딪치는 파도에서 시작되어

겨울 한라산 백록을 넘나드는 구름이라도 좋다

– 오석만, 「겨울 한라산」

제주도는 여느 때 찾아가도 신비스럽다. 겨울 한라산은 더 그렇다. 산 위는 온통 흰 눈으로 덮여 '설국'을 이루고, 낮은 곳에선 작은 풀들이 싹을 틔운다. 산에 오르면 겨울이고, 내려오면 벌써 봄이 느껴진다. 이맘때 한라산에 가면 단지 '아름답다'는 말만으로 설명할 수 없는 환상적인 설경을 만날 수 있다. 눈이 수북이 쌓인 등산길을 걸으면 한라산이 우리나라 유일의 세계자연유산으로 지정된 이유를 알 것만 같다. 한라산에는 어리목·영실·돈내코·성판악·관음사 등 5개 등산 코스가 있다.

이 가운데 영실코스는 가장 짧은 거리인 데다 길이 완만해 가족단위 등산객도 쉽게 이용할 수 있다. 해발 1280m 영실휴게소에서 시작하면 윗세오름 대피소까지는 3.7㎞이고, 등산로에 눈이 수북이 쌓인다 해도 손을 잡고 걷기에는 무리가 없다.

신들이 사는 곳

제주의 지명은 아직도 정확히 해석할 수 없는 것들이 많다. 그래서 더더욱 신비감을 더하고 정감이 느껴진다. 영실(靈室)도 그런 곳 가운데 하나다. 우리말로 '신들이 사는 곳'이라는 이름에 걸맞게 발길 닿는 곳마다 '하로산 또(한라산 신)'가 머무는 듯한 신비감이 휘감아 돈다. 눈을 밟는 '뽀드득뽀드득' 하는 소리가 못된 신이 부르는 것 같은 착각을 불러일으켜 뒤돌아보기가 조금은 무서워진다.

　눈을 헤치고 1시간가량 걸으니 거대한 병풍바위가 앞을 가로막고 나선다. 한라산 신들이 왜 여기에 머무르는지 알 것 같은 기묘한 아름다움을 연출한다. 코발트빛 하늘과 검은 돌, 그리고 순백의 눈덩이가 어울린 병풍바위 주변은 형언하기조차 어려운 절경이다. 눈 내린 영실기암은 마치 히말라야 같은 고산의 모습을 하고 있다. 검고 날카로운 톱니를 드러낸 것이 경이로운 풍광이다. 수많은 눈보라가 지나간 사이 절벽 위에는 눈으로 처마가 생겨난다. 내린 눈이 얼었다 녹았다를 반복하니 '눈 처마'는 점점 길어진다. 설경을 더 가까이서 느끼고 싶어 절벽 끝으로 다가가면 날카로운 얼음이 떨어신나. 거울신행은 자칫하면 넘어지고 얼음조각에 다칠 위험이 있다. 그래서 욕심과 만용은 금물이다. 하늘을 찌를 듯한 바위봉우리 뒤로 오백나한이 줄지어 서 있다.

　평지나 다름없는 능선길을 따라가면 숲길이 기다린다. 거리는 짧지만 등산로 곳곳이 빙판이다. 구상나무 군락지대를 지나자 온몸을 완전히 드러낸 고사목이 등산로 주변을 메우고 있다. 눈에 덮여 길을 찾기 어렵다 싶은 곳마다 빨간 줄을 매달아놨다. 등산객을 위한 배려에 고마움을 느끼게 된다. 등산로를 알려주는 생명선과 같은 것이

다. 모퉁이를 돌아서면 윗세오름 대피소가 기다린다. 대피소 매점에는 매년 겨울 설원을 즐기려는 사람만큼이나 컵라면 용기가 수북하다. 가족이나 연인들이 호호 불면서 옹기종기 모여 앉아 먹는 모습이 정답고 따스하다.

한라산 1700m 고지는 국내에서는 보기 드문 고산 평원인 선작지왓이다. 제주도 말로 '선'은 서 있다, '지'는 돌, '왓'은 밭을 의미한다. 따라서 선작지왓 평원은 '작은 돌들이 서 있는 밭, 들판'을 뜻하는 셈이다. 하지만 겨울철이 되면 돌은 보이지 않고 하얀 눈과 세찬 바람뿐이다. 한라산의 바람은 살을 에는 모진 삭풍이 아니라 가슴 깊은 곳까지 시원하게 해주는 맑은 바람이다.

하산길은 어리목 코스를 택했다. 불과 30분 만에 만세동산에 다다랐다. 만세동산의 정확한 뜻을 알 수는 없지만 망동산이라고도 부른다. 명칭은 동산이지만 실상은 원추형 오름이다. 맑은 날 여기서 바라다보는 제주시내 경치가 그만이다. 곧이어 만나는 사제비동산 역시 눈이 시릴 정도로 아름답다. 겨울 한라산은 지금 올라야 제격이다.

여행정보

겨울 한라산은 폭설이 내리거나 한파가 몰아쳐 교통이 통제되고 등산로가 폐쇄되는 경우가 종종 있다. 등반에 앞서 한라산국립공원 관리사무소나 탐방로별 안내소에 문의해야 한다. 대설 주의보 및 경보 등 기상청 특보가 발효되면 탐방로가 통세된다. 따라서 연락처(지역번호 064)를 사전에 숙지하는 것이 좋다. ▲어리목코스(713-9950~3): 총 6.8km ▲성판악코스(725-9950): 총 9.6km ▲영실코스(747-9950): 총 5.8km ▲관음사코스(750-9950): 총 8.7km ▲논내코코스(710-6920~3): 총 7km

한라산국립공원
http://www.hallasan.go.kr

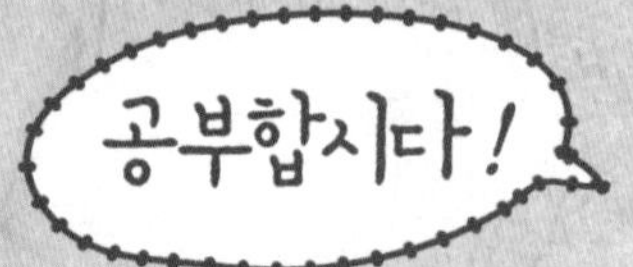

● 유네스코 세계자연유산이란?

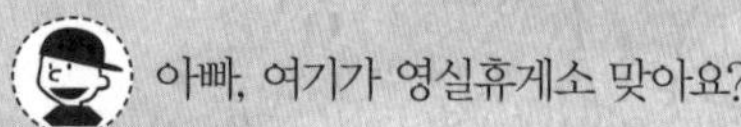

아빠, 여기가 영실휴게소 맞아요?

그래 이곳부터 윗세오름 대피소까지 영실코스라 부른단다. 자, 이제 슬슬 올라가 볼까?

네. 근데 한라산에서 '한라'가 무슨 뜻이에요?

'한라'라는 이름은 하늘의 은하수를 잡아당길 만큼 높다는 뜻에서 붙여진 것이라 는구나.

한라산이 그렇게 높아요?

한라산은 한반도의 최남단에 위치해 있는데, 높이 1,950m로 남한에서 가장 높은 산이란다. 현무암으로 이뤄져 있고 다양한 식생 분포를 형성하고 있어 학술적으로도 가치가 높은 산이고… 오랜 세월을 거치며 한라산은 여러 이름으로 불려져 왔지. 주봉우리가 솥에 물을 담아놓은 것 같다 해서 부악, 신선이 머무는 산이라 해서 선산, 이 밖에 두무악, 영주산, 여장군 등 그 이름마다 의미가 있었지. 근데, 이 한라산이 2만 5천여 년 전까지는 활발하게 화산분화 활동을 했었다는 걸 알고 있니?

와, 정말요?

정상에 형성된 화구호인 백록담은 둘레가 약 3㎞, 지름이 500m에 달한단다. 또 주변에는 사라오름, 흙붉은오름, 어승생오름 등 많은 오름들 그리고 해안지대엔 단면의 형태가 삼각형 꼴로 긴 모양을 이룬 주상절리 등이 형성돼 있지.

오름이 뭐예요?

작은 산을 뜻하는 제주 방언이야. 큰 화산 옆쪽에 붙어서 생긴 작은 화산을 기생화산이라 하는데, 화산활동 당시 생긴 이 기생화산을 제주에서 오름이라 부르고 있는 거란다. 자, 여기 자료를 읽어 보니, 고려 목종 때인 1002년과 1007년에 분화한 적이 있다고 『동국여지승람』에 기록돼 있다 하네. 그리고 조선 세조 때인 1455년 그리고 현종 때인 1670년에는 지진이 일어나 피해를 입었다는 기록도 있고… 또 2007년 6월엔 제주 화산섬과 용암동굴이 우리나라 최초로 유네스코 세계자연유산으로 등재되었고, 2010년 10월에는 세계지질공원으로도 인증받았다는구나.

『동국여지승람』은 책 제목이에요?

그래. 조선 성종 때 편찬된 우리나라 지리서야. 우리나라의 지리 및 풍속 등이 기록돼 있지.

유네스코 세계자연유산이 뭐예요?

그건 엄마가 얘기해 줄게. 유네스코는 교육, 과학, 문화의 보급 및 교류를 위해 설립된 국제연합의 전문기구야. 세계적으로 가치가 인정된 세계의 유산이 파괴되는 것을 막고자, 유네스코는 1972년 총회를 열어 세계유산협약을 제정하였지. 이후 조직된 세계유산위원회는 매년 6월 회의를 열어 자연유산과 문화유산, 복합유산을 선정해 왔단다. 여기서 자연유산의 선정 대상은 멸종위기에 처한 동식물 서식지와 보존 가치가 있는 자연 지역이라는구나.

아하, 그럼 제주 화산섬과 용암동굴이 보존 가치가 있는 자연 지역이라는 거죠?

그렇지.

그럼 나머지 문화유산과 복합유산의 선정 대상은요?

문화유산은 사찰, 궁전과 같은 건축물과 유적지 같은 장소가 선정 대상이고, 복합유산은 문화유산과 자연유산의 특성을 동시에 충족하는 유산이 그 선정 대상이 된다는구나.

그럼, 우리나라에서 세계자연유산으로 지정된 데가 또 있어요?

현재 석굴암과 불국사, 해인사 장경판전, 종묘, 창덕궁, 수원화성, 경주 역사유적지구 등이 문화유산으로, 또 제주 화산섬과 용암동굴이 자연유산으로 등재되어 있단다.

제주의 숨은 보석, 동백동산·비자림을 거닐어 볼까

제주도에는 잘 알려지지 않은 숨은 명소가 적지 않다. 조천읍 선흘리 '동백동산'과 구좌읍 평대리 '비자림'은 볼 것 많은 제주에서도 숨은 보석으로 불린다. 한적하게 거닐 수 있는 아름다운 숲이 있다는 것만으로도 제주 탐방객에겐 큰 위안이 아닐 수 없다. 이번 제주 여행에서는 마음을 정화하고 건강도 챙길 수 있는 산책로를 찾아가 보면 어떨까.

동백동산은 제주지역 '생태계의 허파'로 불리는 '곶자왈'을 체험하는 곳으로 생태계 순환과 보전에 중요한 역할을 하고 있다.

*자연생태의 보고 곶자왈

동백동산은 제주지역 '생태계의 허파'로 불리는 '곶자왈'을 체험하는 코스다. 곶자왈은 화산이 분출할 때 점성이 높은 용암이 크고 작은 바위 덩어리로 쪼개져 요철 지형이 만들어지면서 형성된 제주도만의 독특한 지형이다. 이곳에는 나무와 덩굴 등이 자연림을 이룬다. 북방한계, 남방한계 식물이 공존할 뿐 아니라 지하수를 생성하는 등 생태계 순환과 보전에 중요한 역할을 한다.

동백동산은 선흘 곶자왈의 대표적인 탐방코스. 넓은 상록활엽수 천연림으로, 20년 이상 자란 동백나무 10만여 그루가 숲을 이루고 있어 동백동산이라는 이름이 붙여졌다. 입구를 출발해서 습지인 '먼물깍'까지 왕복 4km가량의 산책로

가 잘 가꾸어져 있다. 선흘 곶자왈은 상록활엽수로 이뤄진 것이 특징이다. 동백나무를 비롯한 종가시나무, 후박나무, 비쭈기나무, 구실잣밤나무 등 난대성 수종이 함께 자란다. 군락을 이뤄 빽빽하게 들어선 나무들로 인해 탐방로는 대낮에도 하늘을 가리는 컴컴한 밤을 연상케 한다. 숲 바닥에는 고사리를 비롯한 다양한 양치식물이 지천에 깔려 있다.

특히 세계에서 오직 제주지역에만 자생하는 '제주고사리삼'의 군락지이기도 하다. 주위에는 백서향 등 희귀식물이 자생하고 있어 학술적 가치가 높다. 활엽수림지대 동백동산 인근에는 백서향 및 변산일엽 군락지가 있다. 이 지역은 보존관리와 생태관광자원으로 활용되는 좋은 사례로 꼽힌다. 동백동산은 제주도기념물 제10호로, 인근 선흘백서향 및 변산일엽군락지는 18호로

지정돼 있다.

연중 무료로 운영되는 동백동산은 성인 2인 이상이 함께 가야 한다. 늪지 등 위험구간이 있기 때문이다. 대중교통을 이용하려면 1136호 도로 선흘1리사무소에서 하차하면 된다. 사전 예약(064-728-7815)하면 안내도 받을 수 있다.

*송이가 깔린 천년숲 비자림

제주시 구좌읍 평대리에서 서남쪽으로 6km 되는 지점에는 44만 8165m²의 면적에 500~800년생 비자나무 2800여 그루가 밀집, 자생하고 있다. 나무 높이는 7~14m, 지름은 50~110㎝, 수관폭은 10~15m에 이르는 거목들이다. 이곳은 세계적으로도 보기 드문 비자나무 숲이다.

예부터 비자나무 열매인 비자는 구충제로 많이 쓰여졌고, 나무는 재질이 좋아 고급가구나 바둑판을 만드는 데 사용됐다. 비자림은 나도풍란과 풍란, 콩짜개난, 흑난초, 비자란 등 희귀한 난과 식물의 자생지이기도 하다. 녹음이 짙은 울창한 비자나무 숲속의 삼림욕은 혈관을 유연하게 하고 정신적, 신체적 피로 회복과 인체의 리듬을 되찾는 자연건강 휴양효과가 있는 것으로 알려져 있다. 또한 주변에는 자태가 아름다운 기생화산인 월랑봉, 아부오름, 용눈이오름 등이 있어 빼어난 자연경관을 자랑한다. 이곳은 숲과 오솔길이 조화를 이뤄 〈단적비연수〉 등 영화 촬영지로 이용되기도 했다.

비자림을 걸으려면 송이가 깔린 바닥을 밟고 지나가야 한다. 겨울에도 눈이 내리지 않는다면 맨발로 걷기를 권한다. 비자림에는 비자나무뿐 아니라 재미있는 나무들이 곳곳에 자생하고 있다. 이름도 생소한 말오줌때(제주에서 말오줌낭)는 문지르면 말 오줌냄새가 난다거나, 열매가 말 오줌낭을 닮았다고 해서 붙여졌다. 돌담을 감싸

비자림에는 세계적으로도 보기 드물게 비자나무 2800여 그루가 밀집해, 자생하고 있다. 탐방로 바닥에는 화산 쇄석물인 송이가 깔려 있어 이색적이다.

고 있는 덩굴나무는 송악이다. 늘 푸른 잎덩굴나무지만 등나무처럼 다른 생물을 압박하지 않는다. 그래서 함께 살아가는 미덕을 아는 나무라고 불린다. 소가 아주 좋아한다. 합다리나무는 학의 다리같이 생겼다고 해서 붙여진 이름이다. 제주에서는 학을 합이라고 부른다. 또 이름과 잘 어울리지 않는 꾸지뽕나무가 있다. 잘 휘어지는 특성으로 옛날에 활 만들 때 쓰였다고 하고, 노란 색소를 지니고 있어 염색재료로도 쓰인다.

천년의 숲 비자림에는 벼락 맞은 비자나무도 있다. 100년 전 벼락에 뒤쪽은 불에 타 죽었지만 앞쪽은 살아남아 질긴 생명력을 자랑하는 나무가 보호를 받고 있다.

숲에서는 비자나무 우물도 만날 수 있다. 비자나무숲을 지키던 산감(山監)이 먹던 우물터라는 설명이 붙어 있다. 물이 귀한 제주도지만 비자나무 뿌리가 물을 머금고 있다가 조금씩 흘려보낸 탓에 늘 맑은 물이 고인다. 비자나무 잔뿌리가 정수기 필터 역할을 하고 있는 셈이다. 제주시 구좌읍 평대리에 있는 비자림(064-783-3857)까지는 공항과 중문, 서귀포에서 대중교통을 이용해 갈 수 있다.

초가와 기와집 그리고 돌담길
아산 외암민속마을

충남 아산시 송악면 외암민속마을은 전체가 국가 중요민속자료로 지정돼 있다. 500년 동안 대를 이어온 가옥들은 조선시대 원형을 그대로 유지하고 있다. 외암마을에서는 어느 것 하나 버리고 치울 것 없는 선조의 단아한 생활상을 마음속 깊이 느끼게 된다.

외암민속마을 — 7.3km — 온양온천역 — 2km — 온양민속박물관 — 3.4km — 현충사

충남 아산시 송악면 외암민속마을은 살아 있는 민속박물관이다. 500년 동안 대를 이어온 양반댁 기와집과 초가 70여 채가 조선시대의 원형을 그대로 유지한 채 옹기종기 모여 있다. 아산은 서울에서 전철과 기차를 타고서도 갈 수 있어 수도권에서는 아침 일찍부터 부산을 떨지 않고도 가족과 함께 '과거로의 여행'을 떠날 수 있는 곳이다.

외암민속마을을 찾아가던 날 함박눈이 앞을 분간할 수 없을 정도로 쏟아졌다. 마을 입구에 도착하니 10여 대의 차량이 주차장에 줄지어 있었고, 50대로 보이는 일본인 관광객 20여 명이 마을 초입을 막 들어서고 있었다.

외암마을에 들어가기 위해서는 용담교라는 작은 다리를 건너야 한다. 이 실개천 하나가 외암마을을 안과 밖으로 구별한다. 다리를 건너면 마을이요, 건너기 전에는 마을 밖이다. 이 개천은 마을 뒤에 자리하고 있는 설화산(해발 441m)에서 시작해 외암리를 휘감고 돌아 농경지를 적셔주고, 생활오수를 씻어주며, 무더운 여름 청량제 역할을 해준다. 마을에 들어서자 송덕비와 장승 솟대가 보였다. 한평생을 이곳에서 지냈을 열녀 안동김씨 정려(旌閭)와 '반석정'이라는 정자도 있었다. 마을 안길이 시야에 들어오면 이 마을이 간직한 진면목이 고스란히 드러난다. 굽이굽이 연결된 돌담은 이 마을의 자랑이자 상징이다.

흰 눈이 내려앉은 겨울 돌담은 아름답다. 돌담의 길이는 5.3km로 집을 짓고 논과 밭을 일구면서 나온 호박돌을 모아 쌓은 것이라 한다. 돌담은 사람의 키 높이에 맞추어져 있어 더욱 정감을 느끼게 한다. 너무 높으면 위압감을 주고 낮으면 담장 역할을 못하기에 사람의 키 높이가 가장 어울리는 것이 아닐까. 이곳에서는 눈 내리는 날 담장 위를 걸어가는 고양이를 발견하고, 까치가 몇 개 남지 않은 홍시를 쪼아 먹고 있는 한가한 모습을 보는 것이 그다지 어려운 일이 아니다.

수령 600년 된 느티나무가 있는 골목

그 아래 황토빛 골목길은 잘 정리된 모습으로 깨끗하게 치워져 있었다. 골목을 조금 걸어 들어가면 오래된 정자나무가 나온다. 고샅에 자리 잡고 있는 수령 600년 된 느티나무는 마을의 안녕을 기원하는 동제를 지내고 축제 때 제를 지내는 신성한 것으로 여겨지고 있다. 높이가 21m이고 둘레가 자그마치 5.5m나 되기에 나뭇잎을 모두 떨구어낸 지금도 멀리서 알아볼 수가 있다. 이곳에서는 매년 음력 1월 14일 장승제와 더불어 신목제를 올린다.

집들은 구릉지에 길을 따라 독특하게 자리하고 있다. 마을 가운데로 안길이 있고 이를 따라 올라가면 좌우로 샛길이 있다. 하늘에서 보면 마치 큰 나무가 가지를 뻗고 가지 끝에 열매를 맺은 것과 같은 형태의 마을 배치를 보여주고 있다.

민속학자들은 이 같은 마을 배치는 눈에 보이지 않는 원칙에 따른 것이라고 말한다. 그래서 이 마을은 좌청룡 우백호와 같은 풍수지리적으로도 양택(陽宅)에 필요한 모든 요소를 갖추고 있다.

예안 이씨 집성촌인 외암마을은 마을 전체가 국가 중요민속자료 제236호로 지정돼 있다. 이 가운데는 잘 관리된 문화재급 가옥이 여러 채 있다.

영암군수를 지낸 이상익 선생이 살던 '건재고택'은 사랑채와 문간채 사이에 잘 가꾸

어진 정원으로 유명하다. 소나무와 향나무, 단풍나무가 있고 산에서 시작된 물이 담장 밑으로 흘러든다. 이 정원은 '한국의 아름다운 정원 100선'에 선정됐다.

마을 정면에 버티고 서 있는 '참판댁'에는 고종황제가 이정렬에게 하사한 '퇴호거사(退湖居士)'라는 현판이 남아 있다. 송화댁은 이상헌 선생의 생가로 송화군수를 지냈다고 해서 지어진 이름이다. 교수댁은 이곳에 살던 이용구가 경학에 추천돼 성균관 교수를 지냈다고 해서 붙여진 택호다. 이 밖에도 홍경래의 난을 진압한 이용현 선생이 기거했던 '병사댁', 참봉 벼슬을 한 이중렬 선생이 살았던 '참봉댁'도 있다.

예부터 외암마을은 삼다(三多)의 마을이라 했다. 돌이 많아서 석다(石多)요, 말이 많다고 해서 언다(言多)요, 양반이 많아 반다(班多)라 불렸다. 실제로 돌이 지천에 널린 외암마을은 마을 안 담장이 모두 돌담으로 이루어져 있다. 양반이 많았다는 것은 외암리에서 조선 후기 많은 과거급제자를 배출했다는 데서도 알 수 있다. 조선시대 생원과 진사 합격자 명단인 '사마방목'을 통해 확인된 외암 출신만 11명이나 된다.

이 마을에는 예나 지금이나 사람이 사는 데 필요한 것들을 두루두루 갖추고 있다. 마을 안쪽에 있는 디딜방아와 상여집도 그 가운데 하나다. 민속마을의 전통을 이어가는 민속주인 '연엽주' 제조장도 있다. 외암마을을 둘러보면 어느 것 하나 버리고 치울 것이 없다는 생각을 갖게 된다. 우리 선조의 단아한 생활상이 그대로 드러난 아름다운 마을과 충청도 양반의 기풍이 지금도 그대로 남아 있다.

• 가는 길

서울을 기준으로 경부고속도로 천안나들목에서 나와 국도 21호와 39호를 타고 가다 송악 외곽도로를 갈아타면 된다. 서해고속도로는 서평택나들목에서 나와 국도 39호를 이용해 온양온천, 송악 외곽도로로 간다. 시외버스는 서울강남터미널과 동서울버스터미널에서 아산행이 30분 간격으로 운행된다. 서울역에서 출발하는 열차를 이용할 경우 온양온천역에 내리면 된다. 서울에서 출발하는 광역전철도 2시간 안팎이면 온양온천역까지 갈 수 있다. 역 앞에서 셔틀버스가 있다.

• 묵을 곳

마을 안에 '외암골 영농조합법인'이 운영하는 민박집이 다수 있다. 김치 담그기, 반찬 만들기 등 다양한 체험이 가능하다. 전화(041-541-0848) 또는 외암민속마을 홈페이지로 예약이 가능하다. 아산(지역번호 041)에는 온양관광호텔(540-1010)과 온양제일관광호텔(544-6111), 아산온천호텔(541-5526) 등이 있다.

• 먹을 곳

마을 주변에는 음식점이 많지 않다. 식사는 아산으로 나가서 해야 한다. 한정식을 내놓는 동양식당(541-0713)과 여명회관(534-7777)이 잘 알려져 있다. 옛날돌집(533-2241)과 꽃동네원조장어(533-2561)는 장어구이집으로 유명하다.

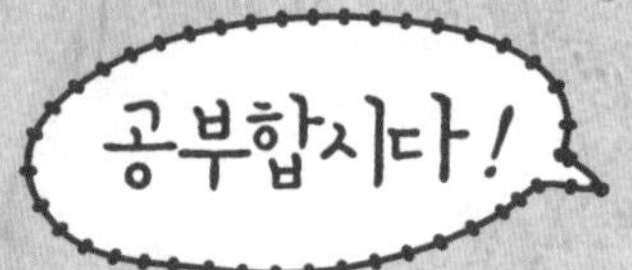

● 장승제와 신목제란?

이 다리 이름이 뭔지 아니?

아뇨.

용담교라 한단다. 이 다리를 건너면 외암마을이지.

외암마을이요?

그래, 조선 숙종 때 이곳 출신인 이간(李柬)이라는 학자가 있었는데, 그의 호를 따서 '외암'이라 불리게 되었다는구나.

앗, 저기 좀 보세요. 장승이 있어요! 근데, 저 나무로 만든 새는 뭐예요?

음, 저건 솟대라 하지.

솟대가 뭐에요?

마을 입구에 세운 장대로, 마을 수호신 또는 경계의 상징이란다.

수호신이요?

그래, 이 마을의 수호신인 저 장승들 앞에서 장승제를 지내게 된단다. 장승제란 무병과 풍년을 빌며 마을의 수호신인 장승에게 공동으로 지내는 제사를 말하는 거야. 장승제는 마을굿을 할 때 장승을 세우는 곳에 모시며, 요즘은 대개 주민들끼리 고사를 지내는 경우가 많아. 그리고 마을의 하위신으로서 매년 장승 앞에서 의례를 치르는 때는, 마을의 제관으로 뽑힌 이들이 약식으로 고사를 지내지. 이후 자정에는 뒷산에서 산신제를 지내게 되는데, 장승제 분위기가 흥겨운 것에 반해, 이 산신제는 엄숙하게 유교식으로 행해진단다. 이는 산신이 마을의 주신이기 때문이야.

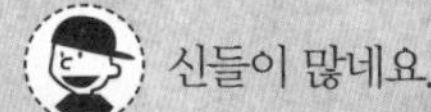

신들이 많네요.

나무신도 있어. 신목제 혹은 목신제라 하며, 음력 정월 대보름날 아침 큰 나무에 가지각색 헝겊과 종이를 오려서 걸고 제사를 지내지.

● 생원과 진사란?

예부터 이곳 외암마을엔 양반이 많았단다. 조선시대 생원과 진사 합격자 명단인 '사마방목'을 보면 외암 출신의 과거급제자가 많았다는 걸 확인할 수 있어.

생원과 진사가 뭐예요?

왜 지난번 봉평 가서 소개한 「메밀꽃 필 무렵」에도 허생원이 등장하잖아. 과거시험 문과엔 생원과와 진사과 그리고 잡과로 역과, 의과, 율과 등이 있었는데, 이 중에 생원과와 진사과에 응시하여 합격한 이들을 생원, 진사라 불렀던 거지.

아하, 그렇구나!

덧붙이면, 과거(科擧)란 시험 과목에 따라 천거하여 쓴다는 뜻이란다. 이 과거는 중국의 한나라 때부터 시작되었고… 우리나라에선 그 처음이 신라 원성왕 때 실시한 독서삼품과이며, 본격적인 과거시험은 고려 광종 때 실시된 거로 알려져 있어. 조선시대 과거시험에는 문과와 무과가 있었는데, 이 중에 당시 중시 여겼던 건 문과였지. 생원·진사과는 소과라 하여 15세 이상인 자가 응시할 수 있었어. 과거의 응시자격은 수공업자·상인·승려·무당·서얼을 제외하고는 누구나 응시할 수 있었지만 점차 가문을 중시하는 경향이 나타났단다. 생원 또는 진사가 되면 성균관 입학 사격 및 하급 관원으로 입사할 자격이 주어졌고, 또 진정한 출세 관문인 문과에 응시할 수 있는 기회를 가질 수 있었지.

결국 양반들이 주로 과거시험을 봤겠군요?

그렇단다. 고려 때는 진사시를 중시 여겼으나, 조선 초기에는 생원시를 중시하여 진사시를 폐지하기도 했다는구나. 그러나 단종 때 부활되면서 되려 진사시가 중시되었는데, 이를 계기로 진사는 선비의 존칭으로 인식되었으며 생원은 주로 나이 많은 선비를 지칭하는 말로 쓰이게 됐지.

온천 여행지

한파와 폭설이 잦아지면 따끈한 온천욕이 그리워진다. 온천에 몸을 담그면 깊은 시름이 눈 녹듯 사라진다. 충남 아산이 KTX와 2008년 개통한 아산행 전철로 쉽게 다녀올 수 있게 되면서 수도권에서 가장 접근성이 뛰어난 온천여행지로 자리 잡았다. 조선시대 왕과 박정희 전 대통령이 즐겨 찾을 정도로 온천수가 좋기로 유명한 이곳이 지금은 고객들의 다양한 취향에 맞춰 워터파크 형식으로 변모했다.

충남 아산은 수도권에서 가깝고 교통이 편리해 국내 대표적인 온천 관광지로 자리 잡았다. 사진은 아산스파비스의 이벤트 탕 모습.

*온양관광호텔(온양온천)

온양온천에는 태조·세종·세조·현종·숙종·영조 등 조선시대 6명의 임금이 온천욕을 하러 왔다는 기록이 있다. 현재의 온양관광호텔 자리에 임금이 와서 머물던 온궁(溫宮)이 있었다고 한다. 호텔 내에는 왕과 관련된 유적이 남아 있다. 신정비(神井碑)는 세조가 1464년 온궁의 옛 우물터를 팠더니 눈처럼 차갑고 거울처럼 맑고 향기로운 물줄기가 솟아올랐다고 하여 세웠다. 영조의 아들인 사도세자는 온천욕을 즐긴 후 심신이 좋아지자 간이 과녁을 만들어 활쏘기를 했다. 영괴대(靈槐臺)는 당시 온양군수가 그 자리에 홰나무(槐)를 심어 전해진다. 세종대왕은 1441년 안질이 심해 위쪽 눈이 실명 위기에 놓였으나 온양에 내려와 온천욕을 한 지 며칠 안 돼 큰 효험을 봤다. 이에 세종은 현(縣)이었던 온수현을 온양군(郡)으로 승격하라는 어명을 내렸다. 온양이란 지명은 이때 생긴 것이다.

온양관광호텔이 보유한 온천수의 표출 온도는 57도로 국내 최고 수준의 수온이다. 약알칼리성 온천으로 수질은 무색, 무미, 무취다. 피로회복, 신경통, 알레르기성 피부염, 피부질환, 위장병, 빈혈, 근육통 등에 효과가 있다고 알려져 있다.

온양관광호텔의 역사는 일제강점기 '온양관'으로 거슬러 올라간다. 1920년대 사설 철로를 운영하던 경남철도주식회사가 온양온천을 대대적으로 개발해 대중온천 시대를 열었다. 2002년 특급호텔로 승격한 온양관광호텔은 2006년 대규모 증축을 마쳤다. 객실 175실을 비롯해 대온천탕과 고급사우나, 헬스장, 스크린골프장, 스파테라피·피부마사지숍 등 다양한 부대시설을 보유하고 있다. 〈문의: 041-545-2141〉

*파라다이스 스파 도고(도고온천)

도고온천은 시설면에서 아산을 대표하는 온천지구다. 신라시대부터 약수로 이름난 곳이며, 200여 년 전부터 온천으로 개발됐다. 수질은 단순 유황천으로 동양 4대 유황온천 중의 하나로 꼽힌다. 신경통, 피부병, 위장병, 관절염, 류머티즘, 부인병, 피부미용에 곧잘 듣는다는 평이다. 도고별장 스파피아(박 전 대통령의 온천 별장)는 수질 좋기로 유명하다. 이곳은 총 2만 5000㎡(약 7800평) 규모에 최대 5000명을 수용할 수 있는 대형 온천 워터파크로, 야외온천풀과 유수풀, 키즈풀, 10여 종의 바데 시설로 몸의 근육을 풀어주는 실내바데, 노천 히노키탕 등 다양한 놀이시설과 휴양시설을 갖추고 있다.
한방 약재를 이용한 보약 온천이라는 점도 특징이다. 겨울에는 남성은 인삼·백출·백복령을 넣은 '사군자탕'을, 여성은 숙지황·백작약·천궁 등이 들어간 '양귀비탕'에서 노천 온천욕을 즐길 수 있다. 〈문의: 041-537-7100〉

*아산 스파비스(아산온천)

아산 스파비스는 사계절 워터파크형 건강테마온천이다. 국내 최대 건강보양테마온천 시설로 수(水)치료풀인 바데풀을 최초로 도입, 건강과 가족 중심의 테마온천으로 자리 잡았다. 전문의료부터 진단받은 다음 체질에 맞는 입욕 프로그램을 추천받을 수 있으며 한방 입욕제, 아로마 해독치료 등의 서비스도 받을 수 있다. 온천수를 이용한 수치료 공간으로 2000여㎡ 규모의 대형 바데풀 시설도 갖췄다. 건강나눔한의원과 건강전문식당, 실외온천풀, 계절에 따라 다양하게 즐길 수 있는 포도탕·약초탕·레몬탕 등 23개의 테마탕과 노천탕, 눈썰매장, 야외공연장 등의 부대시설도 꾸며졌다. 아산 스파비스는 실외온천풀은 물론이고 실내 바데풀과 키즈풀, 야외 워터파크 등 모든 시설에 온천수를 사용한다. 물놀이를 하면서 온천욕까지 덤으로 즐길 수 있는 셈이다. 사계절 이용이 가능한 워터파크존은 최대 250명이 동시 이용 가능한 물속 놀이터와 아쿠아 플레이로 꾸며졌다. 〈문의: 041-539-2000〉

겨울
아홉번째

문화와 전통이 살아 숨 쉬는 고장
충청남도 연기군

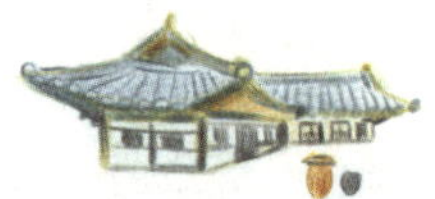

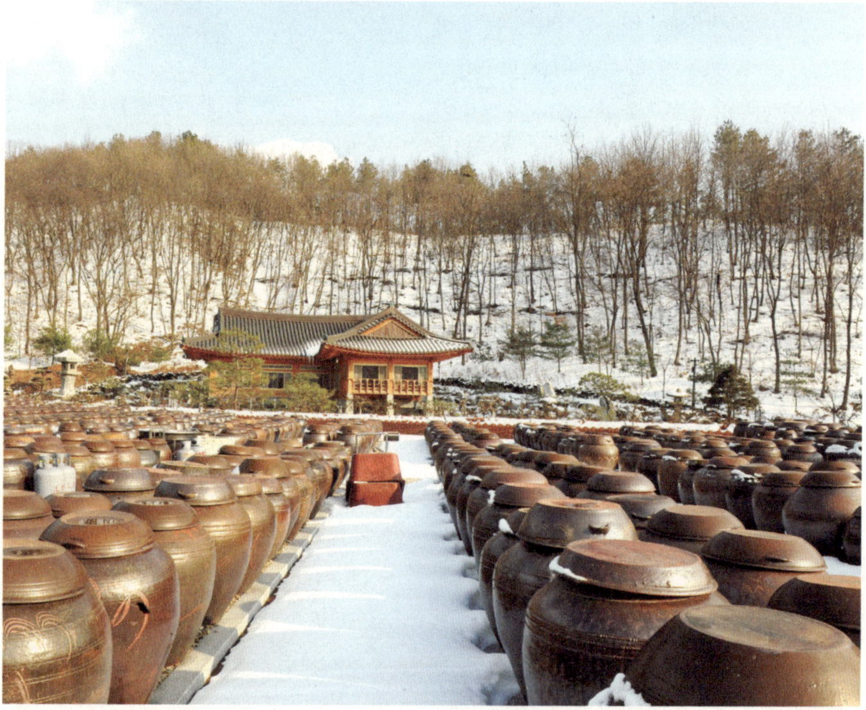

충남 연기군 전동면 '뒤웅박고을' 마당에 펼쳐진 1780여 개의 옹기가 예스러운 멋을 자아내고 있다. 운주산 자락의 이곳 장독대에는 옛 방식 그대로 숙성시켜 감칠맛나는 된장과 전통장 등이 그득그득 담겨 있다.

문화와 전통이 살아 숨 쉬는 고장 충청남도 연기군이 독특한 볼거리의 새로운 관광지로 떠오르고 있다. 수도권에서 가까운 데다 세종시 출범과 인근 신도시 개발로 연기군 관광자원은 더욱 빛을 발할 것으로 기대된다.

연기 관광은 2000년 전 창건된 삼한(三韓) 고찰의 비암사부터 시작된다. 연기군 전의면 다방리에 있는 백제의 마지막 종묘사찰인 비암사에는 충청남도 유형문화재로 지정된 극락보전과 삼층석탑이 있다. 비암사 극락보전 닫집은 그 제작 수법이 교묘하고 화려한 것으로 유명하다. 주변이 고즈넉한 숲으로 둘러싸여 옛 산사의 풍취를 한껏 풍긴다. 입구에는 수령 850여 년 된 느티나무가 자리 잡고 있다.

천년고찰 비암사에서 나오면 제주도에서 보던 '신비의 도로'와 만날 수 있다. 비암사 진입로 가운데 세심교 인근 지점 150여m는 실제 1.2m의 높낮이 차이에도 낮은 지점에서 높은 지점으로 물체가 진행되는 것으로 보이는 착시현상을 일으킨다. 일명 '도깨비 도로'를 실험하려는 관광객들을 종종 만날 수 있다.

사찰 인근에는 최근 건강에 대한 관심이 높아지면서 주목받는 전통장류를 테마로 한 국내 최초의 '장류테마 박물관'인 '뒤웅박고을'이 있다. 운주산 청정 자락에 자리한 이곳에 들어서면 가지런히 줄지어 선 1780여 개의 장독대에 놀라게 된다. 이 지역에서 생산된 콩으로 옛 방식 그대로 숙성시켜 감칠맛 나는 장맛을 내는 된장과 전통장이 그득그득 담겨 있다. 뒤웅박고을이 자리한 청송리는 장수마을로 지정될 정도로 오래 전부터 정직한 자연의 숨결을 간직한 청정지역으로 이름난 곳이다. 4만 3000㎡의 부지에 늘어선 뒤웅박 장독대를 비롯한 해담뜰 장독대, 팔도 장독대, 어머니 장독대 등 테마 장독대로 구성돼 가족단위 탐방객에겐 안성맞춤이다.

오순도순 이야기를 나누며 거닐 수 있는 '시비거리' '어름넝쿨길' '십이지신길' '부모은중경거리' 등 산책로와 '수목정원' '주상절리원' 등 좀처럼 보기 드문 조경관도 잘 가꾸어져 있다. 이와 함께 다양한 전통생활 모습을 느낄 수 있는 전통생활 '풍경원'과 한옥 생활관인 '동월당'도 갖춰져 전통생활의 멋을 만끽할 수 있다. 감칠맛 나는 장류로만 만든 장류 전문 음식점에서는 전통 장류를 현대적으로 계승하기 위한 고집스러운 장인들의 숨결을 만날 수 있다.

연기군의 또 다른 볼거리로는 국내 개인이 소장한 수목원 가운데 가장 크고 잘 가

2000년 전 창건된 연기군 전의면의 삼한고찰 비암사. 백제의 마지막 종묘사찰인 비암사는 주변이 고즈넉한 숲으로 둘러싸여 옛 산사 풍취를 한껏 풍긴다.

꾸어진 베어트리파크를 들 수 있다. 반세기 가까이 가꾸어 온 나무와 꽃은 물론 반달
곰과 꽃사슴, 공작새 등이 함께 뛰어노는 명품수목원으로 이름난 곳이다.

아름다운 고복저수지

　연기군 서면 고복리에는 도립공원으로 지정된 고복저수지가 있다. 낚시꾼들 사이에
서 이름난 이 저수지는 벚꽃으로 가득한 봄과 안개 낀 가을에 특히 아름답다. 고복저
수지는 담수면적이 1949㎢로 여의도의 절반을 넘는 크기다. 동서로 뻗은 2.2㎞ 구간
의 저수지 도로 양 옆에는 벚꽃과 영산홍이 줄지어 서 있다. 요즘에도 고즈넉한 순환
도로를 걷는 길은 한 폭의 수채화가 된다. 공원 주변의 조각공원, 팔각정과 함께 상류
지역에는 야외수영장이 위치
해 있다. 수영장 인근에는 고
려시대 몽고의 침입을 막아
낸 장군들을 기리는 연기대
첩비가 세워져 있다.

　운주산 정상에 자리한 운
주산성은 연기에서 만나는
역사기행의 중심점이다. 전동
면과 전의면에 걸쳐 있는 운
주산은 해발 460m로 이 지
역에서 가장 높은 산이다. 운
주산 정상을 기점으로 3개의
봉우리를 감싸고 있는 포곡
식 산성인 운주산성은 외성

이 3210m, 내성이 1230m에 달한다. 백제시대에 쌓은 성으로 백제 멸망 후 풍왕과 복신, 도침장군을 선두로 일어났던 백제부흥 운동군의 최후의 구국항쟁지로 전해진다. 등산로 입구에 위치한 고산사에서는 백제 멸망기의 의자왕과 부흥기의 풍왕 그리고 백제부흥운동을 하다 죽은 혼령들을 위해 매년 고사제를 지낸다. 분지형의 산세와 수려한 풍치가 일품인 운주산성은 소로길과 성안의 평지 및 구릉에 크고 작은 건물터가 보이고, 백제 토기조각과 고려·조선시대의 기왓조각들이 많이 발견돼 백제사의 귀중한 유적지로 불린다.

연기군 동면 내판리에 있는 교과서박물관은 우리나라 교과서의 변천사를 한눈에 볼 수 있는 곳이다. 멀리는 삼국시대와 고려시대를 시작으로 오늘날 교육과정에 이르기까지 다양한 교과서가 시대별로 전시돼 있다. 추억의 교실과 교과서 제작 과정, 세계 각국의 교과서, 북한 교과서, 미래 교과서 등의 방으로 구성돼 있다. 부모와 자녀가 함께 관람하면 교육적 의미가 커진다.

● 가는 길

연기군 관광지는 대부분 서로 30~40분 거리에 위치한다. 비암사는 수도권에서 1시간 30분이면 갈 수 있는 거리에 있다. 조치원역과 전의역에서도 가깝다. 승용차를 이용할 때 경부고속도로 천안IC에서 천안논산고속도로를 타고 가다 남천안IC에서 빠져나와 1번 국도를 이용하면 된다. 운주사와 비암사, 베어트리파크, 뒤웅박고을 등이 전이면과 전동면 등 주변에 몰려 있다.

● 묵을 곳

연기군(지역번호 041) 조치원읍에 클린장(863-2271)과 카라모텔(865-2981) 등 장급 여관과 모텔이 몰려 있다. 농촌체험마을로는 금사가마골 전통테마 마을(863-0081)과 삼기효소 녹색농촌체험마을(868-9666), 정욱이네 농원(868-2736) 등도 있다.

● 먹을 곳

고복저수지 주변에는 메기매운탕과 오리요리를 하는 음식점이 몰려 있다. 백련화메기탕(867-4866)과 고복정(866-1818) 등이 이름난 곳이다. 조치원에는 치킨 위에 파를 올려 먹는 '파닭'이 유명하다. 조치원역 근처 왕천파닭(867-4088)이 원조로 알려져 있다.

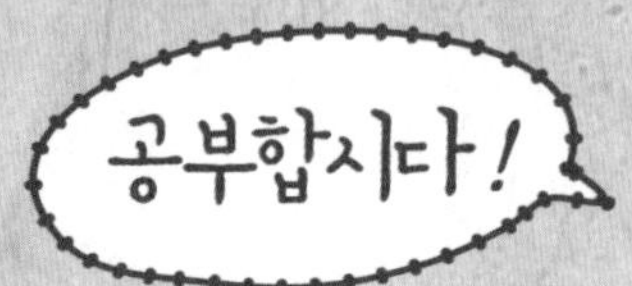

● 풍수설이란?

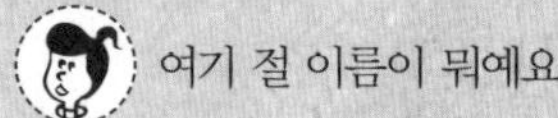

여기 절 이름이 뭐예요?

비암사란다.

언제 지어진 거예요?

비암사는 창건연대가 분명하지 않아. 하지만 비암사에서 출토된 석불비상의 명문에 '계유년 혜명법사'라고 기록된 것으로 봤을 때 적어도 673년 혹은 그 이전에 절이 창건되었을 것으로 추정된다 해. 이후 신라 말에 풍수설의 대가인 도선이 다시 지었고, 이후 뚜렷한 역사는 전해지지 않는다는구나.

풍수설이 뭐예요?

산, 땅, 물줄기 등의 형세와 인간의 길흉화복이 연결되어 있다는 설이란다. 그 옛날 백제가 부여를 도성으로 삼을 때, 그리고 고구려가 평양을 도읍을 삼을 때 이 풍수사상을 반영했다지.

도읍이라면, 지금의 수도인 서울 같은 거죠? 옛날엔 그만큼 풍수사상을 중시 여겼구나……

그래 맞아. 그때뿐 아니라 요새도 집을 지을 때 풍수사상을 반영하고 있지. 가령 배산임수의 터를 이상적으로 여긴다거나, 따뜻한 남향집이 인기가 많다거나…….

배산임수가 뭐예요?

배산임수는 한 마디로 산을 등지고 물을 바라보는 지세라는 뜻이야. 뒤편에 산이 있고 앞에 물이 흐르는 그런 터에 집이나 건물을 지으면 좋다는 거지.

아하, 그렇구나!

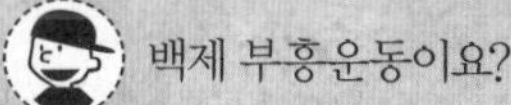

이 자료를 참고하면, 비암사는 근대에 이르러 극락전 앞뜰에 서 있는 고려시대 삼층석탑 정상 부분에서 사면군상이 발견되면서 세상에 널리 알려지게 되었다는구나. 1991년 대웅전을 지었고 뒤이어 몇 년에 걸쳐 극락보전을 중수하고 산신각, 요사 1동, 요사 2동을 지었고… 석상 중 계유명전씨아미타삼존석상은 국보 제106호로, 또 기축명아미타여래제불보살석상은 제367호, 미륵보살반가석상은 제368호로 현재 국립중앙박물관에 보관돼 있다 하네.

● 백제 부흥운동이란?

백제의 마지막 왕이 누구였는지 아니?

누구였더라… 힛, 백제왕 하면 전 의자왕밖에 안 떠오르네요.

하하. 그래, 그 의자왕이 바로 백제의 마지막 왕이었단다.

오, 제가 맞혔네요!

그럼, 의자왕에 대해 짧게 얘기하자면, 의자왕은 무왕의 맏아들이자 백제의 제31대 마지막 왕이었단다. 즉위한 뒤, 귀족 중심의 정치체제에 과감히 개혁을 단행하여 왕권을 강화했고… 신라와 당나라의 관계가 긴밀해지자 친고구려정책을 펴 난국을 헤쳐나갔으나, 만년에는 향락에 빠져 제대로 나라를 돌보지 않다가 660년 나당 연합군의 침공을 맞게 되었지. 결국 사비성이 함락되기에 이르렀고, 백제는 멸망하고 말았단다. 하지만 이후 백제 부흥운동이 시작되지.

백제 부흥운동이요?

그래. 멸망한 백제를 다시 일으키려는 운동이 있었단다. 사비성을 함락시킨 당나라는 백제의 땅에 5도독부를 설치했으나 통제력이 미약했지. 이는 백제 부흥군이 일어설 수 있는 계기가 되었고… 흑치상지가 이끌었던 초기의 부흥군은 임존성을 거점으로 당나라군을 차례로 격퇴하여 2백여의 성을 탈환하였단다. 이후 흑치상치와 복신과 도침은 서로 힘을 더해 백제 부흥의 노력을 계속 펼쳐 나갔으나, 복신이 도침을 죽이는 내분이 일어나게 돼. 이 기회를 놓치지 않으려는 당나라군은 총 반격을 개시했고, 결국 주류성과 임존성이 함락되면서 4년 간의 백제부흥운동도 막을 내리고 말았지.

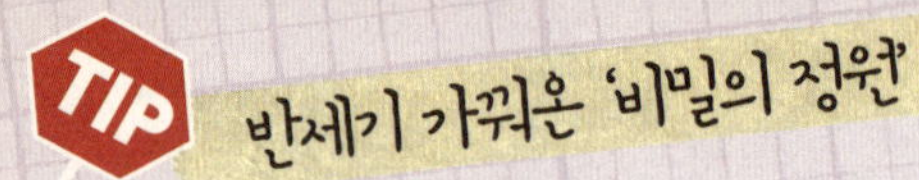

반세기 가꿔온 '비밀의 정원'

충남 연기에 있는 베어트리파크는 반세기 동안 가꾸어 오면서도 깊이 숨겨놓은 '비밀의 정원'으로 불린다. '자연 속에서의 휴식'을 주제로 2009년 5월 일반에 개방된 베어트리파크는 개인이 가꾼 수목원 가운데 국내 최대 규모다. 33만㎡(10만평)의 숲속에 자리 잡은 수목원에는 반달곰과 꽃사슴이 뛰어놀고, 비단잉어가 오색연못을 화려하게 물들인다. 또 각종 수목과 꽃, 희귀 분재 등 1000여 종, 40만여 그루의 초목류와 산수조경 등 동식물이 조화를 이루고 있다. 수목원에 발을 들여놓는 순간 탐방객들은 꼼짝없이 3시간 동안 자연이 펼치는 아름다운 향연에 빠져들고 넋을 놓게 된다.

베어트리파크는 33만m² 규모의 숲에 150여 마리의 반달곰과 꽃사슴이 뛰어놀고 각종 수목과 꽃·희귀분재 등 1000여 종, 40만여 그루의 초목류가 조화를 이루고 있다.

*자연과 문화가 함께 숨 쉬는 복합문화 공간

짙푸른 녹음 속에서 휴식과 교육적인 이색체험을 동시에 누릴 수 있는 베어트리파크는 '동물이 있는 수목원'으로 남녀노소 누구나 넉넉한 휴식을 누릴 수 있는 곳이다. 자연 속에서 즐기는 음악회와 미술 전시, 그리고 아기반달곰 및 꽃사슴과 함께 뛰어노는 동식물 체험 등 다양하고 색다른 볼거리와 즐길 거리를 제공한다. 동식물이 어우러진 자연의 쉼터로 자리 잡은 이 수목원은 정문을 지나자마자 오색연못에 500여 마리의 비단잉어가 생동감 넘치는 춤을

추며 환영인사를 건넨다. '베어트리정원'에 다다르면 흐드러지게 핀 온갖 꽃과 전면의 통나무 폭포가 장관을 이룬다. 반달곰들이 나무 둥지 위에 올라가 각양각색으로 포즈를 취하는 '반달곰동산'에서는 겨울잠을 자지 않는 곰들을 만날 수 있다. 그 뒤로는 '새총곰가족' 이야기라는 동화를 토대로 세계 최초로 곰을 테마로 한 '곰 조각공원'이 있다. 곰 조각은 고정수 작가가, 전체 조경은 경원대 조경학과 우정상 교수가 맡았다. 살아 있는 반달곰과 조각으로 의인화된 곰 조각을 함께 감상할 수 있는 재미있는 공간으로 방문자들의 인기가 높다.

사시사철 푸른 수백 그루의 향나무가 수목원

전체를 병풍처럼 두르고 있는 숲길을 지나면 3 개의 온실이 겨울의 허전함을 달래준다. 기기묘 묘한 분재들로 가득 찬 '분재원'에서는 오랫동안 가꾸어온 나무들이 풍기는 향기에 좀처럼 발걸 음을 옮기기가 어렵다. 한국의 산수조경을 한 폭의 동양화로 담아내고 있는 '만경비원'과 열대 식물이 가득한 온실이 따로 마련돼 있다. 정원 곳곳에는 오스트리아에서 옮겨온 마로니에와 하와이산 극락조, 태국의 수련, 일본의 아이리 스가 저마다 색채를 자랑한다.

또한 베어트리파크에는 고급 호텔 수준의 레스 토랑이 마련돼 있다. 웰컴하우스 2층에 있는 웰 컴 레스토랑에는 이탈리안 파스타와 피자, 스 톤그릴 스테이크 등 다양한 메뉴가 있다. 곰 조 각을 바라보면 식사를 즐길 수 있는 새총곰푸 드코트에는 갈비, 비빔밥, 돈가스 등이 준비되 어 있다. '베어트리뮤지엄'에서는 베어트리파크 의 마스코트인 반달곰 테디베어와 다양한 테마 의 테디베어를 배경으로 사진을 찍을 수 있다. 베어트리정원에는 로댕의 '생각하는 사람' 에디 션이 있다. 이곳에 있는 '생각하는 사람'은 세계

베어트리파크 정원에 있는 로댕의 '생각하는 사람' 15번째 에디션.

에 흩어져 소장된 25점 가운데 국내 2번째, 세 계 15번째 에디션이다.

베어트리파크에서는 겨울잠을 자지 않는 반달곰(왼쪽)과 얼병식을 하듯 흰 눈을 미리에 이고 선 향나무숲이 탐방개이 발길 을 잡는다.

겨울
열번째

반야산 기슭 은진미륵불 '천년의 미소'

논산

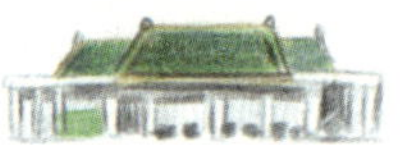

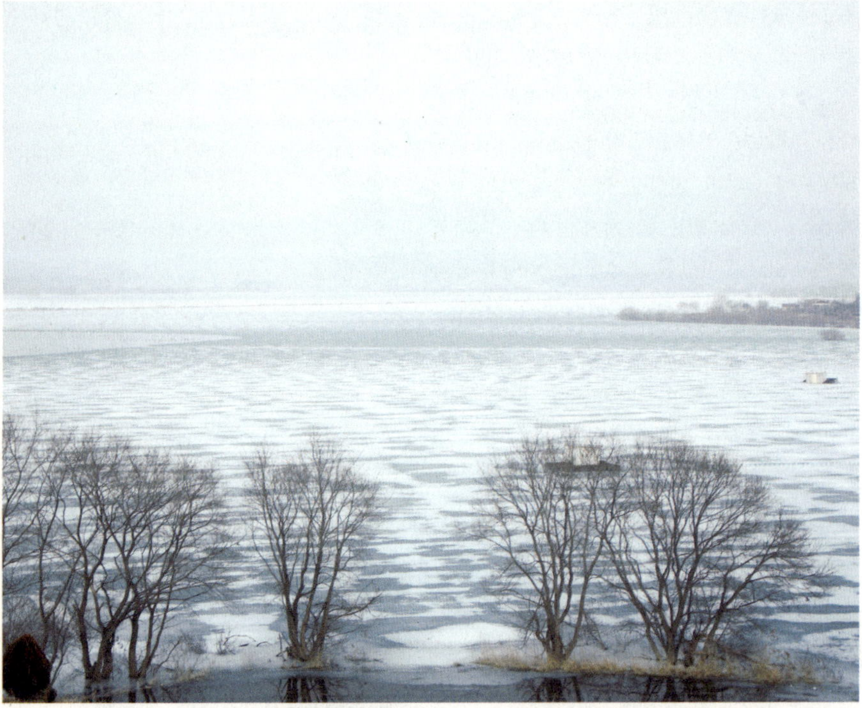

석양이 유난히 아름다운 논산 탑정호는 겨울철이면 철새가 찾아들어 탐조여행지로 변한다. 탑정호 개발계획이 끝나면 이 일대는 역사·문화 체험공간으로 탈바꿈하게 된다.

관촉사 − 5.1km − 탑정호 − 6.7km − 백제군사박물관 − 5.9km − 돈암서원 − 25.5km − 계룡산

자연은 사람을 닮고, 사람은 자연을 닮는 것일까? 충남 논산에 가면 자연은 풍요롭고 인심은 너그러워 몸과 마음이 푸근해진다. 충절과 예학이 깃들고 너른 들판과 곰삭은 젓갈이 풍성한 식탁을 만들어내기 때문이다. 논산은 백제가 최후를 맞이했던 역사적인 고장으로, 조선시대 정치와 정신문화를 이끌었던 유학이 뿌리 깊게 자리 잡은 곳으로 잘 알려져 있다. 조상의 숨결이 느껴지는 유적과 아름다운 풍광을 둘러볼 수 있는 '논산 8경'을 따라가는 것만으로도 논산의 정감 어린 여행길은 충분히 값진 것임을 알 수 있다.

논산 여행은 입가에 잔잔한 미소를 머금은 은진미륵이 있는 천년고찰 관촉사에서 출발한다. 관촉사는 들판에 젖무덤같이 소담하게 부푼 반야산 기슭에 자리 잡고 있다. 모나리자보다 더 아름답다는 은진미륵의 미소는 관촉사가 품은 가장 빼어난 보물이다. 은진미륵 앞에 서 있는 사각형의 관촉사 석등은 하대석 각 면석에 3개씩 눈썹 모양 문양이 조각돼 있다. 젖석등의 남서쪽으로는 임진왜란 낭시 왜군과 맞서 싸운 승병장 서산대사와 사명대사의 화상진영이 걸려 있다.

논산에서 불교문화의 진수를 느끼려면 개태사와 쌍계사를 찾아야 한다. 연산면 천호리에 있는 개태사는 경내에 고려시대 삼존석불과 5층 석탑이 자리 잡고 있다. 고려

논산 관촉사에 있는 보물 제218호 석조미륵보살입상은 은진미륵으로 더 잘 알려져 있다. 높이 18m가 넘는 석조 불상으로 동양 최대 규모를 자랑하는 은진미륵의 은은한 미소가 참배객의 마음을 편안하게 한다. 하대석 각 면석에 눈썹 모양의 문양이 조각돼 있는 관촉사 석등은 은진미륵과 절묘한 조화를 이룬다.

태조 왕건이 국찰(國刹)로 세웠던 개태사의 옛터는 지금보다 500m 북쪽에 있었다. 창건 당시 사용했을 것으로 추정되는 큰 쇠솥이 경내에 보관돼 있다.

양촌면 중산리에 있는 쌍계사는 대웅전 문에 새겨진 꽃살문양으로 유명하다. 불교문양을 소개하는 책자에도 자주 소개될 정도로 아름답다. 불상 위에 있는 닫집도 정교함과 세밀한 기법이 소목장 예능의 극치를 보여준다.

부적면과 가야곡면 일원에 걸쳐 있는 탑정호에서는 뛰어난 자연미를 느낄 수 있다. 6.3㎢(190만 평)에 이르는 드넓은 호수 너머로 저녁노을이 지는 모습은 장관이다. 겨울철이면 흰큰고니, 원앙이, 가창오리, 쇠오리 등 철새 4만여 마리가 찾아오는 철새도래지이기도 하다. 호수와 가까이 붙어 있는 22㎞가량의 순환도로는 드라이브를 즐기기에 안성맞춤이다.

충청도와 전라도에 걸쳐 있는 대둔산은 작은 금강산으로 불린다. 대둔산은 논산과 금산, 전북 완주 등 3개 시군에 속해 있으며 면적으로는 논산이 가장 넓다. 계곡과 단풍으로 유명한 대둔산 군지계곡과 수락폭포는 소금강이라는 말이 왜 나왔는지를 말해주는 듯하다.

노성산 아래 자리 잡은 명재고택은 조선시대 반가의 표본이 되는 주택으로 유명하다.

돈암서원과 명재고택

논산에는 유교문화의 산실로 일컬어지는 사원과 향교가 유난히 많다. 예학의 대가인 사계 김장생과 그의 아들 신독재 김집, 우암 송시열 등 조선의 정치와 정신문화를 이끌었던 선비들이 논산에서 태어나 이 지역을 중심으로 강학을 펼치며 활동했기 때문이다.

논산을 대표하는 돈암서원은 흥선대원군의 서원철폐령에도 훼손되시 않고 살아남은 전국 47개 서원 가운데 하나다. 조선 인조 12년(1634년) 세워져 호서지역은 물론 기호지역 전체에서 가장 비중 있고 영향력 있는 서원으로 인정받고 있다. 이 서원에는 김장생이 타계한 후 제자와 문인들이 만든 돈암서원책판(遯巖書院册版) 등 여러 자료가 남아 있다.

조선 헌종 13년(1672년) 건립된 노강서원은 윤황의 학문과 덕행을 추모하고 지방민의 유학교육을 돕기 위해 세운 서원이다. 강당은 앞면 5칸, 옆면 2칸의 비교적 규모가 큰 건물로 대청과 온돌방이 인상적이다.

충곡서원에는 백제의 마지막 충신 계백 장군의 위패가 주벽으로 배향되어 있다. 향교로는 연산향교, 은진향교, 노성향교 등이 있다.

논산여행에서 반드시 들러야 할 고택이 있다. 논산 명재고택으로 조선 숙종 때 학자 윤증이 건립한 것이다. 조선시대 상류 양반가정의 표본이 되는 주택으로 유명하다. 노성산 아래 남향으로 고즈넉하게 자리 잡은 이 고택 옆에는 노성향교가 있다. 노성향교와 명재고택 사이에는 아름다운 연못이 자리하고 있다. 300년 전 지어진 집이지만 바람의 원리를 이용해 겨울에는 덜 춥게, 여름에는 시원하게 지낼 수 있도록 하는 과학적이고 편리한 장치를 두루 갖추고 있다. 장독대에 있는 수백개의 항아리에서는 간장과 된장이 익어가고 있다. 지금은 '교동 전독간장'이라는 이름으로 판매된다. 고택체험이 가능한 명재고택에선 가을마다 시조와 무용, 음악이 흐르는 풍류음악회가 열린다.

논산 시민들의 마음속에는 황산벌 전투를 이끌었던 계백 장군이 자리하고 있다. 계백 장군은 660년 김유신과 소정방의 나당연합군이 백제 요충지인 탄현과 백강으로 쳐들어오자 수적 열세에도 불구하고 4번을 이겼지만 끝내 중과부적으로 패배하고 장렬히 전사했다.

계백 장군이 잠들어 있는 묘역을 중심으로 지금은 성역화 사업이 한창이다.

● 가는 길

승용차를 이용할 경우 호남고속도로 서대전 톨게이트로 빠져나온 뒤 국도 1호선을 타고 논산으로 오면 된다. 용산역~논산역 구간의 열차가 매일 오전 6시 10분부터 오후 11시 10분까지 40분 간격으로 운행된다. 서울 강남터미널에서는 평일에 40분 간격으로 오전 6시 30분부터 오후 7시 50분까지 고속버스가 운행된다. 논산시 문화관광 홈페이지에서 자세한 여행정보를 얻을 수 있다.

● 묵을 곳

논산(지역번호 033)에는 탑정호 옆에 있는 레이크힐호텔(742-8851)과 연무읍 에버그린관광호텔(742-3344) 등 대형숙박시설과 벌곡면, 양촌면 등에 전망 좋은 펜션이 많이 있다.

● 먹을 곳

금강에서 잡히는 황복탕과 강경의 위어회, 연산 화악리 오계 요리 등 특별한 먹을거리가 많다. 황산옥(745-1836)은 위어회와 황복찜으로 유명하다. 연산오계는 지산농장(735-0707)에서 구입할 수 있다. 탑정호 주변의 신풍매운탕(732-7754)은 34년 된 원조 민물매운탕 집이다.

논산시 문화관광
http://tour.nonsan.go.kr

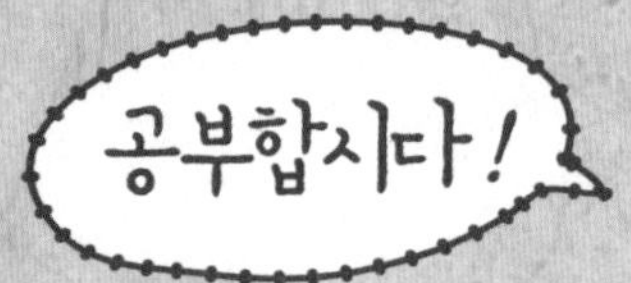

- **'관촉사'라는 이름의 유래는?**

엄마, 이 절 이름이 관촉사예요?

그래, 저 은진미륵을 좀 보렴!

저 부처님이 은진미륵이에요? 특이한 모습을 하고 계시네요.

그렇지? 은진미륵이라 부르기도 하고 석조미륵보살입상이라 하기도 한단다. 968년 혜명이 창건하였지.

아, 그렇구나. 근데 절 이름을 왜 관촉사라 지은 걸까요?

음, 그건 저 불상과도 관련이 있단다.

정말요?

그래. 오랜 시간에 걸쳐 불사가 완성된 어느 날, 은진미륵의 미간의 수정에서 빛이 발했다는 거야. 이 모습을 본 중국의 지안이라는 명승이 "마치 촛불을 보는 것처럼 미륵이 빛나는구나" 하였기에, 사찰 이름을 관촉사라 짓게 되었다는구나.

오호, 신기하다!

또 창건 설화에 따르면, 한 여인이 관촉사가 자리잡은 반야산에 고사리를 꺾으러 갔다가 아이 우는 소리를 듣게 되었다는 거야. 그 울음소리가 이상해 가보았지만 아이는 없었고 덩그러니 놓인 웬 바위가 울고 있었다지. 이 소문은 금세 고려 조정까지 퍼지게 되었고, 광종은 당시 최고 고승이었던 혜명을 불러 그 바위로 불상을 만들라 명하였지. 이후 은진미륵이 만들어졌고 관촉사가 창건되기에 이르렀다는구나.

● 황산벌 전투란?

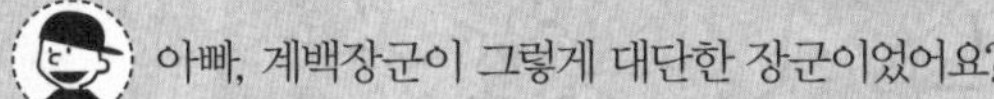

아빠, 계백장군이 그렇게 대단한 장군이었어요?

그럼! 황산벌 전투라고 들어봤지?

네. 근데, 어떤 전투였는지는 자세히 모르겠어요.

계백은 황산벌 전투로 크게 이름을 떨친 장군이란다. 지금의 논산시 연산면인 황산벌에서 신라 김유신의 5만 군대에 맞서 네 차례나 승리를 거머쥐었으니까! 놀라운 건, 당시 계백이 이끌었던 군사는 단지 5천 명에 불과했다는 거야.

와, 5천 명이 5만 명을 이겼다고요? 정말 대단하네요!

그렇지? 그만큼 계백장군을 중심으로 한 백제군의 필승의 정신으로 똘똘 뭉쳐 있었다는 거지. 『삼국사기』에 따르면, 계백이 신라군과의 전투를 앞두고 5천 명의 결사대를 선발하며 이렇게 말했다는구나. "한 나라 인력으로 당과 신라의 대병(大兵)을 막게 되었으니, 나라의 존망(存亡)을 알 수 없다. 내 처자가 잡혀 노비가 될지 모르니, 살아서 욕을 보는 것보다 죽어서 쾌(快)함만 못하다."

그래서 어떻게 했는데요?

그는 정말 식솔들을 모두 죽이고선, 비장한 각오로 황산벌 전투에 임했단다.

무섭네요. 그만큼 백제가 위기를 겪고 있었다는 얘기군요.

그랬지. 하지만 적군의 공격을 잘 막아내던 백제군은, 기어이 수적인 열세를 극복하지 못했고… 계백장군마저 결국 전사하고 말았난다.

축제의 고장, 논산

넓은 들판에 둘러싸인 충남 논산시는 '축제'의 고장이다. 계절마다 절기마다 축제가 펼쳐지고 이를 보려는 관광객들의 발걸음이 끝없이 이어진다. 논산에서 열리는 축제는 독특한 먹을거리와 풍부한 농산물이 함께하는 것이어서 눈과 입을 동시에 즐겁게 한다. 그래서 인심 넉넉한 논산으로 가는 길은 언제나 흥이 묻어나고 정취가 느껴진다.

논산 딸기농가 온실에서는 탐스러운 딸기가 대량으로 생산되고 있다. 딸기 출하에 맞춰 직접 따서 먹고 가져가는 '딸기체험관광'도 경험해볼 수 있다.

논산에서는 이른 봄에 열리는 딸기축제를 시작으로 여름에는 백중놀이, 가을에는 강경발효젓갈축제, 겨울에는 양촌곶감축제가 펼쳐진다. 강경젓갈축제는 200년 전통의 강경젓갈을 알리기 위한 것이다. 전국 최고 젓갈의 명성을 자랑하는 강경젓갈은 전통비법을 이용해 현대화된 시설에서 정갈하게 제조되는 것이 특징이다. 국가지정 문화관광축제로 지정된 강경발효젓갈축제는 강경포구와 옥녀봉, 젓갈시장에서 젓갈의 풍미를 더해가는 10월에 열린다.

겨울엔 양촌곶감축제가 기다린다. 양촌면 400여 농가가 대둔산 자락에 심어놓은 14만 그루의

국내 최대 딸기생산지인 논산에서 열리는 딸기축제는 매년 성황을 이룬다. 매년 4월초 논산천 둔치 등지에서 열린다.

감나무에서 연간 52t을 생산한다. 양촌면은 대둔산과 접해 있어 일교차가 크고 안개가 많아 예로부터 곶감 생산지로 유명하다. 이곳 곶감은 쫀득쫀득하고 당도가 높은 것이 특징이다.

양촌곶감축제와 비슷한 기간 연산면에서 열리는 연산대추축제도 빼놓을 수 없는 논산의 자랑거리. 현재 전국 대추의 40% 이상이 이곳에 집결되고, 전국 최대 생산지로 탈바꿈하고 있다.

논산에서 열리는 '연산백중놀이'는 유림의 고장답게 전통을 이어가는 이곳만이 가질 수 있는 축제로 불린다. 충청남도 무형문화재 제14호인 연산백중놀이는 매년 8월 연산백중놀이전수관에서 펼쳐진다. 백중놀이는 연산면 일대에서 전승되어 온 민속놀이로 고된 농사일을 해오던 머슴들이 음력 7월 15일 백중날 하루 휴가를 얻어 흥겹게 놀던 것에서 유래했다. 그래서 예부터 이날을 '머슴 날'이라고도 했다. 마을의 평화와 풍년을 기원하고 충효사상과 사회 위계질서를 담고 있는 독특한 민속놀이로 알려져 있다.

논산 딸기 농가에서는 관광객들이 온실에서 딸기를 직접 따서 먹고, 가져갈 수도 있다. 매주 주말이면 가족단위 관광객들이 줄지어 몰려든다. 겨우내 내린 눈이 채 녹지 않아 들판에 군데군데 쌓여 있지만 온실 안에서는 딸기를 수확하는 진풍경이 관광객들의 마음을 더욱 푸근하게 만든다. 45년 역사의 논산딸기는 910ha의 재배면적으로 전국 최대 생산량을 자랑한다.

전국 생산량의 15%가량을 차지하는 논산 딸기는 무공해인 데다 높은당도와 녹특한 향이 어우러져 명물로 자리 잡았다. 매년 봄 열리는 논산딸기축제는 전국 최고의 청정딸기를 알리는 행사다. 그 밖에 전국적인 규모의 딸기축제기념 마라톤 대회도 열린다.

MEMO

MEMO

MEMO